专利申请指引

国家知识产权局专利局审查业务管理部◎组织编写

知识产权出版社

全国百佳图书出版单位

—北京—

图书在版编目（CIP）数据

专利申请指引/国家知识产权局专利局审查业务管理部组织编写. —北京：知识产权出版社，2025.1. —ISBN 978 - 7 - 5130 - 9550 - 1

Ⅰ. G306. 3

中国国家版本馆 CIP 数据核字第 2024MJ4055 号

内容提要

本书以专利基本概念的介绍为起点，从专利申请人的视角，全面梳理了申请专利前的准备，发明、实用新型及外观设计三种专利的申请及授权，PCT 国际申请及外观设计国际注册申请，复审、无效宣告及行政复议等专利实务的主要程序，着重介绍了专利事务手续办理以及专利审查流程服务的相关内容。

本书可供专利申请人、企业知识产权工作人员学习和了解专利申请程序及审批流程，也可供专利代理师、律师等专业人员在工作中直接查阅专利事务规定尤其是流程规定。

责任编辑：卢海鹰　王瑞璞　　　责任校对：王　岩

封面设计：杨杨工作室·张冀　　　责任印制：刘译文

专利申请指引

国家知识产权局专利局审查业务管理部　组织编写

出版发行： 知识产权出版社 有限责任公司	网　　址：http://www.ipph.cn
社　　址：北京市海淀区气象路 50 号院	邮　　编：100081
责编电话：010 - 82000860 转 8116	责编邮箱：wangruipu@cnipr.com
发行电话：010 - 82000860 转 8101/8102	发行传真：010 - 82000893/82005070/82000270
印　　刷：三河市国英印务有限公司	经　　销：新华书店、各大网上书店及相关专业书店
开　　本：880mm×1230mm　1/32	印　　张：14.375
版　　次：2025 年 1 月第 1 版	印　　次：2025 年 1 月第 1 次印刷
字　　数：375 千字	定　　价：99.00 元

ISBN 978 - 7 - 5130 - 9550 - 1

编写组

前　言

　　为深入贯彻落实党中央、国务院关于加强知识产权保护的决策部署，进一步提高知识产权服务水平，促进专利申请质量的稳步提升，根据《专利和商标审查"十四五"规划》的要求，国家知识产权局专利局审查业务管理部组织编写了《专利申请指引》。

　　本指引包括前言、正文、附件三部分内容。正文包括 10 章，第 1 章、第 2 章为概述和申请专利前的准备；第 3 章至第 5 章分别介绍了发明、实用新型、外观设计三种专利的申请及授权程序；第 6 章、第 7 章分别介绍了 PCT 国际申请和外观设计国际注册申请的相关内容；第 8 章为复审、无效宣告及行政复议程序相关内容介绍；第 9 章、第 10 章分别介绍了专利事务手续办理及审查流程服务的相关内容。

　　为帮助专利申请人更有针对性地提交专利申请及办理相关业务，本指引介绍了专利申请的流程、具体规定及注意事项，同时还提供了机械领域、电学领域、化学领域及中药领域申请文件撰写、答复及修改样例，以进行示例说明。申请人在使用本指引时，可参考相关段落上方标注内引用的法律法规相关条款、《专利审查指南

2023》的相关部分，以了解具体要求的出处，实现对照参考使用。

　　本指引的编写是在借鉴国家知识产权局现有各类资料的基础上完成的，编写过程中得到了各审查部门单位的大力支持。在此，对给予关心和帮助的所有部门单位、本书工作组和统稿组成员及提供现有资料的工作人员表示衷心的感谢。

　　　　　　　　　　　　　　　　　　本书编写组
　　　　　　　　　　　　　　　　　　二○二四年六月

略语表

本表为本书中相关段落上方的标注内引用的法律法规及部门规章的缩略实例。

缩略名称	全称及说明
法	《中华人民共和国专利法》（根据 2020 年 10 月 17 日第十三届全国人民代表大会常务委员会第二十二次会议《关于修改〈中华人民共和国专利法〉的决定》第四次修正）
细则	《中华人民共和国专利法实施细则》（2023 年 12 月 21 日中华人民共和国国务院令第 769 号公布，根据 2023 年 12 月 11 日《国务院关于修改〈中华人民共和国专利法实施细则〉的决定》第三次修订）
审查指南	《专利审查指南 2023》
PCT 条约	《专利合作条约》
PCT 细则	《专利合作条约实施细则》（2024 年 7 月 1 日生效）
PCT 行政规程	《专利合作条约行政规程》（2024 年 7 月 1 日生效）

| 行政复议法 | 《中华人民共和国行政复议法》（自 2024年 1 月 1 日起施行） |
| 行政复议法实施条例 | 《中华人民共和国行政复议法实施条例》（自 2007 年 8 月 1 日起施行） |

目　录

第1章 概 述

1. 基本概念

1.1 专利的定义

《专利法》中所说的专利主要是指专利权，一般是指国家行政机关依照《专利法》授予申请人在一定时间内对其发明创造成果所享有的独占、使用和处分的权利。

1.2 专利申请的类型

1.2.1 三种专利类型的简要介绍

专利包括发明、实用新型和外观设计三种类型。其中，发明，是指对产品、方法或者其改进所提出的新的技术方案。实用新型，是指对产品的形状、构造或其结合所提出的适于实用的新的技术方案。外观设计，是指对产品整体或者局部的形状、图案或者其结合以及色彩与形状、图案的结合所作出的富有美感并适于工业应用的新设计。

由此定义可知，发明专利和实用新型专利保护技术方案，外观设计专利保护产品的外观设计方案。

1.2.2 三种专利异同比较

三种专利类型对比表见表 1-1。

表 1-1 三种专利类型对比表

对比因素	专利类型		
	发明	实用新型	外观设计
保护客体	技术方案	技术方案	产品的外观设计方案
适用类型	产品、方法	产品	产品外观
保护期限	20 年	10 年	15 年
审批程序	初步审查 + 实质审查	初步审查	初步审查

（1）保护客体不同

外观设计专利保护的客体与发明专利和实用新型专利保护的客体从性质来看有很大不同。发明专利和实用新型专利保护的都是技术方案，用于产生功能作用方面的效果；外观设计专利保护的是产品的外观设计，用于产生视觉感受方面的效果。以飞机为例，如果改进了飞机的内部结构，提高了飞机的某种性能，提高了飞行效率，则可以利用发明专利或者实用新型专利对其保护。如果改进了飞机外形，作用仅仅是使飞机更富有美感，则可以利用外观设计专利对其进行保护。

（2）适用类型不同

申请发明专利保护的发明创造可以是产品也可以是方法；申请实用新型专利保护的发明创造只限于产品，不能是方法或者产品用途；而外观设计专利保护的是产品的外观并不涉及产品的内部构造或者形状。

（3）保护期限不同

发明专利权的期限为 20 年，实用新型专利权的期限为 10 年，外观设计专利权的期限为 15 年，均自申请日起计算。在专利权获得后的期限内，为了维持专利权有效，专利权人需要按专利年度缴纳年费，从申请日起算一个自然年为一个专利年度。

如果期限届满、专利权人没有按期缴纳年费或主动放弃专利权，则专利权终止。

（4）审批程序不同

实用新型专利申请与外观设计专利申请经初步审查没有发现驳回理由的，专利局可授予专利权；而发明专利申请除了初步审查之外还需要经过实质审查，通常要检索申请日之前的现有技术，并将发明申请与现有技术进行比较，看发明申请是否具备新颖性和创造性。换言之，发明专利对创新程度的要求要高于实用新型专利，同样是改进了飞机的内部结构，发明专利由于经过了实质审查，获得的权利更加稳定。

2. 专利的申请权及专利权的归属

2.1　发明人或设计人、专利申请人、专利权人

专利权作为一种独占权，权利归属应当明确。与专利权相关的人包括发明人/设计人、专利申请人和专利权人，其中发明人/设计人、专利申请人、专利权人可以是同一人，也可以是不同的人。

《专利法》所称发明人或者设计人，指对发明创造的实质性特点作出创造性贡献的人。在完成发明创造过程中，只负责组织工作的人、为物质技术条件的利用提供方便的人或者从事其他辅助工作的人，不是发明人或者设计人。

例如，在发明创造创意的提出、技术方案的形成或克服技术难点等方面起主要作用或重要作用的人员可以是发明人；但在发明完成过程中，帮助进行一般性测绘、试验或后勤支持工作的人员就不是发明人。

发明人或者设计人只能是自然人，换言之，发明创造只能是人作出的，不受年龄、性别、职业、政治面貌、健康状态的制约。发明人或者设计人有权在专利文件中写明自己是发明人或者设计人，当然也可以请求专利局不公布其姓名。

专利申请人是指对某项发明创造依法律规定或合同约定享有专利申请权的自然人、法人或者其他组织。也就是说，专利申请人可以是自然人，也可以是享有独立民事权利的法人。公司内设的研发部、大学的院系并不具有独立法人资格，因此不能成为申请专利的主体。专利申请人拥有的是专利申请权，专利申请权可以转让。

专利申请被批准后，专利申请人成为专利权人。专利权归专利权人所有，专利权的效力主要包括实施、许可他人实施、维持、放弃、转让，或赠与他人的权利。专利权人还有权在其专利产品或者该产品的包装上标明专利标记和专利号。

2.2 权利的归属

《专利法》把发明创造分为职务发明和非职务发明，从源头上给出法律规范，明确权利归属。

2.2.1 职务发明创造

法 6.1、细则 13

执行本单位的任务或者主要是利用本单位的物质技术条件所完成的发明创造为职务发明创造。职务发明创造的申请人属于该单位，申请被批准后，该单位为专利权人。该单位可以依法处置其职务发明创造申请专利的权利和专利权，促进相关发明创造的实施和运用。简而言之，就职务发明创造而言，专利的申请权、专利权都属于作出发明创造的发明人、设计人所在单位。

在以下情况下完成的发明创造都是职务发明创造：

（1）发明人在本单位（包括临时工作单位）完成本职工作中作出的发明创造；

（2）履行本单位交付的本职工作之外的任务所作出的发明创造；

（3）主要是利用本单位的资金、设备、零部件、原材料或者不对外公开的技术信息和资料等所作出的发明创造；

（4）退休、调离原单位后或者劳动、人事关系终止后1年内作出的，与其在原单位承担的本职工作或者原单位分配的任务有关的发明创造。

应当注意，针对情形（3），利用了本单位的物质技术条件所完成的发明创造，但单位与发明人或者设计人订有合同，对申请的申请权和专利权归属作出约定的，从其约定。

法 15.1

不论发明创造是否已经实施，被授予专利权的单位应当对职务发明创造的发明人或者设计人给予奖励；发明创造专利实施后，根据其推广应用的范围和取得的经济效益，对发明人或者设计人给予合理的报酬。

2.2.2 非职务发明创造

除本章第2.2.1节中职务发明（1）～（4）之外的情况下完成的发明创造都是非职务发明创造。

法 6.2

非职务发明创造，申请专利的权利属于发明人或者设计人；申请被批准后，该发明人或者设计人为专利权人。

简而言之，对于非职务发明创造，专利的申请权、专利权都属于作出发明创造的发明人、设计人。

2.2.3 合作完成及委托开发完成的发明创造

两个以上单位或者个人合作完成的发明创造、一个单位或者个人接受其他单位或者个人委托所完成的发明创造，除另有协议的以外，申请专利的权利属于完成或者共同完成的单位或者个人；申请被批准后，申请的单位或者个人为专利权人。

例如，一个单位或者个人可以委托另一个单位或者个人研发某项技术，如果在委托协议中或者合同中写明了该项技术完成后专利申请权的归属，则从其约定。如果没有合同约定专利申请权归属，则专利申请权属于实际完成的单位或个人。

第 2 章　申请专利前的准备

1. 申请方案的准备

1.1　技术构思或设计构思的形成

技术构思或设计构思产生于产品研发、设计、生产、使用等各阶段，参与人员通常基于现有技术或现有设计的不足或产品外观设计创新的需要，寻求克服和弥补不足的途径和新的外观设计，从而创新性地构思新的方案或设计。此过程就是专利申请形成的初始阶段。

参与人员需要了解专利制度并树立专利意识，从自身工作和需求出发，寻找创新点，形成技术构思或设计构思，及时记录相关创新活动，梳理产生的创新成果，挖掘形成专利申请。

1.2　现有技术或现有设计的了解

在递交申请之前，可基于准备申请专利的技术构思或设计构思对现有技术进行详细的了解。

文献检索是了解的重要手段，包含专利文献及非专利文献的检索。国家知识产权局提供免费的专利检索及分析系统（https：//pss－system. cponline. cnipa. gov. cn/），可依托该系统对发明、实用新型以及外观设计专利进行检索，也可委托公众检索服务机构完成检索。除文献检索，还应关注销售、展出等使用公开以及报告、广播等口头公开的其他现有技术公开方式。

通过充分了解现有技术或现有设计，根据初步形成的技术构思或产品初步的外观设计方案与现有技术或现有设计的不同，对发明或设计的创新点进行更深入的挖掘。

1.3 技术方案或设计方案的形成

根据了解的结果，分析规避现有技术或现有设计，进一步明确拟保护的技术方案或设计方案。

对于技术方案而言，需要准备的内容应至少包括以下几方面：

（1）发明创造的名称：体现发明创造的主题，明确发明创造的类型是产品还是方法。

（2）背景技术的介绍：分析现有技术情况，指出现有技术中存在的问题和缺点。

（3）技术问题和技术效果的分析：针对现有技术存在的缺陷或不足，明确所要解决的技术问题，概括其技术效果。

（4）技术内容的介绍：提出针对背景技术作出的改进及所涉及的关键技术手段，给出示例性的实施方式，证明所采用的技术手段能解决所述技术问题并能获得所述技术效果。

（5）预期专利保护范围：提炼出发明的核心内容，初步概括想要获得保护的内容。

对于产品的外观设计方案而言，需要准备的内容至少应包含外观设计图片或者照片、产品名称、产品用途和设计要点。

拟委托代理机构提交申请的，可将上述内容撰写成技术交底书或外观设计说明，以便专利代理师更为清晰地厘清技术方案或设计方案的内容，抓住其对现有技术或现有设计的贡献，撰写专利申请文件。

2. 申请的策略

2.1 专利类型的选择

专利申请包括发明、实用新型及外观设计专利申请。每种专利类型能够保护的技术创新的种类不同、保护期限不同、审查程序不同，申请人需根据技术创新内容、技术研发计划和专利布局策略等因素确定申请专利的类别。

对于技术水平高、市场寿命长的核心产品或方法，可选择申请发明专利；对于技术改进相对简单、更新换代快的产品，可选择申请实用新型专利；对于产品外观形成的新的、富有美感的设计，可申请外观设计专利。关于发明、实用新型和外观设计的异同比较，参见本书第 1 章第 1.2.2 节。

2.2　申请时机的选择

专利申请时机的选择与技术方案的完善程度、现有技术状况和市场竞争状态等有关。同时，还应注意避免自身提前公开导致的新颖性丧失，包括申请日前在公开刊物上发表与专利申请技术相关的论文，或销售涉及专利申请技术的产品等。

2.3　申请地域的选择

专利权具有地域性，只有在相应的国家或地区获得授权，才能在当地享有专利权。申请人应充分考虑目前和未来的市场分布进行专利布局，决定仅在国内申请还是需要同步向外国申请。

向外国提交专利申请的主要途径包括：依据《保护工业产权巴黎公约》（以下简称《巴黎公约》）向特定国家或地区提交专利申请；依据《专利合作条约》提出专利国际申请（即 PCT 国际申请），并指定该申请进入的国家或地区；依据《工业品外观设计国际注册海牙协定（日内瓦文本）》（以下简称《海牙协定》）提交外观设计国际注册申请，并指定该申请进入的国家或地区。其中 PCT 国际申请的相关内容参见本书第 6 章，外观设计国际注册申请的相关内容参见本书第 7 章。

细则 8

需要注意的是：将在中国完成的发明或者实用新型向外国申请专利的，应当事先报经国家知识产权局专利局（以下简称"专利局"）进行保密审查，相关内容参见本书第 9 章第 5 节。对于申请人向专利局提交 PCT 国际申请的，视为同时提出向外国申请专利保密审查请求。

2.4 是否委托的选择

专利代理机构接受委托人的委托，在委托权限范围内，办理专利申请或者其他专利事务。

中国单位或者个人在国内申请专利的，可以自行向专利局递交专利申请，也可以委托专利代理机构递交。申请专利是一项法律性与技术性较强的工作，是否委托专利代理机构需要根据申请人自身对专利申请手续和有关法规的熟悉程度确定。

在中国内地没有经常居所或营业所的外国人、外国企业或者外国其他组织的单位或者个人，在中国单独申请专利和办理其他专利事务，或者作为代表人与其他申请人共同申请专利和办理其他专利事务的，必须委托专利代理机构。

在中国内地没有经常居所或营业所的香港、澳门或者台湾地区的单位或者个人，单独申请专利和办理其他专利事务，或者作为代表人与其他申请人共同申请专利和办理其他专利事务的，必须委托专利代理机构。

专利代理机构和代理师的相关信息，可以通过登录国家知识产权局"全国专利代理信息公示平台"查询。

2.5 加快或延迟审查的选择

对于发明、实用新型和外观设计专利申请，一般按照申请提交的先后顺序启动初步审查；对于发明专利申请，在公布后，一般按照提交《实质审查请求书》（表格编号 110401）并缴纳实质审查费的先后顺序启动实质审查。

为满足科技进步和社会发展需求，申请人还可以从以下 5 种加快或延迟审查类型中，选择适合自己的申请策略。

（1）提前公布：发明专利申请一般自申请日（有优先权的，指优先权日）起满 18 个月公布，申请人可以要求提前公布。提前公布可以加快专利申请的审查进程，但也会使该技术过早为公众所知。

（2）优先审查：对涉及国家、地方政府重点发展或鼓励的产业，对国家利益或者公共利益具有重大意义的申请，或者涉及产品更新速度较快的申请等，申请人或其他相关主体可按照《专利优先审查管理办法》提出优先审查请求，经批准后，可以优先审查。

（3）延迟审查：对于发明、实用新型和外观设计专利申请，可以提出延迟审查请求。具体内容可参见《专利审查指南 2023》第五部分第七章第 8.3 节。

（4）保护中心途径：对于发明、实用新型和外观设计专利申请，在当地知识产权保护中心备案的企事业单位拟提交的专利申请属于该保护中心服务的技术领域时，可以向该保护中心提出预审服务请求，预审合格后向专利局正式提交专利申请，并由保护中心向专利局申请进入快速审查通道。

（5）专利审查高速路（Patent Prosecution Highway，PPH）：在签署专利审查高速路合作协议开展试点项目的国家，可以通过专利审查高速路加快审查流程，申请人在首次申请受理局（Office of First Filling，OFF）提交的专利申请中所包含的至少一项或多项权利要求被确定为可授权时，可以向后续申请受理局（Office of Second Filling，OSF）提出后续申请的加快审查请求。

3. 申请文件的组成

专利审查主要以申请人提交的书面文件为基础进行审查，因此，撰写符合规定要求的专利申请文件十分重要。专利申请文件撰写的质量高低，直接影响到审批程序的长短、保护范围的宽窄，以及专利申请能否被授予专利权。

3.1 发明和实用新型专利的申请文件

发明专利申请文件包括：发明专利请求书、权利要求书、说明书、说明书摘要等文件，有附图的还应当包括说明书附图。实用新型申请文件包括：实用新型专利请求书、权利要求书、说明书、说明书附图、说明书摘要及其附图等文件。请求书是申请人向专利局提出专利申请的书面请求，主要事项包括：发明或实用新型的名称、申请人名称和地址、发明人姓名、专利代理机构、优先权等。

权利要求书是确定专利权保护范围的依据。在后续专利无效侵权纠纷中，法院和专利局均以权利要求书确定保护范围。

说明书是申请人公开其发明或实用新型的文件，用于将发明或实用新型的技术方案清楚、完整地公开出来，使所属领域的技术人员能够理解并实施该发明或实用新型，为社会公众提供新的有用技术信息。说明书包括发明或实用新型的所属技术领域、背景技术、要解决的技术问题、解决其技术问题采用的技术方案、技术方案所能产生的有益效果等各方面的详细信息，是判断专利申请能否授予专利权的基础。

说明书摘要是对说明书记载内容的概述，其作用是使公众通过阅读简短的文字，就能快捷地获知发明创造的基本内容。摘要本身不具有法律效力。

附图的作用在于用图形补充说明书文字部分，使人能够直观地、形象地理解每个技术特征和整体技术方案。实用新型说明书应当有表示要求保护的产品的形状、构造或者其结合的附图。

3.2　外观设计专利的申请文件

外观设计申请文件包括：外观设计专利请求书、外观设计图片或者照片、外观设计简要说明。

外观设计专利请求书的主要事项包括：产品的名称、申请人名称和地址、设计人姓名、专利代理机构、优先权等。

外观设计图片或者照片用于确定外观设计专利权的保护范围，应当清楚地显示要求专利保护的产品的外观设计。

外观设计简要说明用于解释图片或者照片所显示的产品的外观设计，应当写明外观设计的产品名称、用途、设计要点，并指定一幅最能表明设计要点的图片或照片。存在省略视图或请求保护色彩等情形的，应当在简要说明中写明。

4.　办理专利申请的形式

申请人可以选择以电子形式或者纸件形式提交专利申请并办理相关手续。两者的对比如表 2 - 1 所示。

表 2 - 1　电子形式与纸件形式提交专利申请的比较

序号	文件形式	传送载体	提交途径	特点
1	电子形式	网络传递	通过"专利业务办理系统"（https://cponline.cnipa.gov.cn/）提交	1. 方便快捷：提交文件不受时间限制，可以及时下载相关通知书及决定，查阅案卷情况；节省递送时间。2. 有助于提高申请质量："专利业务办理系统"提供校验规则和辅助判断功能，可以帮助用户在编辑申请文件的过程中及时发现其中的明显缺陷。3. 低碳环保：无纸化业务，节能减排
2	纸件形式	纸质实物	向专利局受理部门面交或邮寄	需要保密的专利申请，必须以纸件形式递交

4.1 电子申请的准备

4.1.1 电子申请系统的注册

专利业务办理系统集中实现了专利电子申请、PCT 国际申请、外观设计国际申请、专利事务服务、网上缴费等多种业务的网上办理。申请人可以通过专利业务办理系统提交申请文件及其他文件。

申请人需要在专利业务办理系统实名办理用户注册手续，并办理各种业务。

4.1.2 电子申请系统的使用

注册用户可以使用专利业务办理系统客户端、网页版，与移动端配合办理专利事务。注册用户可以通过客户端或网页版，提交发明专利申请、实用新型专利申请、外观设计专利申请、PCT国际申请、外观设计国际申请、PCT进入国家阶段申请，提出专利复审、无效宣告请求，接收专利局发出的各种通知书、决定和其他文件，办理专利法律手续及专利事务服务、专利费用缴纳等业务。

用户使用专利业务办理系统客户端，需要在本地电脑安装客户端软件，可以离线编辑和管理各类专利文件，只有在提交文件以及接收通知书等环节，才需要进行网络连接。使用专利业务办理系统网页版，不需要在本地电脑安装软件，可以在线编辑和管理各类专利文件，用户填写的信息能够在线实时校验。专利业务办理系统移动端用于下载和管理注册用户的数字证书，配合客户端和网页版使用，在提交和下载各类文件时实现扫码签名功能。

用户通过客户端办理专利申请及相关手续的，应当使用客户端而非网页版查看相关办理记录或者接收通知书、决定或文件，反之亦然。

对于通过客户端提交文件、办理专利手续的专利申请，可以通过网页版提出"离线转在线"请求。通过审批后，用户可以并且只能通过网页版提交该专利申请后续手续，接收相关通知、决定或其他文件。在客户端提交申请文件后的权限人，如表2－2所示。

表2－2 在客户端提交申请文件后的权限人

情　况	权限人
一个申请人且未委托专利代理机构	申请人
多个申请人且未委托专利代理机构	代表人
一个或多个申请人委托专利代理机构	专利代理机构

4.1.3 客户端和移动端的安装

（1）客户端：登录专利业务办理系统网址，可以在本地电脑下载客户端。使用客户端收发文件的流程，如图2－1所示。

（2）移动端：进入专利业务办理系统网站，选择"移动端"，区分安卓、苹果手机等系统，使用手机扫码功能扫描二维码，在手机上下载并安装"专利业务办理"APP。也可以直接在手机官方应用市场上搜索"专利业务办理"APP，完成移动端的安装。

4.1.4 电子申请文件格式的要求

通过专利业务办理系统提交文件的格式应符合专利局的要求，具体可参见《国家知识产权局专利业务办理系统办事指南》。

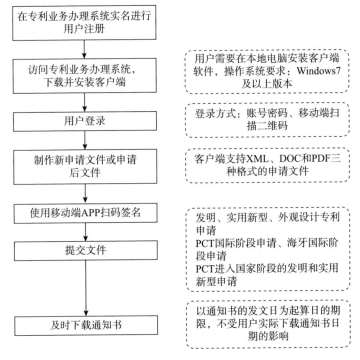

图 2-1　客户端收发文件流程图

4.2　纸件申请的准备

　　申请人以纸件形式申请专利的，可以将申请文件及其他文件当面交到专利局的受理窗口或寄交至"国家知识产权局专利局受理处"，也可以当面交到专利局代办处的受理窗口或寄交至"国家知识产权局专利局××代办处"。各地方专利局代办处邮寄地址由国家知识产权局以公告形式公布，申请人可通过国家知识产权局网站查询。

　　申请人可以请求将纸件申请转换为电子申请。但需要注意的是，对于涉及国家安全或者重大利益需要保密的专利申请只能通过纸件申请的形式提出，不能转换为电子申请。

4.3　表格及文件格式

　　申请人或请求人向专利局提交申请或者办理其他相关事务时需要使用标准表格。对于纸件形式使用的表格，请从国家知识产权局网站（www. cnipa. gov. cn）下载，并按照表格背面的"注意事项"进行规范填写、打印和签章。对于电子形式使用的表格，请使用专利业务办理系统中预置的对应表格模板进行填写提交。

　　专利局统一制定的标准表格（常用表格参见附件 1），分为通用类、优先审查类、向外国申请专利保密审查专用类、服务类、复审和无效类、行政复议类、PCT 进入中国国家阶段类等。其中通用类表格包括：（1）申请文件表格，如三种专利的请求书（表格编号 110101、120101 及 130101）等，以及（2）手续表格，如《著录项目变更申报书》（表格编号 100016）、《撤回专利申请声明》（表格编号 100013）及《恢复权利请求书》（表格编号 100010）等。

　　如果申请人（或专利权人）使用的不是标准表格，则可能会导致该手续办理不成功。有的手续可以重新办理，例如著录项目变更手续；有的手续，例如延长期限请求手续，可能会因耽误期限导致无法再次办理。

　　除标准表格外的一般文件，如果采用纸件形式提交，应当按照《专利审查指南 2023》第五部分第一章的相关规定制作；如果采用电子形式提交，应当按照电子申请文件的相关规范来制作。

第3章 发明专利的申请及授权的程序

1. 概述

1.1 基本概念

发明是指对产品、方法或者其改进所提出的新的技术方案。技术方案应当采用符合自然规律的技术手段，解决了技术问题，获得了技术效果。

发明专利主要包括产品类发明专利和方法类发明专利。产品类发明专利是指以物质形式出现的发明，比如，物品、物质、材料、工具、装置、设备等有形的新物质发明。方法类发明专利是指包括时间过程要素的活动的发明，如，制造方法、使用方法、通信方法、处理方法以及将产品用于特定用途的方法等发明。

1.2 审批流程

1.2.1 审查程序

发明专利申请的审批流程主要包括受理、初步审查（图 3 - 1 中简称"初审"）、公布、实质审查（图 3 - 1 中简称"实审"）、授权等阶段，具体审批流程见图 3 - 1，各阶段简要说明如下：

受理：专利局收到专利申请后进行审查，如果符合受理条件，专利局将确定申请日，给予申请号，核实文件清单，发出专利申请受理通知书，通知申请人。

初审：受理后的专利申请按照规定缴纳申请费等费用的，进入初步审查阶段。初步审查的范围主要包括申请文件的形式审

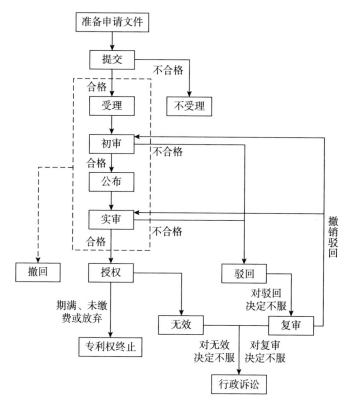

图 3－1　发明专利申请的主要审批流程图

查、申请文件的明显实质性缺陷审查、其他文件的形式审查及有关费用的审查。

公布：经过初步审查合格的，将进入公布程序。公布是指专利局将发明专利申请请求书记载的著录项目和说明书摘要刊登在《专利公报》上，并另行全文出版发明专利申请单行本。

实审：申请人提出的实质审查请求合格后，专利局将对专利申请是否具有新颖性、创造性、实用性以及是否符合《专利法》及其实施细则规定的其他实质性条件进行全面审查。

授权：发明专利申请经实质审查没有发现驳回理由的，由专利局作出授予发明专利权的决定。在申请人根据专利局作出的授予专利权通知和办理登记手续通知，按时办理登记手续后，专利局将会颁发专利证书、登记和公告授予专利权。

驳回：当专利申请经申请人陈述意见或者进行修改后，仍然存在属于《专利法实施细则》第五十条、第五十九条规定的应当予以驳回的情形时，该专利申请将予以驳回。

撤回：在专利申请提交后至授权前，申请人都可以主动撤回专利申请，或者由于申请人没有在规定期限内提交某些文件、没有在规定期限内答复通知书或者缴费等原因，该专利申请被视为撤回。

1.2.2 专利授权后

授权后保护：授予专利权后，专利权人按照规定及时缴纳年费，专利权处于有效保护的状态。

无效宣告审查：发明专利授权公告之后，任何单位或者个人认为专利权的授予不符合《专利法》及其实施细则的有关规定，可以根据《专利法》第四十五条的规定向专利局提出宣告专利权无效的请求，复审无效审理部门对该请求进行审查并作出决定。

专利失效：专利权由于各种原因终止后，进入失效状态。

1.2.3 救济途径

申请人或专利权人认为专利局作出的行政行为侵犯其合法权益的，有复审、行政复议、行政诉讼三种救济途径。

（1）对作出的有关专利申请、专利权的具体行政行为不服的，例如专利申请人对专利局作出的不予受理、确定申请日或者专利申请视为撤回等的决定不服的；对作出的有关专利复审、无效的程序性决定不服的，例如对复审或无效请求不予受理，或因耽误有关期限造成权利丧失，要求恢复权利而不予恢复等，可以依法向国家知识产权局提出行政复议或向人民法院提出行政诉讼。

（2）申请人对初步审查和实质审查程序中驳回专利申请的决定不服时，可以请求复审。复审无效审理部门对复审请求进行受理和审查，并作出决定。对复审决定不服可以向人民法院提起行政诉讼。

（3）对无效宣告请求审查决定不服的，可以向人民法院提起行政诉讼。

1.3 授予专利权的条件

专利权是国家依法授予的实施发明创造的独占权，这一属性决定了并非任何发明创造都能够被授予专利权。从广义上讲，一项发明被授予专利权，需要满足三个方面的条件：一是属于《专利法》规定的可予专利保护的客体；二是具备新颖性、创造性和实用性；三是专利申请满足《专利法》及其实施细则的相关要求。

1.3.1 属于《专利法》规定的可予专利保护的客体

属于《专利法》规定的可予专利保护的客体是发明被授予专利权的首要条件。《专利法》在第二条、第五条和第二十五条明确了发明可予专利保护和不予保护的内容。

法 2.2
【审查指南第二部分第一章第 2 节】

首先，对产品、方法或者其改进所提出的新的技术方案，可以通过提交发明专利申请予以保护。这一要求的重点是"技术方案"，所谓"技术方案"，是指对要解决的技术问题所采取的利用了自然规律的技术手段的集合。技术手段通常是由技术特征来体现的。

其次，如果发明创造的公开、使用、制造违反了法律、社会公德或者妨害了公共利益，或者其完成依赖于某遗传资源，而该遗传资源的获取或者利用违反法律、行政法规的规定，则该发明不能被授予专利权。需提示，这一要求针对的是整个申请文件，包括说明书和权利要求书。

最后，如果专利申请的主题属于科学发现、智力活动的规则和方法、疾病的诊断和治疗方法、动物和植物品种、原子核变换方法以及用原子核变换方法获得的物质，则该专利申请不能被授予专利权。这一要求针对的是每项权利要求。

1.3.2 具备新颖性、创造性和实用性

具备新颖性、创造性和实用性是对发明本身提出的实质性要求。

（1）新颖性

新颖性，是指该发明不属于现有技术；也没有任何单位或者个人就同样的发明在申请日以前向专利局提出过申请，并记载在申请日以后（含申请日）公布的专利申请文件或者公告的专利文件中。

前半部分的要求是发明"不属于现有技术",这是从社会公众有权自由实施公有领域技术的角度对发明提出的要求。所谓"现有技术",是指申请日以前在国内外为公众所知的技术,包括在申请日(有优先权的,指优先权日)以前在国内外出版物上公开发表、在国内外公开使用或者以其他方式为公众所知的技术。后半部分的要求为"没有任何单位或者个人就同样的发明在申请日以前向专利局提出过申请,并记载在申请日以后(含申请日)公布的专利申请文件或者公告的专利文件中"。这是从重复授权的角度对发明提出的要求,即不存在与发明相抵触的在先申请。

新颖性的判断通常遵循"单独对比原则",即要将每项权利要求与一项现有技术或者申请在前公开在后的发明单独比较,考察二者是否属于同样的发明。

📢 法 24
【审查指南第二部分第三章第 5 节】

有一种特殊情况被称为"新颖性宽限期",即在申请日(享有优先权的,指优先权日)以前六个月内,某些情形的公开不构成影响该申请的现有技术,具体参见本章第 5.3 节。

(2)创造性

📢 法 22.3
【审查指南第二部分第四章第 2、3、5 节】

创造性,是指与现有技术相比,该发明有突出的实质性特点和显著的进步。

"突出的实质性特点",是指对所属技术领域的技术人员来说,发明相对于现有技术是非显而易见的。如果发明是所属技术领域的技术人员在现有技术的基础上仅仅通过合乎逻辑的分析、推理或者有限的试验可以得到的,则该发明是显而易见的,不具备突出的实质性特点。"显著的进步",是指发明与现有技术相比能够产生有益的技术效果。

创造性的判断多集中在判断是否具有突出的实质性特点上,审查中通常适用"三步法",即确定最接近的现有技术、确定发明的区别特征和发明实际解决的技术问题、判断发明对所属技术领域的技术人员而言是否显而易见。

如果发明属于比如解决了人们一直渴望解决但始终未能获得成功的技术难题、克服了技术偏见、取得了预料不到的技术效果、在商业上获得成功等情形,则通常可能被认为具备创造性,但申请人需要就发明属于以上情形提供相应的证据。

(3)实用性

> 📢 法 22.4
> 【审查指南第二部分第五章第 2、3 节】

实用性,是指发明申请必须能够制造或者使用,并且能够产生积极效果。

"能够制造或者使用",着眼于发明的技术方案具有在产业中被制造或使用的可能性,满足实用性要求的技术方案应当符合自然规律,具有再现性。"能够产生积极效果",着眼于发明在申请日时产生的经济、技术和社会效果,这些效果是所属技术领域的技术人员可以预料到的,是积极的和有益的。

1.3.3 专利申请满足《专利法》及其实施细则的相关要求

> 📢 法 26.3、26.5
> 【审查指南第二部分第二章第 2.1 节、第二部分第十
> 章第 9.5 节】

说明书应当充分公开发明,这是"公开换保护"的本质要

求。对于在权利要求书中要求保护的发明，说明书应当对其作出
清楚、完整的说明，以所属技术领域的技术人员能够实现为准。
对于依赖遗传资源完成的发明，申请人应当对该遗传资源的直接
来源和原始来源进行说明；无法说明原始来源的，应当陈述
理由。

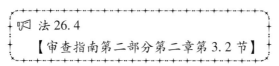

法 26.4
【审查指南第二部分第二章第 3.2 节】

权利要求书应当以说明书为依据，清楚、简要地限定要求专
利保护的范围。"以说明书为依据"，本质要求是权利要求的保
护范围需要与申请人对现有技术的贡献相适应。

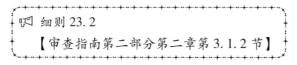

细则 23.2
【审查指南第二部分第二章第 3.1.2 节】

独立权利要求应当记载解决技术问题不可缺少的必要技术特
征，使之从整体上反映发明的技术方案。

法 31.1
【审查指南第二部分第六章第 2 节】

专利申请符合单一性的规定，一件发明专利申请应当限于一
项发明，这是基于经济、技术两个角度对专利申请作出的要求。

法 9
【审查指南第二部分第三章第 6 节】

同样的发明创造只能授予一项专利权。如果两个以上的申请
人分别就同样的发明创造申请专利的，专利权授予最先申请的
人，即不能重复授权，防止权利之间存在冲突。

> 📖 法 33、细则 49.1
>
> 【审查指南第二部分第六章第 3.2 节、第二部分第八章第 5.2.1.1 节】

申请人对于专利申请文件的修改不得超出原说明书和权利要求书记载的范围；分案申请不得超出原申请记载的范围，这是先申请制的本质要求。

> 📖 法 19.1
>
> 【审查指南第五部分第五章第 6 节】

申请人将在中国完成的发明向外国申请专利的，应当事先报经专利局进行保密审查。

> 📖 法 20、细则 11
>
> 【审查指南第一部分第一章第 7.9 节、第二部分第一章第 5 节】

申请专利应当遵循诚实信用原则，以真实发明创造活动为基础，不得弄虚作假。

2. 发明专利申请文件的准备

发明专利申请文件包括：《发明专利请求书》（表格编号 110101）、《权利要求书》（表格编号 100001）、《说明书》（表格编号 100002）、《说明书摘要》（表格编号 100004）等，有附图的还应当同时提交《说明书附图》（表格编号 100003），并指定其中一幅最能说明该发明技术特征的说明书附图作为摘要附图。

专利申请文件应当使用国家公布的中文简化汉字填写，应当打字或者印刷，字迹应当整齐清晰，符合制版要求，不得涂改。附图应当用制图工具绘制，线条应当均匀清晰，并不得涂改。

2.1　请求书

> 叹 法 26.2、细则 19
> 【审查指南第一部分第一章第 4.1 节】

请求书是专利申请的主要文件之一，涉及权利归属、重要声明等内容，需要谨慎填写。

2.1.1　发明名称

发明名称是专利申请内容的简要描述，其作用在于简短、准确地表明发明专利申请要求保护的主题和类型，以便于社会公众快速、清楚地理解该专利申请的技术信息。请求书中的发明名称和说明书中的发明名称应当一致。

"发明名称"一栏见图 3-2。发明名称中不得含有非技术词语，例如人名、地名、单位名称、商标、代号、型号等；不得含有含糊的词语，例如"及其他""及其类似物"等；也不得仅使用笼统的词语，致使未给出任何发明信息，例如仅用"方法""装置""组合物""化合物"等词作为发明名称。发明名称一般不得超过 25 个字，必要时可不受此限，但也不得超过 60 个字。

图 3-2　发明专利请求书中"发明名称"一栏❶

---

❶　本章涉及的请求书各栏信息，均以纸件申请的请求书表格的相应内容作为示意。

2.1.2 发明人

"发明人"一栏见图3-3。发明人必须是自然人，应当填写发明人本人的真实姓名，不得使用笔名或者其他非正式的姓名；发明人可以是一个人，也可以是多个人，但不能是单位或者集体，以及人工智能名称，例如不得写成"××课题组"或者"人工智能××"等。

⑧ 发明人	发明人1		■ 不公布姓名
	发明人2		■ 不公布姓名
	发明人3		■ 不公布姓名
⑨第一发明人国籍或地区 身份证件号码			

图3-3　发明专利请求书中"发明人"一栏

只有对发明创造的实质性特点作出创造性贡献的人才可以成为发明人。如果申请时提交的请求书中错填、漏填发明人，可以自收到受理通知书之日起一个月内办理发明人变更手续，相关内容参见本书第9章第4.2.1节及4.2.3节。

发明人因特殊原因要求不公布姓名的，提出专利申请时可以在请求书"发明人"一栏所填写的相应发明人后面注明"不公布姓名"。符合规定的，专利局在专利公报、专利申请单行本、专利单行本以及专利证书中均不公布其发明人姓名，并在相应位置注明"请求不公布姓名"字样。发明人也不得再请求重新公布其姓名。

2.1.3 申请人

【审查指南第一部分第一章第4.1.3节】

申请人是享有申请专利权利的人。当专利申请被授予专利权时，申请人即为专利权人。"申请人"一栏见图 3-4，申请人可以是自然人，也可以是单位。对于单位工作人员完成的发明创造，主要依据发明创造是否属于职务发明确定申请人。若属于职务发明，则申请专利的权利属于单位，"申请人"一栏内填写其单位的名称。该名称应当使用正式全称，不得使用缩写或者简称，并与所使用的公章上的单位名称一致。若属于非职务发明，即发明人依靠其自身条件所完成的发明创造，申请专利的权利属于发明人，则"申请人"一栏填写发明人的姓名，应当填写其真实姓名，不得使用笔名或者其他非正式的姓名。

⑩		■ 全体申请人请求费用减缴且已完成费用减缴资格备案			
申请人	申请人(1)	姓名或名称		申请人类型	
		国籍或注册国家（地区）		电子邮箱	
		身份证件号码或统一社会信用代码			电话
		经常居所地或营业所所在地信息	经常居所地或营业所所在地	邮政编码	
			省、自治区、直辖市	市县	
			城区（乡）、街道、门牌号		

图 3-4　发明专利请求书中"申请人"一栏

申请人是中国单位或者个人的，除了填写其名称或者姓名，还应当填写其地址、邮政编码、统一社会信用代码或者身份证件号码。申请人是外国人、外国企业或者外国其他组织的，除了填写其姓名或者名称，还应当填写其国籍或者注册的国家或者地区。申请人类型可从下列类型中选择填写：个人、企业、事业单位、机关团体、大专院校、科研单位。申请人请求费用减缴且已完成费用减缴资格备案的，应当在相应方格内作标记，并在本栏中填写费用减缴资格备案时使用的证件号码。

2.1.4 联系人

┌─────────────────────────────────────┐
│ 📢 细则4.3   │
│ 【审查指南第一部分第一章第4.1.4节】 │
└─────────────────────────────────────┘

申请人是单位且未委托专利代理机构的，应当填写联系人，联系人是该单位接收专利局所发信函（如各种通知书、专用函等）的收件人。

"联系人"一栏见图3-5。联系人只能填写一人，且应当是本单位的工作人员。申请人为个人且需由他人代收专利局所发信函的，也可以填写联系人。

⑪ 联系人	姓名		电话	电子邮箱
	省、自治区、直辖市			邮政编码
	市县		城区（乡）、街道、门牌号	

图3-5 发明专利请求书中"联系人"一栏

2.1.5 代表人

┌─────────────────────────────────────┐
│ 📢 细则17.3   │
│ 【审查指南第一部分第一章第4.1.5节】 │
└─────────────────────────────────────┘

"代表人"一栏见图3-6。申请人有两人以上且未委托专利代理机构的，如果在本栏中没有声明，以第一署名申请人为代表人。如果指定第一署名申请人之外的其他申请人为代表人，应当在该栏中声明。

⑫代表人为非第一署名申请人时声明	特声明第____署名申请人为代表人

图3-6 发明专利请求书中"代表人"一栏

申请人有两人以上且未委托专利代理机构，并以电子形式提交专利申请文件及其他文件的，应当由代表人提交。除直接涉及共有权利的手续，代表人可以代表全体申请人办理在专利局的其他手续。直接涉及共有权利的手续包括：提出专利申请，委托专利代理，转让专利申请权、优先权或者专利权，撤回专利申请，撤回优先权要求，放弃专利权等。直接涉及共有权利的手续应当由全体权利人签字或者盖章。

2.1.6　专利代理机构

"专利代理机构"一栏见图 3 - 7。委托专利代理机构的，应当填写请求书中专利代理机构的名称及机构代码、代理师的姓名、资格证号及电话等信息，并办理委托手续，具体参见本章第 5.1 节的相关内容。未委托专利代理机构的，不需要在请求书中填写该部分信息。

⑬ 专 利 代 理 机 构	■ 声明已经与申请人签订了专利代理委托书且本表中的信息与委托书中相应信息一致			
	名称		机构代码	
	代理师（1）	姓　名	代理师（2）	姓　名
		资格证号		资格证号
		电　话		电　话

图 3 - 7　发明专利请求书中"专利代理机构"一栏

2.1.7　保密请求

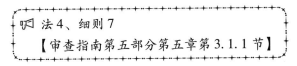

专利申请涉及国防利益需要保密的，可以直接向国防知识产

权局提出，由国防知识产权局受理并进行审查。

　　任何单位和个人认为其专利申请涉及除国防利益的国家安全或者重大利益等情形需要按照保密专利处理的，不得以电子形式提交，应当以纸件形式提交。在提出申请时，应当在请求书上"保密请求"一栏（见图3-8）中勾选。也可以在发明专利申请进入公布准备之前，提出保密请求。在提出保密请求之前有关部门已确定密级的，应当提交确定密级的相关文件。涉及保密请求的手续及相关要求，参见本书第9章第5节。

图3-8　发明专利请求书中"保密请求"一栏

2.1.8　同日申请

　　同一申请人同日（仅指申请日）对同样的发明创造既申请实用新型专利又申请发明专利的，应当在申请发明专利和实用新型专利时分别选中请求书"同日申请"栏中的勾选框（发明专利请求书的"同日申请"一栏见图3-9），说明对同样的发明创造已申请另一专利，无须提交单独的同日申请声明。未作说明的，同样的发明创造只能授予一项专利权。

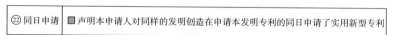

图3-9　发明专利请求书中"同日申请"栏

当同一申请人同日申请的发明专利申请符合授予专利权的其他条件时，如果在先获得的实用新型专利权尚未终止，申请人在申请时分别作出了说明，并且声明放弃该实用新型专利权的，可以授予发明专利权。

申请人需要注意的是：同日申请声明只能在申请的同时提出，不能在申请之后提出；对于同日申请的发明专利申请一般不予优先审查。

2.1.9　提前公布

☞ 法 34、细则 52
【审查指南第一部分第一章第 6.5 节】

"提前公布"一栏见图 3－10。发明专利申请经初步审查合格后，自申请日（有优先权的，指优先权日）起满十八个月，即行公布。如果申请人希望早日公布其发明专利申请，可以提出提前公布声明。申请时提出声明的，需在请求书中勾选"请求早日公布该专利申请"；此后提出声明的，需要提交《发明专利请求提前公布声明》（表格编号 110301），声明不能附有任何条件。

㉓ 提前公布	☐ 请求早日公布该专利申请

图 3－10　发明专利请求书中"提前公布"栏

2.1.10　请求实质审查

☞ 法 35
【审查指南第一部分第一章第 6.4 节】

"请求实质审查"一栏见图 3－11。一般情况下，申请人提出实质审查请求是发明专利申请启动实质审查程序的基础和条件。申请人在提交申请的同时请求实质审查的，应当勾选"根据专利法第35条的规定，请求对该专利申请进行实质审查"。此后提出实质审查请求的，相关手续的办理参见本书第9章第4.3.1节相关内容。

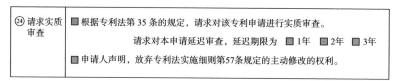

㉔请求实质审查	■根据专利法第35条的规定，请求对该专利申请进行实质审查。
	请求对本申请延迟审查，延迟期限为 ■1年 ▨2年 ■3年
	■申请人声明，放弃专利法实施细则第57条规定的主动修改的权利。

图3-11　发明专利请求书中"请求实质审查"栏

2.1.11　指定摘要附图

如果专利申请文件中包括摘要附图，在请求书"摘要附图"栏（见图3-12）中应当指定一幅最能说明该发明的技术方案主要技术特征的附图作为摘要附图，请求书中填写该附图的编号即可。

| ㉕摘要附图 | 指定说明书附图中的图_____为摘要附图 |

图3-12　发明专利请求书中"摘要附图"栏

2.1.12　签字或者盖章

【审查指南第五部分第一章第8节】

签字或者盖章（见图3-13）是文件产生法律效力的基本条件。

㉘全体申请人或专利代理机构签字或者盖章	㉙国家知识产权局审核意见
年　月　日	年　月　日

图 3 – 13　发明专利请求书中"签字或者盖章"栏

对于电子申请，委托专利代理机构的，请求书应当由专利代理机构进行电子签章。未委托专利代理机构的，由申请人进行电子签章；涉及多个申请人的，由代表人进行电子签章。

对于纸件申请，委托专利代理机构的，请求书应当由专利代理机构加盖公章。未委托专利代理机构的，申请人为个人的，应当由本人签字或者盖章；申请人为单位的，应当加盖单位公章，不得使用合同专用章等其他印章；有多个申请人的，由全体申请人签字或者盖章。

签章应当与请求书中填写的申请人或者专利代理机构的姓名或者名称一致；对于纸件申请，签章应当清晰，不得使用复印件，不得代签。

请求书中分案申请、生物材料样品、序列表、遗传资源相关内容的填写参见本章第 4 节"特殊专利申请文件的准备"；委托专利代理机构、要求优先权声明、不丧失新颖性的宽限期相关内容的填写参见本章第 5 节"其他文件和相关手续的准备"。

2.2　说明书

> 吗 法 26.3、细则 20
> 【审查指南第一部分第一章第 4.2 节、第二部分第二章第 2 节】

2.2.1　说明书应当满足的要求

说明书是申请人公开其发明的文件，应对发明作出清楚、完整的说明，达到所属技术领域的技术人员能够实现的程度，即说明书应当充分公开发明的技术方案。

"清楚"是指说明书的内容应当满足：①主题明确，从现有技术出发，明确反映出发明想要做什么和如何去做，写明所要解决的技术问题及解决其技术问题采用的技术方案，并对照现有技术写明有益效果；②表述准确，使用所属技术领域的技术术语，准确地表达技术内容，不得含糊不清或者模棱两可。应当注意，不得使用与技术无关的词句，如与技术无关的人名、地名等，也不得使用商业性宣传用语以及贬低或者诽谤他人或者他人产品的词句。

"完整"是指说明书应当包括有关理解、实现发明所需的全部技术内容：①帮助理解发明不可缺少的内容，例如，有关所属技术领域、背景技术状况的描述以及说明书有附图时的附图说明等；②确定发明具有新颖性、创造性和实用性所需的内容，例如，发明所要解决的技术问题、解决其技术问题采用的技术方案和发明的有益效果；③实现发明所需的内容，例如，为解决发明的技术问题而采用的技术方案的具体实施方式。

"能够实现"是指所属技术领域的技术人员按照说明书记载的内容，就能够实现该发明的技术方案，解决其技术问题，并且产生预期的技术效果。以下各种情况由于缺乏解决技术问题的技术手段而被认为无法实现：

（1）说明书中只给出任务和/或设想，或者只表明一种愿望和/或结果，而未给出任何使所属技术领域的技术人员能够实施的技术手段。

（2）说明书中给出了技术手段，但对所属技术领域的技术人员来说，该手段是含糊不清的，根据说明书记载的内容无法具体实施。例如：请求保护一种固体燃料，其由石蜡、锯末、助燃剂1号等成分组成。说明书中未记载所述"助燃剂1号"的具体成分或来源，同时"助燃剂1号"也不是所属技术领域已知的材料，因此，该手段是含糊不清的。

（3）说明书中给出了技术手段，但所属技术领域的技术人员采用该手段并不能解决发明所要解决的技术问题。

（4）申请的主题为由多个技术手段构成的技术方案，对于其中一个技术手段，所属技术领域的技术人员按照说明书记载的内容并不能实现。

（5）说明书中给出了具体的技术方案，但未给出实验证据，而该方案又必须依赖实验结果加以证实才能成立。例如，对于已知化合物的新用途发明，通常情况下，需要在说明书中给出实验证据来证实其所述的用途以及效果，否则将无法达到能够实现的要求。

应当注意，一旦提交了专利申请并获得申请日，无论申请人自己发现还是经审查员审查后发现说明书存在不能使所属领域的技术人员实施该发明的缺陷，该缺陷通常无法克服，因此，在提交专利申请之前应当仔细核查说明书的内容是否已经充分公开了本发明的技术方案。

2.2.2　说明书的撰写方式

说明书第一页第一行应当写明发明名称，该名称应当与请求书中的名称一致。说明书应当包括下列各部分，并且在每一部分前面写明标题：技术领域、背景技术、发明内容、附图说明、具体实施方式。

技术领域：应当是要求保护的技术方案所属或者直接应用的具体技术领域，而不是上位的或者相邻的技术领域，也不是发明本身。

背景技术： 应当写明对发明的理解、检索、审查有用的背景技术，并且尽可能引证反映这些背景技术的文件。尤其要引证与发明专利申请最接近的现有技术文件。引证专利文件的，至少要写明专利文件的国别、公开号（或申请号），最好包括公开日期（或申请日期）；引证非专利文件的，要写明这些文件的标题和详细出处。背景技术部分还要客观地指出背景技术中存在的问题和缺点；但是，仅限于涉及由发明的技术方案所解决的问题和缺点，避免引入与技术无关的政治事件、经济事件、文化事件等内容。

发明内容： 应当清楚、客观地写明以下内容：（1）要解决的技术问题，针对现有技术中存在的缺陷或不足，用正面、简洁的语言客观地反映发明要解决的技术问题，也可以进一步说明其技术效果。（2）技术方案，是发明专利申请的核心，要清楚、完整地描述发明解决其技术问题所采取的技术方案的技术特征。（3）有益效果，清楚、客观地写明发明与现有技术相比所具有的有益效果，例如产率的提高、能耗的节省、加工的简便、环境污染的治理，以及有用性能的出现等。可以通过将发明特点的分析和理论说明相结合，或者通过列出实验数据的方式予以说明。

附图说明： 说明书有附图的，应当写明各幅附图的图名，并且对图示的内容作简要说明。在零部件较多的情况下，允许用列表的方式对附图中具体零部件名称进行说明。说明书无附图的，说明书文字部分不包括附图说明及其相应的标题。

具体实施方式： 实现发明的优选的具体实施方式对于充分公开、理解和实现发明，以及支持和解释权利要求非常重要。说明书应当详细描述优选的具体实施方式，体现申请中解决技术问题所采用的技术方案，使所属技术领域的技术人员能够实现该发明，并对权利要求的技术特征给予详细说明，以支持权利要求。

实施例是对优选的具体实施方式的举例说明。实施例的数量应当根据发明的性质、所属技术领域、现有技术状况以及要求保护的范围来确定。当一个实施例足以支持权利要求所概括的技术方案时，说明书中可以只给出一个实施例。当权利要求（尤其是独立权利要求）覆盖的保护范围较宽，其概括不能从一个实施例中找到依据时，应当给出至少两个不同实施例，以支持要求保护的范围。当权利要求相对于背景技术的改进涉及数值范围时，通常应给出两端值附近（最好是两端值）的实施例，当数值范围较宽时，还应当给出至少一个中间值的实施例。

对于产品的发明，实施方式或者实施例应当描述产品的机械构成、电路构成或者化学成分等，说明组成产品的各部分之间的相互关系。对于可动作的产品，当只描述其构成不能使所属技术领域的技术人员理解和实现发明时，还应当说明其动作过程或者操作步骤。对于方法的发明，应当写明其步骤，包括可以用不同的参数或者参数范围表示的工艺条件。

当对照附图描述发明的优选的具体实施方式时，使用的附图标记或者符号应当与附图中所示的一致，并放在相应的技术名称的后面，不加括号。

2.2.3 说明书附图

┌┄┄┄┄┄┄┄┄┄┄┄┄┄┄┄┄┄┄┄┄┄┄┄┄┄┄┄┄┄┐
┊ 🔖 细则 21、46
┊ 【审查指南第一部分第一章第 4.3 节、第二部分第二
┊ 章第 2.3 节】
└┄┄┄┄┄┄┄┄┄┄┄┄┄┄┄┄┄┄┄┄┄┄┄┄┄┄┄┄┄┘

说明书附图是说明书的一个组成部分，用于补充说明书文字部分的描述，以便直观地、形象化地理解发明的每个技术特征和整体技术方案。说明书附图部分不应当出现不能直接、清楚地反

映发明内容的信息，例如二维码等。

说明书附图与说明书中的附图说明应当一致，说明书中提及附图，但实际上没有提交相应附图时，申请人后续可以删除附图说明或者补交附图。对于补交附图的，以补交之日重新确定申请日，因此提交申请时需要仔细核查附图有无遗漏。对于删除相应附图说明的，应当确保删除相应内容后的说明书满足充分公开的要求。

说明书附图应当使用包括计算机在内的制图工具绘制，线条应当均匀清晰、足够深，不得涂改，不得使用工程蓝图。附图一般使用黑色墨水绘制，必要时可以提交彩色附图，以便清楚描述专利申请的相关技术内容。附图中除了必需的词语，不应当含有其他的注释；但对于流程图、框图一类的附图，应当在其框内给出必要的文字或符号。附图总数在两幅以上的，应当按照"图1，图2，……"顺序编号。说明书附图中如需使用地图，应遵守公开地图内容表示的相关规范❶。

附图标记应当使用阿拉伯数字编号，申请文件中表示同一组成部分的附图标记应当一致。说明书文字部分中未提及的附图标记不得在附图中出现，附图中未出现的附图标记也不得在说明书文字部分中提及。当一件专利申请有多幅附图时，在用于表示同一实施方式的各幅图中，表示同一组成部分的附图标记应当一致。

对发明专利申请，用文字足以清楚、完整地描述其技术方案的，可以没有附图。

---

❶ 相关规范包括涉及公开地图内容表示的相关法律法规和部门规章，例如自然资源部发布的《公开地图内容表示规范》。申请人可通过自然资源部网站"标准地图服务系统"（http：//bzdt. ch. mnr. gov. cn）获取绘制标准的地图，以确保所使用地图的规范性和完整性。

2.3　权利要求书

📢 细则 22～25
【审查指南第一部分第一章第 4.4 节、第二部分第二章第 3 节】

权利要求书的作用是确定专利保护范围，是在说明书记载内容的基础上，用构成发明技术方案的技术特征来限定专利的保护范围。

2.3.1　权利要求书的实质性要求

构建权利要求书时，首先应当排除不授予专利权的主题，然后从发明要解决的技术问题出发，筛选技术特征形成相应的技术方案，并对该技术方案进行合适的表达，例如可进行上位概括、使用合适的功能性限定等，但应当以说明书为依据，清楚、简要地限定出与技术贡献相匹配的保护范围。

（1）权利要求书应当以说明书为依据。每一项权利要求所要求保护的技术方案应当是所属技术领域的技术人员能够从说明书充分公开的内容中得到或概括得出的技术方案。为了获得适当的保护范围，申请人可以对说明书记载的一个或多个实施方式或实施例进行概括，但权利要求书要求保护的范围不应当过宽，以至于与发明人所作技术贡献不相称。

例如，对于"用高频电能影响物质的方法"这样一个概括较宽的权利要求来说，说明书仅仅记载了"用高频电能从气体中除尘"的具体技术方案，对高频电能影响其他物质的方法未作说明，而且所属技术领域的技术人员根据说明书的内容也无法确认所述技术方案是否具有影响其他物质的功能，则该权利要求没有得到说明书的支持。

（2）权利要求书应当清楚、简要。权利要求所要求保护的主题名称、记载的各个特征及特征之间的关系以及权利要求的引用关系应当明确、清楚、正确，不允许采用含糊不清、模棱两可的表述方式。权利要求应当采用构成发明的技术特征来限定其保护范围，除技术特征，不得对原因或者理由作不必要的描述，也不得使用商业性宣传用语，且权利要求的数目应当合理。

例如，专利申请的权利要求书内容为"1. 请求保护该专利的生产、销售权。2. 请求对该专利大力推广应用。3. 请求该专利的独家使用权和索赔权"。该权利要求书中含有与技术方案内容无关的词句，未记载发明的技术特征，属于不规范的权利要求撰写方式。

2.3.2　权利要求书的撰写规定

权利要求书应当有独立权利要求，也可以有从属权利要求。需要合理安排权利要求的层次和顺序。独立权利要求应当从整体上反映发明的技术方案，记载解决技术问题的必要技术特征。进一步挖掘更为具体的技术方案和特征，形成优选的方案作为从属权利要求，对引用的权利要求作进一步限定。

独立权利要求由两部分组成，即前序部分和特征部分。前序部分写明发明的名称，以及发明技术方案与最接近的现有技术所共有的必要技术特征；特征部分的开头应当采用"其特征是……"或者类似的用语，接着写明发明区别于最接近的现有技术的技术特征。

从属权利要求也由两部分组成，即引用部分和限定部分。引用部分写明被引用的权利要求的编号及其主题名称；限定部分写明从属权利要求所要求保护的技术方案在被引用权利要求基础上进一步附加的技术特征。例如，独立权利要求1的主题名称是"一种管道密封件"，其从属权利要求可以撰写为"如权利要求1

所述的管道密封件，其特征在于……"

权利要求书有几项权利要求时，应当用阿拉伯数字顺序编号，编号前不得冠以"权利要求"或者"权项"等词。权利要求书中使用的科技术语应当与说明书中使用的一致，可以有化学式或者数学式，必要时可以有表格，但不得有插图。除非绝对必要，不得引用说明书和附图，即不得使用"如说明书……部分所述"或者"如图……所示"等用语。每一项权利要求仅允许在权利要求的结尾处使用句号。

权利要求的技术特征可以引用说明书附图中的相应标记，标记应当置于相应的技术特征之后，并置于括号内，以便于理解权利要求。

2.4　说明书摘要

法 26.1、细则 26
【审查指南第一部分第一章第 4.5 节】

说明书摘要文字部分应当写明发明的名称和所属的技术领域，清楚反映所要解决的技术问题、解决该问题的技术方案的要点及主要用途。说明书摘要文字部分不得加标题，文字部分（包括标点符号）不得超过 300 个字，并且不得使用商业性宣传用语。

说明书摘要仅是一种技术信息，不具有法律效力，不能作为申请日后修改说明书及权利要求书的依据，也不能用来解释专利权的保护范围。审查员可以依职权对其修改。

如果专利申请文件中包括说明书附图，在请求书"摘要附图"栏中可以指定一幅最能说明该发明的技术方案主要技术特征的附图作为摘要附图。

3. 各领域申请文件的撰写

3.1 机械领域

【审查指南第二部分第二章第2.3节】

在机械领域，特别是机械装置的专利申请中，对于形状简单、规则的零部件及其设置，有时可以通过文字准确地描述各部件的形状构造和位置关系；但是对于复杂的空间位置关系和非常规形状等，仅仅采用文字表述往往难以理解，这就需要借助附图来对文字部分所描述的内容进行直观形象的表达，从而使得整个说明书更清楚、简洁。也就是说，在机械领域的专利申请文件中，说明书附图往往与说明书文字部分相辅相成、互相配合，一起对发明的技术方案作出清楚、完整的描述，明确地反映出要求保护的发明创造想要解决的技术问题、如何解决该技术问题以及取得的技术效果。

说明书附图所要表达的信息，是对说明书文字部分记载的内容进行直观、形象的展示。机械领域常用的附图形式有：立体示意图或轴测图、投影视图、剖视图、机械简图、装配图或爆炸图、工艺流程图或逻辑框图等。只要有助于清楚地表达发明创造，在满足绘图清晰要求的基础上，就可根据技术方案和不同构图类型的特点，对附图的形式进行恰当的选择和组合，使之与说明书文字部分形成有机整体，达到准确、清晰表达技术方案的目的。

【案例3－1】❶

一件"一体式自拍装置"发明专利申请的说明书中记载其

---

❶ 孟俊娥，赵建军. 机械领域专利申请文件撰写精解［M］. 北京：知识产权出版社，2021.

背景技术为：传统的自拍方法中，由于照相机的体积较大，自拍起来极不方便。因此，本发明要解决的技术问题在于，提供一种一体式自拍装置，使用后直接将伸缩杆收容于载物台的缺口及夹紧机构的折弯部，不需额外占用空间，便于携带。所采用的技术方案是：提供一种一体式自拍装置，包括伸缩杆及用于夹持拍摄设备的夹持装置，所述夹持装置包括载物台及设于载物台上方的可拉伸夹紧机构，所述夹持装置一体式转动连接于所述伸缩杆的顶端；所述载物台上设有一缺口，所述夹紧机构中部设有一与所述缺口位置相对应的折弯部，所述伸缩杆折叠后可容置于所述缺口及折弯部。所取得的有益效果在于，通过将夹持装置一体式转动连接于伸缩杆的顶端，使用时无须临时组装，给使用者带来很大的方便；使用后直接将伸缩杆收容于载物台的缺口及夹紧机构的折弯部，不需额外占用空间，便于携带。

其中，具体实施方式部分的文字描述为：实施例的一体式自拍装置，包括伸缩杆 1 及用于夹持拍摄设备的夹持装置 2，所述夹持装置 2 包括载物台 21 及设于载物台 21 上方的可拉伸夹紧机构 22，所述夹持装置 2 一体式转动连接于所述伸缩杆 1 的顶端。所述载物台 21 上设有一缺口 211，所述夹紧机构 22 中部设有一与所述缺口 211 位置相对应的折弯部，所述伸缩杆折叠后可容置于所述缺口 211 及折弯部。具体地，在不使用时，转动所述伸缩杆 1，使其容置于所述缺口 211 及折弯部（也即，将所述伸缩杆 1 收拢后折叠至所述缺口 211 及折弯部位置）；使用时再将伸缩杆 1 从缺口 211 及折弯部转出。所述夹持装置 2 一体式转动连接于伸缩杆 1 的顶端，使用时无须临时组装，给使用者带来很大的方便；使用后直接将伸缩杆 1 收容于载物台 21 的缺口 211 及夹紧机构 22 的折弯部，不需额外占用空间，便于携带。进一步地，所述伸缩杆 1 包括若干伸缩节 11。在使用该自拍装置时，通过拉伸伸缩节 11 可将伸缩杆 1 拉至适宜长度，将夹持在夹持装置 2

上的拍摄设备支离使用者一定的距离。所述伸缩节 11 大于一节。

【撰写示例及分析】

根据前述说明书文字部分的描述可知，该一体式自拍装置除了满足自拍所需的夹持手机功能需要外，还需要通过伸缩折叠机构实现收纳功能，以便于携带。自拍功能和收纳功能都是通过机械结构实现的，机械部件之间又存在紧密的配合关系，仅仅通过文字是难以描述清楚的。

空间布置最为清晰的表达方式就是使用立体示意图进行展示。通过选择图 3 – 14 作为说明书附图，能够非常直观地看出夹持装置 2、伸缩杆 1、手持部 14、控制开关 16 的空间位置关系，也能够非常清楚地理解使用者是如何进行自拍以及如何进行折叠收纳的。说明书附图形成了对说明书文字部分的有效补充，一定程度上弥补了文字描述的不足。通过结合说明书文字记载和说明书附图，该技术方案能更加清晰地得以体现。

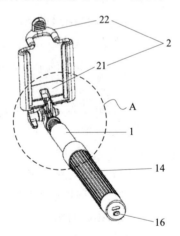

图 3 – 14　立体示意图

然而，图 3 – 14 仅展示了空间布置整体情况，并不能清楚展示出一体式自拍装置的细节部分（虚线包围部分）和内部装配结构。这时，需要考虑使用多种类型特点的附图来进行组合，以更清楚地展示自拍装置的构造。可以使用局部放大图来展示折叠部分的详细结构，如图 3-15 所示；而对于内部装配结构，例如夹持装置 2 的具体结构如何实现手机夹持功能，则可以借助于爆炸图来呈现，如图 3-16 所示。同时在说明书中加以文字描述：所述载物台 21 上表面后端设有两根支撑臂 212，所述的夹紧机构 22 包括活动杆 222 及弹性装置 223，该活动杆 222 的两端分别可拉伸地设置于两支撑臂 212 内。

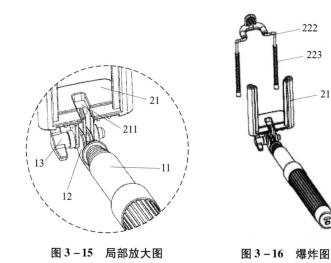

图 3-15　局部放大图　　　图 3-16　爆炸图

3.2　电学领域

在电学领域，除了涉及电路结构、电子元器件制造工艺、电通信技术、电数据数字处理等发明专利申请，还涉及大数据、人工智能、区块链等新领域、新业态相关发明专利申请。因此，电学领域的申请文件除了需要满足其他领域的申请文件的撰写要求，如果涉及计算机程序的发明专利申请、涉及包含算法特征或商业规则和方法特征的新领域、新业态相关发明专利申请，还应满足其特殊规定。

3.2.1 说明书

> 吖 法 26.3
> 【审查指南第二部分第九章第 5.1 节、第 6.3.1 节】

涉及电路结构、电子元器件制造工艺的发明专利申请的说明书，应在具体实施方式部分记载构成该电路的具体元器件、各元器件之间的连接关系及功能。对于电子元器件的制造工艺，应在说明书中清楚、完整记载各步骤或流程，清楚表明各步骤或流程的执行顺序。

涉及计算机程序的发明专利申请的说明书，应当以所给出的计算机程序流程为基础，按照该流程的时间顺序，以自然语言对该计算机程序流程进行描述，不能仅记载源程序、目标程序等计算机程序本身。包含对计算机硬件作出改变的发明专利申请，说明书应当根据附图涉及的硬件实体结构图，清楚、完整描述该计算机装置的硬件组成部分及相互关系。具体要求可参见《专利审查指南2023》第二部分第九章第 5.1 节。

包含算法特征或商业规则和方法特征的发明专利申请的说明书，应清楚、完整描述发明为解决技术问题所采用的解决方案，记载算法涉及的参数的具体含义和数值范围。此外，说明书中需写明技术特征和与其功能上彼此相互支持、存在相互作用关系的算法特征或商业规则和方法特征如何共同作用并且产生有益效果，例如质量、精度或效率的提高，系统内部性能的改善，用户体验的提升等。例如，本发明为解决提高货物配送效率以及降低配送成本的问题，在物流人员到达配送地点后，通过服务器向订货用户终端推送消息同时通知特定配送区域内的多个订货用户进行提货，通过批量通知用户取件的方式，提高了货物配送效率，也提升了用户体验。为实现批量通知，方案中的服务器、用户终端之间的数据架构和数据通信方式均作出了相应的调整，与取件通知规则在功能上彼此相互支持、存在相互作用关系，方案所获得的用户体验提升的有益效果也是由上述特征共同产生的。具体要求可参见《专利审查指南 2023》第二部分第九章第 6.3.1 节。

3.2.2　说明书附图

> 呀 法 26.3
> 【审查指南第二部分第九章第 5.1 节】

　　对于涉及电路结构、电子元器件制造工艺的发明专利申请，说明书附图应该清晰提供电路结构、各元器件之间的连接关系。

　　如果涉及计算机程序的发明专利申请，包含对计算机装置硬件结构作出改变的发明内容，说明书附图应当给出该计算机装置的硬件实体结构图。具体要求可参见《专利审查指南 2023》第二部分第九章第 5.1 节。

3.2.3　权利要求

> 呀 法 26.4、细则 23.2
> 【审查指南第二部分第九章第 5.2 节、第 6.3.2 节】

　　一项独立权利要求由主题名称和特征部分构成。主题名称是确定权利要求类型的重要依据，因此权利要求的主题名称中不允许使用含糊不清的表达方式。例如，将权利要求的主题名称写成"一种通信技术"，由于一项技术可以用产品体现，也可以用方法体现，因此，这种主题名称无法清楚限定该项权利要求是产品权利要求还是方法权利要求。另外，将一项权利要求的主题名称撰写为"一种半导体器件及其制造方法"也是不允许的，这是因为一项权利要求只能是产品权利要求或方法权利要求的其中之一，不能同时包含两种权利要求类型。

涉及电路结构、电子元器件制造工艺的发明专利申请的权利要求，在权利要求的特征部分应记载构成电路的元器件的名称、连接关系，也可以根据各元器件在方案中的作用，以功能性语言加以描述。但是，需要注意的是，在采用功能性语言进行描述时，该功能性限定应当得到说明书的支持。

此外，还应避免在权利要求中忽视对电路连接关系的限定或以不当引用的方式记载方案的必要技术特征，例如，"1. 一种便携式电工电桥漏电压在线测量仪器：包括漏电压测量电路、漏电压设定电路、电压比较电路，能够直接或间接测量电力设备外壳相对零地线的漏电压，电桥漏电压测量方法见《一种检测运行电器设备外壳漏电压的方法和二步防触电方案》（申请号：2006×××××××.×；公开号：CN×××××××A)"。一方面，上述权利要求仅限定了构成该测量仪器的三个电路的名称，没有记载这三个电路的具体功能及其相互之间的连接关系。另一方面，对于该测量仪器如何实现电桥漏电压测量的具体手段，不应以引用其他专利文献的方式进行记载，而是应该根据构成该测量仪器的具体电路结构及其功能和连接关系，具体描述上述测量仪器用于实现电桥漏电压测量的解决方案。❶ 同时，应避免在权利要求中仅罗列电路名称及连接关系，以免使权利要求的保护范围过窄。

对于涉及制造工艺的发明专利申请的权利要求，在撰写时应注意工艺流程涉及的步骤顺序是否对方案有限定作用，避免因步骤顺序记载不明导致权利要求的保护范围不清楚。如果步骤顺序

❶ 李永红，肖光庭，等. 电学领域专利申请文件撰写精要［M］. 北京：知识产权出版社，2016.

有严格规定,可以在权利要求中利用"依次为""按序为"之类的限定来表明步骤或流程的先后执行顺序。在撰写从属权利要求时,也需要明确该从属权利要求记载的步骤是在其引用的独立权利要求中的哪个步骤之前或之后。

涉及计算机程序的发明专利申请的权利要求可以写成一种方法权利要求,也可以写成一种产品权利要求。产品权利要求的主题例如可以包括与计算机程序流程的各步骤完全对应一致的方式撰写的"程序模块构架"的装置、由计算机程序流程作为组成部分的系统、由计算机程序流程限定的计算机可读存储介质及计算机程序产品。具体要求和撰写示例可参见《专利审查指南2023》第二部分第九章第 5.2 节。

包含算法特征或商业规则和方法特征的发明专利申请的权利要求,应记载算法应用的技术领域,记载商业规则和方法特征的实施需要调整或改进的技术手段。具体要求可参见《专利审查指南 2023》第二部分第九章第 6.3.2 节。

【案例 3 – 2】❶

现有无刷直流马达驱动电路常因马达的超载运转或长时间运转,导致马达线圈因温度过高而产生绝缘劣化,甚至烧毁。再者,由于马达线圈为电感性负载,线圈电流不能突变,故无法在瞬间导通与截止间切换。为解决上述问题,本申请提供一种无刷直流马达驱动电路,其设有保护元件,以便大幅度降低马达线圈和驱动电路的故障率。

如图 3 – 17 所示的无刷直流马达驱动电路,其包括稳压二极管 1,霍尔 IC2,正温度系数(PTC)热敏电阻 3,两组马达线圈 4A、4B,三极管 5B、5A、6,其中稳压二极管 1 的负极连电源

---

❶ 李永红,肖光庭,等. 电学领域专利申请文件撰写精要 [M]. 北京:知识产权出版社,2016.

线，稳压二极管 1 的正极经霍尔 IC 接地，霍尔 IC2 的信号输出
端接三极管 6 的基极，三极管 6 的集电极接电源线，三极管 6 的
集电极也接至三极管 5A 的基极，三极管 5A 的集电极接马达线
圈 4A 的一端，其射极接地，三极管 6 的射极接三极管 5B 的基
极，三极管 5B 的射极接地，其集电极接马达线圈 4B 的一端，处
于电源线上的正温度系数（PTC）热敏电阻 3 接马达线圈 4A 和
4B 的另一端。当电流过大而导致温度升高时，正温度系数
（PTC）热敏电阻 3 就会随之提高电阻值而形成限流，因此可使
电流呈平稳状态，以抑制线圈电流的大幅度变化。同时，稳压二
极管 1 和正温度系数（PTC）热敏电阻 3 的功效，使得此实施例
可适用于多种电压，如 12V、24V、36V、48V 等。

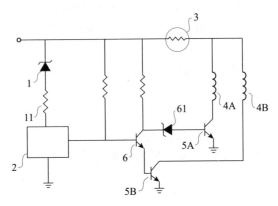

图 3-17 无刷直流马达驱动电路示意图

作为进一步改进，可以在三极管 6 的集电极一端连接一稳压
二极管 61，该稳压二极管 61 的正极连接三极管 5A 的基极。三
极管 6 可以将霍尔 IC2 输出的信号加以放大处理，以适用于高功
率直流马达的驱动控制，并可通过稳压二极管 61 的连接，以提
高电路工作的稳定性，防止漏电现象，以避免两组马达线圈 4A、
4B 同时导通。

作为另一种改进，可以将限流电阻 11 串接在稳压二极管 1 与霍尔 IC 之间，利用稳压二极管 1 的逆向崩溃电压区的限流特性再配合限流电阻 11，可以限制流过霍尔 IC2 的电流大小，以便进一步保护该霍尔 IC2。

【撰写示例及分析】

对于电路结构的技术方案，当撰写独立权利要求时，不能机械地"看图说话"。对于上述案例，应尽量避免将权利要求撰写为：

权利要求 1. 一种无刷直流马达驱动电路，包括：霍尔 IC（2）、正温度系数热敏电阻（3）、第一马达线圈（4A）、第二马达线圈（4B）、第一三极管（5A）、第二三极管（5B）、第三三极管（6）、限流电阻（11）；其中，霍尔 IC（2）的信号输出端连接该第三三极管（6）的基极；该第三三极管（6）的集电极连接电源线，该第三三极管（6）的集电极还与第二稳压二极管（61）的负极相接；该第二稳压二极管（61）其正极连接第一三极管（5A）的基极；该第一三极管（5A）的集电极接该第一马达线圈（4A）的一端，其射极接地；该第三三极管（6）的射极接第二三极管（5B）的基极，该第二三极管（5B）的射极接地，其集电极接第二马达线圈（4B）的一端；处于电源线上的正温度系数热敏电阻（3）接第一马达线圈（4A）和第二马达线圈（4B）的另一端；限流电阻（11）的一端与第一稳压二极管（1）的阳极相接，其另一端通过霍尔 IC（2）接地。

上述权利要求在特征部分仅罗列了电路名称及连接关系。针对该技术方案，在撰写权利要求书时，可以从该电路结构各组成元件的功能入手，结合本领域的技术常识和常用技术手段，去发现可以实现相同功能的且适用于该发明的其他替代元件，对实现方案进行合理的概括，从而使权利要求的保护范围更加合理。例如，可将方案的独立权利要求和从属权利要求撰写为：

1. 一种无刷直流马达驱动电路，包括：

至少一组马达线圈（4A，4B）；

换相检测元件（2），检测所述马达线圈的磁性方向并输出换相信号；

控制元件（5A，5B），接收所述换相信号以控制所述马达线圈的电流导通与截止；

放大单元（6），用于放大所述换相检测元件的输出信号；

限流单元（3），限制流过所述马达线圈以及控制元件的电流。

2. 根据权利要求 1 所述的无刷直流马达驱动电路，其特征在于还包括稳压单元（61），用于为所述换相检测元件提供稳定的工作电压。

3. 根据权利要求 2 所述的无刷直流马达驱动电路，其特征在于还包括限流电阻（11），限制流过所述换相检测元件的电流大小。

3.3 化学领域

> 法 26.3、26.4
> 【审查指南第二部分第十章第 3、4、8 节】

对于化学产品，说明书中应当对其进行说明，使要求保护的化学产品能被清楚地确认，并且说明书中应当记载至少一种制备方法，说明实施所述方法所用的原料物质、工艺步骤和条件、专用设备等，通常还需要有制备实施例。此外，说明书中还应当完整地公开该产品的至少一种用途和/或使用效果。对于表示发明效果的性能数据，如果现有技术中存在导致不同结果的多种测定方法，则应当说明测定它的方法。若为特殊方法，应当详细加以说明，使所属技术领域的技术人员能实施该方法。

对于化学方法发明，应当记载方法所用的原料物质、工艺步骤和工艺条件，必要时还应当记载方法对目的产物性能的影响，使所属技术领域的技术人员按照说明书中记载的方法去实施时能够解决该发明要解决的技术问题。对于方法所用的原料物质，应当说明其成分、性能、制备方法或者来源，使得本领域技术人员能够得到。

对于化学产品用途发明，说明书中应当记载所使用的化学产品、使用方法及所取得的效果，使得本领域技术人员能够实施该用途发明。如果所属技术领域的技术人员无法根据现有技术预测该用途，则应当记载对于所属技术领域的技术人员来说，足以证明该物质可以用于所述用途并能解决所要解决的技术问题或者达到所述效果的实验数据。

由于化学领域属于实验性学科，多数发明需要经过实验证明，因此说明书中通常应当包括实施例，例如产品的制备和应用实施例。在化学发明中，根据发明的性质不同、具体技术领域不同，对实施例数目的要求也不完全相同。一般的原则是，应当使所属技术领域的技术人员足以理解发明如何实施，并足以判断在权利要求所限定的范围内都可以实施并取得所述的效果。

以下选取化合物和高分子组合物两个典型的技术领域，分别说明所属领域发明专利申请文件的撰写要点。

3.3.1 化合物发明专利申请文件的撰写

3.3.1.1 通式化合物发明

通式化合物见于各种类型化学产品发明专利中，其中最为典型的当属药用化合物。以药用通式化合物专利申请撰写为例，说明书中需要给出足够的化合物结构信息和效果信息，权利要求书既要能保护具有潜在的疾病治疗前景的通式化合物，也要能保护所有可能成药的具体化合物。

（1）说明书

1）背景技术

在撰写通式化合物类申请时，背景技术部分可以记载具有相同活性和用途的已知化合物的信息和出处，通常还需要在背景技术部分记载机理与适应证之间的联系并给出文献证据。

说明书中记载的发明要解决的技术问题应当清楚而明确，不能笼统或者过于上位，仅记载"本发明化合物具有一定生物活性""提供具有活性的化合物"，无任何实质性的意义。

2）技术方案

申请文件中记载的通式化合物应当结构清楚、范围明确。说明书中应当说明该化合物的化学名称及结构式（包括各种官能基团、分子立体构型等）或者分子式。化合物取代基的定义通常涉及化学领域的通用术语，比如烷基。这些术语应当理解为所属领域的通常含义，如果本申请对其另有定义并且与所属技术领域的技术人员常规理解不一致，则应当在说明书中明确记载，并且该特定含义也应在权利要求中限定。

说明书除了记载最大范围的通式化合物，通常还应当记载各个层次的优选小通式，或者通式中各取代基的不同层次的优选范围，最后记载通式中部分具体化合物。不同层次的通式范围或者取代基范围的记载应当对应于化合物的不同效果层次和/或可预期程度。比如，通式中取代基 A 为饱和/或不饱和杂环基，杂环基可以进一步限定为含 1~3 个选自 N、O 或 S 的杂原子的 C_5 ~ C_{12} 杂环基，优选为含 1~3 个 O 或 S 杂原子的 C_5 ~ C_{12} 杂环基，更优选为含 1~2 个 O 杂原子的 5 或 6 元杂环基，再优选呋喃基、吡喃基，最优选呋喃基。此外，可以采用例如"优选的烯基基团包括但不限于乙烯基、1－丙烯基、2－丙烯基、异丙烯基、2－甲基－1－丙烯基、1－丁烯基、2－丁烯基等"的形式列出具体基团，也可以采用诸如"本文中 C_1 ~ C_6 是指基团中存在 1、2、3、

4、5 和 6 个碳原子"的撰写形式将范围值具体化到点值的形式。

说明书中应当记载通式化合物的制备方法，并给出通式中部分具体化合物的制备例。如果制备方法是现有技术已知的方法或者使用了其他文献的方法，可以引用书籍或者现有技术文献；如果是所属技术领域的技术人员公知的方法或者常规技术，也可以简单描述。

如果拟进一步请求保护通式中的某具体化合物，说明书中应当记载该具体化合物的制备例，并应当记载与发明要解决的技术问题相关的化学、物理性能参数（例如各种定性或者定量数据和谱图等），使要求保护的化合物能被清楚地确认。仅在说明书中以表格形式列出而没有记载制备方法和确认数据，也没有其他辅助信息如用途和/或使用效果的实验数据等的具体化合物，通常不能获得专利保护。

3）技术效果

说明书中通常需要提供化合物的用途和/或效果实施例以证明化合物至少具有一种用途或效果。对于请求保护通式化合物的申请，说明书应当至少记载该通式中部分具体化合物的效果实施例，清楚记载实验方法、实验样品和实验结果，以证明整个通式内化合物具备所述用途和效果。

对于新的药物化合物及其药物组合物，应当记载其具体医药用途或者药理作用，同时还应当记载其有效量及使用方法。如果本领域技术人员无法根据现有技术预测发明能够实现所述医药用途、药理作用，则应当记载对于所属技术领域的技术人员来说，足以证明发明的技术方案可以解决预期要解决的技术问题或者达到预期的技术效果的实验室试验（包括分子或细胞水平实验或动物试验）或者临床试验的定性或者定量数据。无论是何种实验，均需清楚记载具体化合物样品、具体实验步骤和操作条件，必要时还需记载实验设备。

　　说明书一般应当以定量的实验数据描述实验结果，例如，记载具体化合物的 IC_{50} 值、EC_{50} 值等，或者"IC_{50} 值低于××值"均属于可接受的表示方式。仅仅是"通过上述实验证明本发明的化合物具有……效果（用途）"或类似表述，属于断言性结论，无法证实化合物用途或效果。

　　说明书中通常需要记载分布在通式范围内的一定数量的效果实施例，这些效果例应当能够体现出化合物结果与化合物预期效果之间的规律性。比如通式定义 R 为 $C_1 \sim C_6$ 烷基、卤素、$C_6 \sim C_{12}$ 芳基，则通常可以给出 R 为甲基、乙基或丙基等、氯或溴等、苯基等的效果实施例。如果取值范围较宽，比如 n 是 1 至 20 的整数，则通常应给出端值和中间值的例子。

　　实验设计应能体现技术效果的不同层次或者"优……更优……最优"的技术效果，对于落在通式内的预期技术效果较好的那些具体化合物，建议在说明书中给出相应的效果数据。必要时，还可以提供与现有技术的对比例，以凸显某个特定的取代位或特定取代基所带来的技术效果或体现本发明化合物的优异效果。

　　（2）权利要求

　　1）通式的范围

　　权利要求书的构建通常应基于说明书公开的内容并与之相适应，一般从实施例出发逐层扩展，最小范围的权利要求应当是最优选的、效果最优的具体化合物，然后扩展至效果次之但仍能解决发明技术问题的具体化合物，进而在具体化合物基础上合理概括出小通式、较大通式和大通式等。

　　通常马库什通式结构包括共同的母核结构部分和可变取代部分，其中母核通常应当是决定通式化合物的共同性能或作用的核心结构部分。对取代基的扩展应遵循化学领域关于取代基性质接近的一般规律，比如小通式中可能仅概括至同系物，较大通式可以扩展至生物电子等排、位置异构等，而大通式可以进一步扩展至其他衍生物。在撰写通式化合物时，应考虑发明所属特定技术领域对于构效关系的认知，并结合说明书描述的有关取代基位置或种类对活性或效果的具体影响而定。

一般来讲，通式取代基的限定中，不宜出现"取代或未取代的"或"任选被取代的"等不限定具体取代基范围的过于宽泛的定义。

2）通式的"单一性"

通式的撰写需要满足单一性的规定。通常，在撰写通式化合物权利要求时，通式中应包含"能够构成它与现有技术的区别特征，并对通式化合物的共同性能或作用是必不可少"的"共同结构"或者在不能有共同结构的情况下，所有的可选择要素应属于该发明所属领域中公认的同一化合物类别。具体要求可参见《专利审查指南 2023》第二部分第十章第 8 节。

3.3.1.2　具体化合物发明

具体化合物权利要求既可能出现在通式化合物专利申请中，作为通式中代表性具体化合物的权利要求，也可能出现在具体化合物专利申请中。在撰写这类发明专利申请时，具体化合物应当使用化合物的名称或者结构式表示，化合物的名称应使用国际通用的命名原则，也可以使用通用名称或者俗名，以及其他能清楚表明化合物唯一结构的方式。

说明书中需要明确记载发明要解决的具体技术问题、化合物的详细制备过程，以及能够对化合物结构进行表征和确认的理化参数，并且应提供能够证实该化合物使用效果的试验数据。

3.3.2　高分子组合物发明专利申请文件的撰写

高分子组合物发明是高分子领域常见的一大类发明。这类发明的改进之处通常有两种情况：一种情况是发明的改进在于选择了特定的组分和/或其含量，使得产品获得了新的性能或者产品性能得到明显提升；另一种情况是发明的改进在于高分子产品的制备和/或处理方法，通过改进制备和/或处理方法使得产品性能的改进或者产生了新的性能。以下针对这两种情形，分别介绍说明书的撰写要点。

3.3.2.1　发明的改进在于特定组分或特定含量的选择

（1）背景技术

高分子产品的应用领域非常广泛，应用领域不同，对产品的性能要求也就不同，这些性能之间有的彼此独立，有的相互依赖或影响，由此导致高分子领域发明要解决的技术问题通常会比较复杂。因此，说明书中首先要写明发明所属的具体技术领域，在此基础上撰写发明的背景技术，引出发明要解决的具体技术问题。

【案例 3 – 3】●

对于电缆材料，通常要求其具有良好的电绝缘性能、力学性能、阻燃性、抗老化性能。例如，聚乙烯电缆材料容易发生水树老化，水树老化是电力电缆在潮湿环境下诱发击穿的主要原因。然而，当发明要解决的技术问题与水树老化无关时，在背景技术中就不需要提及电缆材料的抗水树老化性能。另外，聚氯乙烯材料因其含有卤素元素而具有一定的阻燃性，但其环境友好性远不如聚烯烃材料，如果发明的起因是现有技术中使用环境友好的聚乙烯材料替代聚氯乙烯导致阻燃性不足，此时发明要解决的技术问题则是电缆材料的阻燃性以及因提高阻燃性导致机械性能劣化的技术问题。

● 崔军. 化学领域发明专利申请的审查与申请文件撰写精要 ［M］. 北京：知识产权出版社，2022.

【撰写示例及分析】

对于背景技术可以撰写如下:

从废塑料处理和环境保护角度考虑,聚烯烃树脂因环境友好已被作为聚氯乙烯的替代材料用于电缆制备。然而,聚烯烃树脂的阻燃性差,难以解决的问题是如何使这些树脂具备阻燃功能。含卤素的阻燃剂在提供材料阻燃性方面非常有效,并且对模制品的模压性和机械强度降低程度小。但卤素阻燃剂在模塑步骤或燃烧时可能产生大量卤素气体,从而腐蚀设备并且对人体产生不良影响。因此,从安全角度考虑,需要不使用任何含卤素化合物的处理方法,但不使用含卤素的阻燃剂,而使用一般的无机阻燃剂尽管能提供阻燃性但通常导致机械性能劣化。

在这一案例中,为了能利用聚烯烃树脂的电绝缘性能,需要解决聚烯烃本身存在的可燃性问题。现有技术中采用含卤素的阻燃剂在解决阻燃性问题的同时产生了环境问题,由此引出发明要解决的技术问题:寻找用于聚烯烃树脂的阻燃剂,它对环境友好、具有阻燃性的同时,还不会劣化聚烯烃的机械强度。

(2)技术方案及其技术效果

在高分子领域,对于发明涉及的高分子化合物,说明书技术方案部分除了应当对其重复单元的名称、结构式或者分子式按照对上述化合物的相同要求进行记载,还应当对其分子量及分子量分布、重复单元排列状态(如均聚、共聚、嵌段、接枝等)等要素作适当的说明。并且,说明书中通常还需要清楚地记载结构和/或组成特征的测定方法,使得所属技术领域的技术人员能够实施该方法并确认产品的结构和/或组成。

对于仅用结构和/或组成不能够清楚描述的高分子化学产品,说明书中应当进一步使用适当的理化参数和/或制备方法进行说明,使其能被清楚地确认。

对于常见参数,由于该参数是通过标准测量方法(如 GB、

ASTM 或 JIS 等）或者所属领域通用的测量方法获得的，通常认为所属技术领域的技术人员能够清楚而可靠地确定该参数并理解其技术含义，此时，可以不在说明书中再详细记载其具体测量方法。但如果该参数的测量方法中可能存在不同的测量条件，进而导致不同的测量结果，则说明书中应当记载使用的是何种测量条件。对于不常见参数，说明书中应当清楚、完整地记载所使用参数的测量方法并描述其技术含义。必要时，还应记载对该参数产生影响的各个因素或选择该参数的目的或作用。在使用参数表征产品时，应优先考虑使用常见参数，尽可能避免使用不常见参数。❶

对于高分子组合物发明，说明书中除了应当记载组合物的组分，还应当记载各组分的化学和/或物理状态、各组分可选择的范围、各组分的含量范围。说明书中应当写明各组分及其含量的选择范围对组合物性能的影响，这种影响通常需要通过在说明书实施例中给出实验数据加以验证。必要时，说明书中可以通过提供对比例以证实组分以及组分含量的选择与产品新性能的获得或产品性能的改善之间存在直接关联。

当使用参数表征产品时，如果表征产品的参数是反映产品结构和/或组成的结构参数，则不仅需要提供如何获得具有特定结构参数的产品的制备例，还需要记载能够反映该参数特征使产品具有特定性能或取得特定技术效果的性能测试实验及其相关数据，以证实所述结构参数的选择与产品的新性能或性能的改善之间存在密切关联。

如果主张发明的技术效果是由结构参数特征与其技术方案中的其他技术特征共同发挥作用才能带来的，则应当在说明书技术方案部分对此共同作用作出清楚的描述，并且在实施例部分记载

---

❶ 崔军. 化学领域发明专利申请的审查与申请文件撰写精要［M］. 北京：知识产权出版社，2022.

能够确认这种共同作用关系的实验数据。

如果表征产品的参数是反映产品的性能和/或效果的效果参数，则说明书中应当记载该参数是通过何种技术手段（如特定的结构和/或组成、特定的制备方法等方式）实现的，并且说明书的记载还应当使得所属技术领域的技术人员能够根据该参数将其表征的产品与现有技术产品区分开。

需要注意，对于体现发明技术效果的性能数据，如果现有技术中存在导致不同结果的多种测定方法，则应当说明它的测定方法。若为特殊方法，应当详细加以说明，使所属技术领域的技术人员能实施该方法。

在撰写说明书实施例时，需要考虑其数量和分布应当与权利要求的保护范围相适应。通常需要选取代表性物质撰写实施例。如果发明的改进涉及数值范围，则通常应给出两端值附近的实施例；当数值范围较宽时，还应当给出至少一个中间值的实施例，使得所属技术领域的技术人员根据说明书记载的内容，能够实现该技术方案。

3.3.2.2　发明的改进在于高分子产品的制备和/或处理方法

当发明的改进在于高分子产品的制备和/或处理方法，并且这种改进带来了产品性能的改善或者使产品产生了新的性能时，可以同时请求保护高分子组合物产品及其制备方法。

如果发明人知晓方法的改进使得产品的何种具体结构和/或组成特征发生改变，并且能够确认正是该结构和/或组成特征的改变使得了产品性能的改善或者使产品产生了新的性能，则可以借助该结构和/或组成特征结合参数特征来表征产品。

但有些情况下，由于实验条件所限或者其他原因，虽然发明人获得了一种新型的高分子材料，但是发明人还没有找到使该高分子材料区别于现有技术材料并使得其性能优异的结构和/或组成特征。这种情况下，可以考虑采用方法特征来表征产品。此时，说明书中应详细记载所使用的原料组成、工艺步骤、工艺条件或参数，必要时还需描述设备的结构。进一步地，说明书中还应提供实施例以验证发明的技术效果，并提供适当的设计合理的比例，以体现原料组成、制备方法工艺参数、设备或其组合对于显著改善产品的性能或产生新的性能发挥了关键作用。

例如，当使用一种包含了催化剂的原料时，催化剂可能会影响聚合产品的结构和/或组成。虽然这种影响无法用结构和/或组成或其他性能参数进行表征，但会使得产品的性能明显改善。对于这类主要由原料物质种类和/或用量选择使得产品克服了现有技术缺陷的，说明书中应明确原料的结构和/或组成、原料的来源或制备方法、原料的可选种类和用量。同时，说明书中还应详细说明原料的组成和/或用量与产品的相关性能或技术效果的关系，并提供相应的实验数据证明这种关系。

需要注意的是，用制备方法来表征产品对于权利的有效保护来讲不是一种推荐的好的撰写方式，申请人应尽可能寻找方法特征与所制得的产品的结构和/或组成特征之间的内在关系，从而将方法特征转化成结构组成特征和/或参数特征，进而用结构和组成特征来表征请求保护的高分子材料。

3.4 中药领域

中药领域发明源于临床、用于临床、验于临床，其创造性劳动通常体现于临床问题的解决和临床疗效的确认中，即临床价值是其创造性劳动的具体体现。尤其是中药组合物，大多依据传统中医辨证论治的基本原则组方，通常具有鲜明的配伍特点，中药组合物的各中药组分之间具有君臣佐使配伍关系。因此，在撰写中药组合物发明专利申请文件时，对于发明技术方案的撰写通常需要体现出发明构思、组方来源及其形成过程，且需要通过技术效果的描述确认发明的临床价值。基于此，以下就中药领域发明专利申请文件的撰写要点进行说明。

3.4.1　说明书

囗 法 26.3、细则 20
【审查指南第二部分第十一章第 3.1 节】

3.4.1.1　背景技术

背景技术的内容应客观介绍现有技术中存在的问题和缺点、现有技术中已有的技术方案，引导公众清楚获知发明的起点以及存在的困难，客观了解发明在中药领域的定位和意义，同时引导本领域技术人员对发明创造的高度有更为客观和准确的认识。

例如，某申请涉及以《伤寒论》中的桂枝加厚朴杏子汤治疗小儿食积发热的应用。桂枝加厚朴杏子汤属于本申请的研究基础，也是与发明最相关的现有技术。那么在说明书背景技术中应记载小儿食积发热的主要病因、症状和常用治疗手段以及现有的治疗药物，同时应重点描述桂枝加厚朴杏子汤原方的功效、常用临床应用等，客观呈现与发明相关的现有技术状况。以引证文件的方式说明现有技术的情况更能体现客观性。

3.4.1.2　发明内容

说明书的发明内容部分应当清楚、客观地写明发明要解决的技术问题和解决其技术问题采用的技术方案，并对照现有技术写明发明的有益效果以及用于证实该技术效果的实验证据。

（1）技术问题

发明要解决的技术问题应能体现出发明相较于现有技术进行的改进。在中药领域，发明所解决的技术问题可以是提供一种新的治疗某疾病的药物、改进已有药物的治疗效果，或解决药物安全性、依从性等方面的技术问题。常见撰写方式包括："提供一种新的治疗某种疾病或证候的中药组合物""改善或提高某已知中药对某种疾病或证候的治疗效果""提供一种已知中药在治疗某种疾病或证候（新的适应证）中的医药用途""提高已知中药制剂的稳定性、生物利用度"。

（2）技术方案

1）中药组合物发明

以中医辨证论治传统理论为依据形成的中药组合物发明是中药领域最常见的发明类型。撰写其技术方案时应记载中药组合物的理论依据和发明构思，以便体现发明的技术贡献。具体而言，说明书中应当清楚记载发明所治疗疾病的病因病机、治法治则、组方的思路和原则、各中药原料之间的配伍关系和方解等。

中药原料应当使用国家或行业规范的中药材名称，必要时应当清楚记载中药材的拉丁名、基原、药用部位、性味归经、功效主治等相关信息，以使本领域技术人员能够获得相应中药材；应避免使用异名、别名和俗称等名称。各原料药的用量应使用国家或国际标准计量单位。

中药组合物中各药味及其用量比例与中药组合物的功效密切相关，因此如果在发明形成过程中对各药味及其用量比例进行了考察和筛选，建议在说明书中清楚地记载筛选过程，以便更加客观地呈现发明相对于现有技术所作出的技术贡献。

2）中药制备方法发明

对于中药的制备方法发明而言，说明书的发明内容部分除记载中药原料，还应当清楚地记载中药的制备工艺以及参数条件。中药的制备方法通常涉及多个工艺步骤的组合，因此在撰写技术方案时首先应当清楚地表征各工艺步骤的逻辑关系，工艺参数应当准确清楚，避免出现前后矛盾、模棱两可的表述。

制备方法发明通常要解决的技术问题会涉及提高制剂稳定性、提取效率、药物的生物利用度等方面，所述技术问题的解决与制备工艺密切相关，因此对于解决技术问题的关键工艺步骤及工艺参数应当进行详细、重点描述。必要时，写明选择所述工艺条件或参数的详细理由，尽可能记载具体的筛选过程，以体现发明相对于现有技术所作出的技术贡献。例如，一项采用乙醇超声提取某中药的有效成分，从而提高中药原料的提取效率的发明，其中与提高提取效率相关的乙醇浓度、超声提取时间和温度、超声功率等工艺参数应明确记载，对于体现发明点的工艺参数应当在说明书中记载相关筛选实验，以证实其能够达到提高提取效率的技术效果。

对于制备方法中涉及的工艺参数，可以根据实际达到的技术效果合理概括适宜的参数范围，充分考虑后续可能的修改范围或修改方式，分层次有梯度地概括基本范围、优选范围以及最优范围。需要注意所概括的范围应当均能实现发明的技术效果，均能够得到说明书（包括实施例和实验数据）的支持。

（3）技术效果

对中药专利申请而言，由于各中药原料之间存在复杂的相互配伍关系，新的中药组合物是否安全有效，是否能够产生所声称的技术效果，均需要实验数据加以证明，这就要求在撰写说明书时应当记载能够证实发明实现了所述医药用途和/或效果的实验数据。用于证实技术效果的实验数据应满足实验设计科学、过程合理、内容翔实、资料完整等基本要求，本领域的技术人员依据该实验数据即能够确认发明确实解决了其技术问题，达到了预期的技术效果。

1）用于证实技术效果的实验数据的基本要求

中药领域发明所涉及的疾病除中医疾病和证候，还涉及西医疾病，因此证明发明技术效果的实验数据可以是临床前研究的实验室实验数据，可以是临床研究的实验数据，也可以是临床医案或病例等人用经验，但是其必须满足"足以证明发明能够解决其预期要解决的技术效果"的程度。即其必须采用科学的实验设计，记载完整的实验方法和实验过程及结果。断言性的结论描述，例如"患者×例，治愈×例，有效×例，无效×例，总有效率为×"不属于具有科学性的实验数据，通常不具备证明力。

实验数据相关内容通常应当包括实验采用的原料、实验方法、实验过程以及实验结果，实验过程应当保证其内在的逻辑性。例如，对于临床前研究的实验室实验数据，应当明确记载实验用药物（明确药物组成及用量）、实验对象（动物模型的建立应当与治疗疾病对应）、给药过程、实验方法、观察指标、实验前后的指标改变、实验数据的统计学分析结果等；对于临床研究，应当记载病例选择标准、实验用药物（明确药物组成及用量）、疾病诊断标准、实验方法和过程、疗效判定标准、用药前后指标的改变或症状改善的实验数据；而对于临床医案或病例，应当记载患者的一般情况、就诊时主诉、病史、四诊❶情况及诊断结果、必要的检查结果（如在疾病发生、发展及治疗过程中需依赖检查指标进行诊断或疗效判断的情况）、治疗方法、治疗结果或复诊时主要症状体征的改变等。

2）实验数据所证实的技术效果应当与技术问题相对应

技术效果的撰写应当与前述说明书列出的技术问题相对应，发明声称要解决什么样的技术问题，说明书中应当相应记载能够证实发明解决了该技术问题的实验数据。

发明要求保护的中药产品如果用于治疗西医疾病，那么说明书记载的实验数据应当针对该西医疾病，实验方法中应记载疾病的西医诊疗标准和实验方法，用于证实对西医疾病的治疗效果；

---

❶ 四诊具体指望、闻、问、切。

如果用于治疗中医疾病，相应地实验方法应对应于中医疾病的诊疗标准，如果是针对证候的治疗，应当体现相应证候的诊断和疗效判定标准；如果用于治疗西医疾病加中医证候，则应当同时记载西医疾病和中医证候的诊疗标准。换言之，说明书记载的证明发明治疗效果的实验数据应当与其治疗用途相对应，这样的实验数据才具备证明力。例如，发明所要解决的技术问题是提供治疗胃溃疡的中药组合物，则说明书中应记载足以证实所述中药组合物能够达到治疗胃溃疡的实验数据。

如果发明涉及一种改进的中药组合物，发明解决的技术问题是对已知方进行了药味或药味用量调整以提高治疗效果，那么说明书中通常应当记载本发明中药组合物能够治疗相关疾病的效果实验数据，同时还可以记载加减后的中药组合物相对于已知方的对比试验研究，以证实其相对于已知方提高了疗效。

如果发明涉及一种中药制备方法，发明解决的技术问题是对已知制剂的制备工艺进行改进以提高制剂的稳定性，那么说明书中通常应当记载通过本发明中药制备方法获得的制剂的稳定性效果实验数据，同时还可以记载工艺参数的筛选实验或改进后工艺与原工艺的比较试验研究，以体现其相对于已知工艺产生更优异的稳定性或取得了预料不到的稳定性效果。

3.4.1.3　实施例

发明优选的具体实施方式是说明书的重要组成部分，它对于充分公开、理解和实现发明，支持和解释权利要求都是极为重要的。优选的具体实施方式应当体现申请中解决技术问题所采用的技术方案，并应当对权利要求的技术特征给予详细说明，以支持权利要求。实施例是对发明优选的具体实施方式的举例说明，实施例的数量应当根据发明的性质、所属技术领域、现有技术状况以及要求保护的范围来确定。

例如，对于中药组合物发明，权利要求的技术方案中通常限定了各原料药按一定数量范围的用量比例。当这些用量比例范围较大时，可能会因原料药的不同用量配比关系使得到的中药组合物的功效或作用发生实质性改变，即其中有的技术方案不能产生发明所述的技术效果。因此，说明书应当根据权利要求的技术方案记载相应数量的实施例，以支持要求保护的范围。

3.4.2 权利要求书

> 法 26.4
> 【审查指南第二部分第十一章第 2 节、第 3.2 节】

3.4.2.1 排除不授予专利权的客体

《专利法》及其实施细则规定了不予授权的客体，具体到中药领域，如下客体属于不授权主题：

质量控制方法。由于该方法属于人为规定的检测项目来确保产品质量，属于《专利法》第二十五条第一款第（二）项所述的"智力活动的规则和方法"范畴，不能被授予专利权。例如，"一种中药胶囊的质量控制方法"不被允许。

疾病的诊断或治疗方法。这种方法是以有生命的人体或动物体为直接实施对象，进行识别、确定或消除病因或病灶的过程，属于《专利法》第二十五条第一款第（三）项所述的"疾病的诊断和治疗方法"范畴，不能被授予专利权。例如，"中药组合物在治疗抑郁中的应用""中药在治疗白血病中的用途"均不被允许。此时建议将权利要求撰写为制药用途形式，如"一种中药组合物在制备治疗抑郁症的药物中的应用"。

处方或方剂。处方或方剂是医生针对某一患者个体在治疗过程出具的处方笺，不具备《专利法》第二十二条第四款规定的实用性，例如，"一种治疗癌症的处方"。此时建议将保护的主题撰写为"中药组合物""中药复方"等形式。

3.4.2.2　权利要求的类型

权利要求按其要求保护对象的不同，可分为产品权利要求和方法权利要求。权利要求的类型根据权利要求的主题名称来确定。通常，在中药领域，中药组合物、中药提取物或配方颗粒、中药炮制品、中药材饮片、中药制剂等属于产品权利要求，其常见撰写方式如"一种治疗失眠的中药组合物""一种黄芪提取物""一种柴胡配方颗粒""一种熟三七饮片""一种治疗感冒的中药冲剂"等；中药制备方法、炮制方法、中药制药用途、中药制剂检测/鉴定方法等属于方法权利要求，其常见撰写方式如"一种丹参滴丸的制备方法""一种制草乌的炮制方法""一种中药组合物在制备治疗冠心病心绞痛药物中的应用""一种小儿化痰颗粒的检测鉴定方法"等。

中药领域权利要求的撰写需要注意的问题包括：

（1）产品权利要求的封闭与开放

中药组合物权利要求通常应当用其原料药及其用量等技术特征来表征，其撰写方式分为封闭式和开放式两种表达方式。封闭式权利要求指组合物仅由权利要求中所限定的组分组成而排除其他组分；开放式权利要求指除了权利要求中所限定的组分，还可以包括其他组分。封闭式权利要求和开放式权利要求的保护范围不同，中药组合物权利要求采用开放式还是封闭式，需与发明所作的技术贡献相匹配。

【案例 3 - 4】

发明涉及一种治疗银屑病的中药组合物，原料药为：白花蛇舌草 20 ~ 40 份、土茯苓 20 ~ 40 份和水红花子 20 ~ 40 份。该中药组合物具有清热解毒、祛湿散瘀的功效。

【撰写示例及分析】

情形一：如果说明书仅证实上述组合物能够治疗银屑病，则权利要求可采用以下撰写方式，如：

1. 一种治疗银屑病的中药组合物，其特征在于它由以下重量份的原料药组成：白花蛇舌草 20～40 份、土茯苓 20～40 份和水红花子 20～40 份。或

1. 一种治疗银屑病的中药组合物，其特征在于它由如下重量份的原料药制成：白花蛇舌草 20～40 份、土茯苓 20～40 份和水红花子 20～40 份。

情形二：如果说明书中还证实了针对血瘀型银屑病患者，组合物中增加鸡血藤 10～30 份、丹皮 5～15 份，可提高活血化瘀功效；针对血燥型银屑病患者，组合物中增加当归 5～15 份、白芍 10～20 份，具有提升养血润燥的功效等情况。此时，独立权利要求可以采用开放式撰写方式，同时，可以采用从属权利要求对原料药进一步限定，撰写示例如下：

1. 一种治疗银屑病的中药组合物，其特征在于其原料药包括：白花蛇舌草 20～40 份、土茯苓 20～40 份和水红花子 20～40 份。

2. 根据权利要求 1 所述的组合物，其特征在于原料药还包括鸡血藤 10～30 份、丹皮 5～15 份。

3. 根据权利要求 1 所述的组合物，其特征在于原料药还包括当归 5～15 份、白芍 10～20 份。

（2）数值范围的合理概括

1）原料药的用量配比关系

中药组合物通常是根据中医药理论，将原料药按照君臣佐使的配伍关系制备而成。因此，中药产品权利要求通常需要限定原料药组分及其用量配比。当权利要求中未限定原料药组分的用量

配比关系或概括的用量数值过宽时，如果权利要求包含了与说明书公开的药味配伍关系实质不同的技术方案，可能导致本领域技术人员根据说明书公开的内容不能预测权利要求的概括均能解决发明所要解决的技术问题并达到相同的技术效果，则权利要求得不到说明书的支持。因此，在撰写权利要求时应根据说明书实际记载的实施例和实验数据情况对原料药组分的用量配比进行合理概括。

2）提取或制备工艺参数

对于提取方法、炮制方法、制备工艺等类型的专利申请，技术方案中通常含有溶剂浓度、料液比、温度、时间等参数。对于参数特征，尤其是对发明技术效果产生主要影响的技术参数，通常应当依据说明书中记载的实施例情况对技术方案进行合理的概括，使权利要求的保护范围与专利申请的技术贡献相匹配。

3）用途限定

如果说明书中仅公开和证实了中药产品具有某一种功效，或治疗某一种疾病或证候，在撰写产品权利要求时，则应当对中药产品进行用途限定，如"一种抑菌止痒的中药外用乳膏""一种治疗慢性胃炎的中药组合物"等。

4. 特殊专利申请文件的准备

4.1　分案申请

口☑ 细则 48.1、49

　　【审查指南第一部分第一章第 5.1 节及第二部分第六章第 3 节】

当一件专利申请包括两项以上发明时，申请人可以主动提出或者依据审查员的审查意见提出分案申请。

分案申请应当以原申请（第一次提出的申请）为基础提出。分案申请的类别应当与原申请的类别一致，比如原申请是发明，分案申请也应当是发明。分案申请可以保留原申请日，享有优先权的，可以保留优先权日，但是不得超出原申请记载的范围。原申请中已提交的与分案申请相关的各种证明文件，无须再次提交，例如作为优先权基础的在先申请文件副本、生物材料保藏证明和存活证明等。

4.1.1　分案申请的递交

4.1.1.1　分案申请的递交时间

申请人最迟应当在收到专利局对原申请作出授予专利权通知书之日起两个月期限（即办理登记手续的期限）届满之前提出分案申请。上述期限届满后，或者原申请已被驳回，或者原申请已撤回，或者原申请被视为撤回且未被恢复权利的，一般不得再提出分案申请。

对于审查员已发出驳回决定的原申请，自申请人收到驳回决定之日起三个月内，不论申请人是否提出复审请求，均可以提出分案申请；在提出复审请求以后的复审期间、收到复审决定之日起三个月内以及对复审决定不服提起的行政诉讼期间，申请人也可以提出分案申请。

对于已提出过分案申请，申请人需要针对该分案申请再次提出分案申请的，再次提出的分案申请的递交时间仍应以原申请为基础，符合相关递交时间的要求。因审查员发出分案通知书或审查意见通知书中指出分案申请存在单一性的缺陷，申请人按照审查员的审查意见再次提出分案申请的，再次提出分案申请的递交时间以存在单一性缺陷的分案申请为基础，符合相关递交时间的要求。

4.1.1.2　分案申请的申请人和发明人

分案申请人应当与提出分案申请时原申请的申请人相同，发明人应当是原申请的发明人或者是其中的部分成员。针对分案申请提出再次分案申请的申请人应当与该分案申请的申请人相同，发明人应当是该分案申请的发明人或者是其中的部分成员。

4.1.1.3　分案申请的请求书填写

（1）"分案申请"一栏的填写

分案申请应当在请求书中正确填写原申请的申请号和申请日；对于已提出过分案申请，需要针对该分案申请再次提出分案申请的，还应当正确填写该分案申请的申请号。

【案例 3 – 5】

某专利申请的申请号为 20191034 × × × ×. ×，申请日为 2019 年 3 月 5 日，其第一次分案申请的申请号为 20201056 × × × ×. ×，针对第一次分案申请再次提出分案申请时，请求书填写示例如图 3 – 18 所示。

⑭ 分案申请	原申请号20191034××××.×	针对的分案申请号 20201056××××.×	原申请日2019年3月 5日

图 3 – 18　发明专利请求书中"分案申请"一栏的填写示例

（2）优先权信息的确认

如果原申请享有优先权，分案申请可以要求该优先权，享有原申请的优先权日，但应在分案申请的请求书中提出优先权声明，写明作为优先权基础的在先申请的申请日、申请号和原受理机构名称。

4.1.2　分案申请的期限和费用

分案申请适用的各种法定期限从原申请日起算，且视为一件新申请收取各种费用。对于已经届满或者自分案申请递交日起至期限届满日不足两个月的各种期限和费用，可以自分案申请递交日起两个月内或者自收到受理通知书之日起十五日内补办各种手续或补缴费用。

【案例 3 - 6】

某发明专利申请的申请日为 2019 年 3 月 5 日（即原申请日），分案申请递交日为 2022 年 6 月 10 日。一般应在申请日起三年内提出实质审查请求并缴纳实质审查费。但该分案申请递交时实质审查请求的期限已经届满，根据相关规定，可以自分案申请递交日起两个月内（即 2022 年 8 月 10 日前）或者自收到受理通知书之日起十五日内补交实质审查请求书并补缴实质审查费。

4.2　涉及生物材料的申请

> 🔖 细则 27
> 【审查指南第一部分第一章第 5.2 节、第二部分第十
> 章第 9.2.1 节】

在生物技术领域中，有时由于文字记载很难描述生物材料的具体特征，即使有了这些描述，也得不到生物材料本身，所属技术领域的技术人员仍然不能实施发明。在这种情况下，为了满足说明书充分公开的要求，应按规定将所涉及的生物材料提交保藏。

4.2.1　生物材料样品需要保藏的情形

申请涉及新的生物材料时，如果该生物材料是完成发明必须使用且是公众不能得到的，则应当进行保藏，例如：①个人或单位拥有的、由非专利程序的保藏单位保藏并对公众不公开发放的生物材料；或者②虽然在说明书中描述了制备该生物材料的方法，但是本领域技术人员不能重复该方法而获得所述的生物材料，例如通过不能再现的筛选、突变等手段新创制的微生物菌种。

对于公众可以得到的生物材料，如果申请人在说明书中已说明公众获得该生物材料的途径，可不进行保藏，例如：①公众在申请日（有优先权的，指优先权日）前能够从国内外商业渠道购买到的生物材料，并且在说明书中注明了购买的渠道；②在向我国提交的专利申请的申请日（有优先权的，指优先权日）前，已在各国专利局或国际专利组织承认的保藏机构保藏，并已经在专利公报中公布或已授权的生物材料；③在申请日（有优先权的，指优先权日）前已在非专利文献中公开，并且在说明书中注明了文献的出处，说明了公众获得该生物材料的途径，同时申请人提供了保证从申请日起二十年内向公众发放生物材料的证明。

4.2.2　保藏及存活证明

对于需要进行保藏的情形，申请人应当在国家知识产权局认可的保藏单位进行保藏，并向国家知识产权局提交保藏单位出具的保藏证明和存活证明。其中：

① 保藏日期应在申请日（有优先权的，指优先权日）之前或当天。

② 国家知识产权局认可的保藏单位是指《布达佩斯条约》

承认的生物材料样品国际保藏单位，可通过世界知识产权组织网站查询有关国际保藏单位的最新信息。❶ 我国的国际保藏单位包括：位于北京的中国微生物菌种保藏管理委员会普通微生物中心（CGMCC）、位于武汉的中国典型培养物保藏中心（CCTCC）和位于广州的广东省微生物菌种保藏中心（GDMCC）。

③ 应当自申请日起四个月内提交生物材料样品保藏证明和存活证明。

不符合上述①～③项规定的，该生物材料样品视为未保藏。关于保藏及存活证明的相关要求，以及保藏的恢复还可参见《专利审查指南2023》第一部分第一章第5.2.1节及第5.2.2节。

4.2.3　请求书和说明书中的保藏信息

对于涉及生物材料保藏的申请，申请人应当在请求书和说明书中分别写明生物材料的分类命名（注明拉丁文名称），该生物材料样品的保藏单位名称、保藏日期和保藏编号，并这些信息应当与保藏证明和存活证明的相应信息一致。请求书中还应当勾选生物材料样品是否存活。

4.3　涉及核苷酸或者氨基酸序列的申请

> 🔍 细则20.4
> 【审查指南第一部分第一章第4.2节、第二部分第十章第9.2.3节】

当发明专利申请涉及由10个或者更多核苷酸组成的核苷酸序列，或者由4个或者更多L‑氨基酸组成的蛋白质或者肽的氨

---

❶　参见：https：//www.wipo.int/budapest/en/index.html。

基酸序列时，应当将序列表作为说明书的一个单独部分提交，并勾选请求书的"序列表"一栏，如图 3 - 19 所示。

⑯ 序列表	■本专利申请涉及核苷酸或氨基酸序列表

图 3 - 19　发明专利请求书中"序列表"一栏

对于电子申请，应当提交一份符合规定的计算机可读形式序列表作为说明书的一个单独部分。其中，序列表文件应当符合"关于用 XML（可扩展标记语言）表示核苷酸和氨基酸序列表的推荐标准"（WIPO ST. 26 标准❶）。制作序列表电子文件可使用 WIPO 提供的用于生成、转换或校验序列表的工具套件（WIPO Sequence 套件❷）。由于序列表文件通常较大并且有格式要求，所以申请人一定要核实上传的内容是否与本地内容一致，例如上传文件大小等。

对于纸件申请，应当提交单独编写页码的序列表，并且在申请的同时提交与该序列表相一致的计算机可读形式序列表的副本，如提交记载有该序列表的符合规定的光盘或者软盘，该序列表电子文件也应当满足 WIPO ST. 26 标准。

4.4　涉及遗传资源的申请

> 📖 法 5. 2、26. 5、细则 29. 2
> 【审查指南第一部分第一章第 5. 3 节，第二部分第一章第 3. 2 节、第十章第 9. 5 节】

---

❶　参见：https：//www. wipo. int/standards/en/。
❷　参见：https：//www. wipo. int/standards/en/sequence/。

如果发明专利申请涉及的发明创造是依赖遗传资源完成的，则属于涉及遗传资源的申请。《专利法》所称依赖遗传资源完成的发明创造，是指利用了遗传资源的遗传功能完成的发明创造。如果未利用遗传功能，比如从绿豆中提取核酸并制备核酸口服液，利用的是化学成分的营养功能，不是遗传功能，不属于利用遗传资源完成的发明创造。

就依赖遗传资源完成的发明创造申请专利，遗传资源的获取和利用应符合相关法律和行政法规的规定。在提交相关申请时，申请人应当在请求书中勾选"遗传资源"一栏，见图3－20；并提交遗传资源来源披露登记表，写明遗传资源的直接来源和原始来源。其中，直接来源，是指获取遗传资源的直接渠道；原始来源，是指遗传资源所属的生物体在原生环境中的采集地。

⑰ 遗传资源	■ 本专利申请涉及的发明创造是依赖于遗传资源完成的

图3－20　发明专利请求书中"遗传资源"一栏

如果遗传资源的直接来源为某个机构，例如保藏机构、种子库（种质库）、基因文库等，该机构知晓并能够提供原始来源的，申请人应当填写该遗传资源的原始来源信息。无法说明原始来源的，应当陈述理由，必要时提供有关证据，例如，指明"该种子库未记载该遗传资源的原始来源""该种子库不能提供该遗传资源的原始来源"，并提供该种子库出具的相关书面证明。

此外，遗传资源来源披露登记表中的内容不属于原说明书和权利要求书记载的内容，不能作为判断说明书是否充分公开的依据，也不得作为修改说明书和权利要求书的基础。对于实现发明必不可少的内容应当写入说明书。

5. 其他文件和相关手续的准备

5.1　委托专利代理机构

> 法 18，细则 4.3、17.2、19（4）
> 【审查指南第一部分第一章第 6.1 节】

　　申请人（委托人）委托专利代理机构（被委托人）向国家知识产权局申请专利和办理其他专利事务的，委托的专利代理机构应当是依照《专利代理条例》的规定经国家知识产权局批准成立的，专利代理师应当是获得专利代理师资格证书、在合法的专利代理机构执业的人员。

　　申请时委托专利代理机构的，应当在请求书中填写相关信息，参见本章第 2.1.6 节；还应当视情况提交《专利代理委托书》或《专利代理委托书（中英文）》（表格编号 100007 或 100021），写明委托权限；在专利局交存《总委托书》（表格编号 100022）的，在请求书中填写总委托书编号即可。其中，专利代理委托书的填写注意事项如下：

　　（1）《专利代理委托书》中的信息应当与该专利申请请求书中的相应内容一致。

　　（2）关于签字或者盖章。申请人是个人的，《专利代理委托书》应当由申请人签字或者盖章；申请人是单位的，应当加盖单位公章；申请人有两个以上的，应当由全体申请人签字或者盖章。被委托的专利代理机构仅限一家，委托书还应当由专利代理机构加盖公章。

　　申请后委托代理机构、变更代理机构、解除委托或专利代理机构辞去委托的，应当及时办理著录项目变更申报手续，相关内容参见本书第 9 章第 4.2.1 节及第 4.2.4 节。

5.2　要求优先权

> 法 29、30，细则 6、12、34～38、110
>
> 【审查指南第一部分第一章第 6.2 节，第二部分第三章第 4 节、第八章第 4.6 节】

要求优先权，是指申请人根据《专利法》第二十九条规定向专利局要求以其在先提出的专利申请为基础享有优先权。申请人享有优先权后，其在后申请看作在先申请的申请日（优先权日）提出的。优先权包括外国优先权和本国优先权。

5.2.1　要求外国优先权

（1）在先申请和要求优先权的在后申请

作为要求优先权基础的在先申请可以是在《巴黎公约》成员国内提出的，或者是对该成员国有效的地区申请或者国际申请，也可以是在承认我国优先权的非《巴黎公约》成员国提出的。

在后申请与在先申请是相同主题的发明创造，相同主题的发明创造是指技术领域、所解决的技术问题、技术方案和预期的效果相同的发明创造。在先申请应当是针对相同主题的首次申请。

在后申请应在在先申请的申请日起十二个月内提出。根据《专利法实施细则》第三十六条规定恢复优先权的除外。

（2）要求优先权声明

申请人要求外国优先权的，应当在提出专利申请的同时，在发明专利请求书中填写"要求优先权声明"一栏，见图 3－21，写明作为优先权基础的在先申请的原受理机构名称、在先申请日和在先申请号。申请人要求多项优先权的应当依次按照顺序填写。

	序号	原受理机构名称	在先申请日	在先申请号
⑱ 要求优先权声明	1			
	2			
	3			
	4			
	5			

图 3 – 21　发明专利请求书中"要求优先权声明"一栏

（3）在先申请文件副本

要求外国优先权的，应当在优先权日（要求多项优先权的，指最早优先权日）起十六个月内提交在先申请文件副本及其中文题录。

在先申请文件副本的提交方式有两种：申请人主动提交和通过电子交换途径获取。申请人可以向原受理机构请求出具副本或者向中国专利局提交世界知识产权组织的数字接入服务（DAS）请求。

依据《专利法》第十八条规定委托代理机构的，申请人可以自行提交在先申请文件副本及其中文题录。

（4）申请人

在后申请的申请人与作为优先权基础的在先申请的申请人应当一致，或者是在先申请的申请人之一。申请人完全不一致的，应当提交优先权转让证明文件，具体参见本章第5.2.3节。

（5）费用

申请人要求优先权的，应当在缴纳申请费的同时缴纳优先权要求费。期满未缴纳或者未缴足的，该项优先权视为未要求。

5.2.2 要求本国优先权

（1）在先申请和要求优先权的在后申请

在先申请应当是发明或者实用新型专利申请，不应当是外观设计专利申请，也不应当是分案申请。在先申请的主题没有要求过优先权，或者虽然要求过优先权，但未享有优先权。在后申请提出时，该在先申请的主题，尚未授予专利权。在后申请与在先申请是相同主题的发明创造。在先申请应当是针对相同主题的首次申请。

在后申请应在在先申请的申请日起十二个月内提出。根据《专利法实施细则》第三十六条规定恢复优先权的除外。

（2）优先权声明

申请人要求本国优先权的，应当在提出专利申请的同时，在发明专利请求书中填写"要求优先权声明"一栏，如图 3 - 21 所示，参见本章第 5.2.1 节第（2）项的相关内容。其中，原受理机构名称可以填写为"中国"。

（3）在先申请文件副本

申请人要求本国优先权并且在请求书中写明了在先申请的申请日和申请号的，视为提交了在先申请文件副本。

（4）申请人

在后申请的申请人与作为优先权基础的在先申请的申请人应当完全一致。不一致的，应当提交优先权转让证明文件，具体参见本章第 5.2.3 节。

（5）视为撤回在先申请的程序

要求本国优先权的，其在先申请自在后申请提出之日起即视为撤回，且被视为撤回的在先申请不得请求恢复。

（6）费用

参见本章第 5.2.1 节第（5）项的相关内容。

5.2.3　优先权转让

在后申请的申请人与在先申请的申请人不一致，不符合相关要求的［参见本章第 5.2.1 节第（4）项及第 5.2.2 节第（4）项］，且在先申请的申请人将优先权转让给在后申请的申请人的，应当在优先权日（要求多项优先权的，指最早优先权日）起十六个月内提交由在先申请的全体申请人签字或者盖章的优先权转让证明文件。提交外国优先权转让证明的，还应当提交该转让证明的中文题录。

对于中国内地申请人将本国优先权转让给外国申请人的，除了应当提交优先权转让证明，还应当出具国务院商务主管部门颁发的"技术出口许可证"或者"技术出口合同登记证"，或者地方商务主管部门颁发的"技术出口合同登记证"，以及双方签字或者盖章的转让合同。

对于中国内地申请人将本国优先权转让给中国香港、澳门或台湾地区申请人的，参照上述处理。

5.2.4　优先权要求的增加、改正

申请人要求了优先权的，可以自优先权日起十六个月内或者申请日起四个月内，在专利局做好公布准备之前，请求增加或者改正优先权要求。

申请人请求增加或者改正优先权要求的，应当在递交申请时要求优先权并在规定的期限内提交《增加或改正优先权要求请求书》（表格编号100052），其中应当写明请求增加或者改正的在先申请的申请日、申请号和原受理机构名称。请求增加优先权要求的，还应当同时缴纳优先权要求费。

5.2.5 优先权要求的恢复

5.2.5.1 根据《专利法实施细则》第六条的恢复

视为未要求优先权并属于下列情形之一的，申请人可以根据《专利法实施细则》第六条的规定请求恢复要求优先权的权利：

（1）未在指定期限内答复办理手续补正通知书导致视为未要求优先权。

（2）要求优先权声明中至少一项内容填写正确，但未在规定期限内提交在先申请文件副本或者优先权转让证明。

（3）要求优先权声明中至少一项内容填写正确，但未在规定期限内缴纳或者缴足优先权要求费。

（4）分案申请的原申请要求了优先权。

除以上情形，其他原因造成视为未要求优先权的，不予恢复。

申请人请求恢复优先权的，应当办理恢复权利请求的手续，具体参见本书第9章第2.2节。

5.2.5.2 根据《专利法实施细则》第三十六条的恢复

根据《专利法实施细则》第三十六条的恢复，即对于在后申请是在其在先申请的申请日起十二个月期限届满后提出的，有正当理由的，可以在期限届满之日起两个月内请求恢复优先权，但专利局已经做好公布或者公告准备的除外。

申请人请求恢复优先权的，应当办理以下手续：

（1）提交《恢复优先权请求书》（表格编号100051），说明理由；

（2）缴纳恢复权利请求费、优先权要求费；

（3）办理其他需要办理的手续，如提交在先申请文件副本、优先权转让证明文件等。

5.3 不丧失新颖性的宽限期

　　法 24、细则 33

　　【审查指南第一部分第一章第 6.3 节、第二部分第三章第 5 节】

　　申请专利的发明创造在申请日（享有优先权的，指优先权日）前六个月内，有下列情形之一的，不丧失新颖性或创造性：

　　（1）在国家出现紧急状态或者非常情况时，为公共利益目的首次公开的；

　　（2）在中国政府主办或者承认的国际展览会上首次展出的；

　　（3）在规定的学术会议或者技术会议上首次发表的；

　　（4）他人未经申请人同意而泄露其内容的。

　　所说的六个月期限，称为宽限期。对于上述情形，申请人要求享有不丧失新颖性的宽限期的，应提出要求不丧失新颖性宽限期的声明，并附具证明材料，详见表 3-1。

　　需要注意的是，宽限期同享有优先权不同，并不是将相应发明创造的公开日看作申请的申请日，因此，享有不丧失新颖性的宽限期不能排除在申请日以前的六个月内以其他方式公开的发明创造对其新颖性和创造性产生的影响。例如，在宽限期内，第三人公开了独立作出的同样发明创造，则该发明创造可能会导致专利申请丧失新颖性。

表 3-1 不丧失新颖性的宽限期的不同情形的声明和证明材料要求

具体情形	声明			证明材料	
	时间节点	声明方式	提交时间	出具单位	证明内容
(1) 在国家出现紧急状态或者非常情况时，为公共利益目的的首次公开的	申请日前已获知的	提出专利申请时在请求书中声明	自申请日起两个月内提交	省级以上人民政府有关部门	为公共利益目的公开的事由、日期以及该发明创造公开的日期、形式和内容，并加盖公章
	申请日以后自行得知的	得知情况后两个月内提出声明	提出声明时附具		
	自收到专利局通知书后才得知的	在通知书指定答复期限内提出答复意见并附具证明文件，无须提交声明	通知书指定答复期限内		
(2) 在中国政府主办或者承认的国际展览会上首次展出的		提出申请时在请求书中声明	自申请日起两个月内提交	展览会主办单位或展览会组委会	展览会展出日期、地点，展览会的名称以及该创造展出的日期、形式和内容，并加盖公章

续表

具体情形	声明		提交时间	证明材料	
	时间节点	声明方式		出具单位	证明内容
（3）在规定的学术会议或者技术会议上首次发表的	提出申请时在请求书中声明		自申请日起两个月内提交	国务院有关主管部门或者组织会议的全国性学术团体	会议召开的日期、地点、会议的名称以及该发明创造发表的日期、形式和内容，并加盖公章
（4）他人未经申请人同意而泄露其内容的	申请日前已获知的	提出专利申请时在请求书中声明	自申请日起两个月内提交	证明人	泄露日期、泄露方式、泄露的内容，并由证明人签字或者盖章
	申请日以后自行得知的	得知情况后两个月内提出声明	提出声明时附具		
	自收到专利局通知书后才得知的	在通知书指定答复期限内提出答复意见并附具证明文件，无须提交声明	通知书指定答复期限内		

6. 申请文件的提交及申请日的确定

6.1 申请文件的提交

6.1.1 申请文件的提交方式

申请人可以以电子形式或者纸件形式提交专利申请。具体参见本书第 2 章第 4 节。

对符合受理条件的专利申请，专利局确定申请日，给予申请号，发出专利申请受理通知书、缴纳申请费通知书或收费减缴审批通知书。

申请人应当自申请日起两个月内，或者自收到受理通知书之日起 15 日内缴纳申请相关费用，具体参见附件 2。

6.1.2 不受理的情形

> 🗝 细则 44
> 【审查指南第五部分第三章第 2.2 节】

申请人提交的申请文件有下列情形之一的，其申请文件不予受理，专利局发出文件不受理通知书。

（1）发明专利申请缺少请求书、说明书或者权利要求书的。通过援引在先申请补交遗漏文件，符合相关规定的除外。关于援引加入的相关内容可参见本章第 6.1.4 节。

（2）未使用中文的。

（3）申请文件非使用中文打字或者印刷，字迹或线条模糊、有涂改、易擦除。

（4）请求书中缺少申请人姓名或者名称，或者缺少地址的。

（5）外国申请人因国籍或者居所原因，明显不具有提出专利申请的资格的。

（6）在中国内地没有经常居所或者营业所的外国人、外国企业或者外国其他组织单独申请专利，或者作为代表人申请专利，没有委托专利代理机构的。

（7）在中国内地没有经常居所或者营业所的香港、澳门或者台湾地区的个人、企业或者其他组织单独申请专利，或者作为代表人申请专利，没有委托代理机构的。

（8）直接从外国向专利局邮寄的。

（9）直接从香港、澳门或者台湾地区向专利局邮寄的。

（10）专利申请类别（发明、实用新型或者外观设计）不明确或者难以确定的。

（11）分案申请改变原申请的类别的。

6.1.3　其他文件的提交

除上述必要申请文件之外，在发明专利申请的办理中还可能涉及以下文件的提交：

（1）涉及核苷酸或氨基酸序列的发明专利申请，申请人应把该序列表作为说明书的一个单独部分提交，具体参见本章第4.3 节。

（2）涉及生物材料的申请，申请人应当提交生物材料样品保藏证明和存活证明，具体参见本章第4.2 节。

（3）依赖遗传资源完成的发明创造，申请人应当提交《遗传资源来源披露登记表》（表格编号100023），具体参见本章第4.4 节。

（4）申请人委托专利代理机构向专利局申请专利和办理其他专利事务的，应当视情况提交《专利代理委托书》或《专利代理委托书（中英文）》（表格编号100007 或100021），具体参见本章第5.1 节。

（5）办理专利申请相关手续要附具证明文件的，各种证明文件应当由有关主管部门出具或者由当事人签署。各种证明文件应当是原件；证明文件是复印件的，应当经公证或者由出具证明文件的主管部门加盖公章予以确认（原件在专利局备案确认的除外）。申请人提供的证明文件是外文的，应当附有中文题录译文。

6.1.4　以援引在先申请文件的方式补交申请文件

> 📖 细则 45
> 【审查指南第一部分第一章第 4.7 节、第五部分第三章第 2.3.3 节】

当发明专利申请存在以下情形：①缺少权利要求书或说明书；②缺少权利要求书、说明书部分内容；或者③错误提交权利要求书、说明书或其部分内容的，但申请人在首次递交专利申请时要求了在先申请的优先权，提出援引加入声明的，可以以援引在先申请文件的方式补交缺少或者正确的申请文件，而保留申请日。其中，需要满足的条件包括：一是在递交专利申请之日起两个月内或者专利局指定的期限内提交确认援引加入声明并补交相关文件；二是援引加入涉及的优先权应当符合《专利法》、《专利法实施细则》以及《专利审查指南 2023》的相关规定；三是补交的文件包括相应的申请文件或其修改替换页，以及其他需要的文件，如在先申请文件副本及其中文译文等；四是补交的申请文件的内容应包含在在先申请文件副本和其中文译文之中。

如果援引加入补交的申请文件内容未包含在在先申请文件副本和其中文译文之中，但符合《专利法》、《专利法实施细则》以及《专利审查指南 2023》其他相关规定的，将重新确定申请日，以补交申请文件内容之日为申请日。

补交申请文件后，需要补缴申请附加费的，申请人应当自申请日起两个月或者收到审查员发出的补缴费用通知书之日起一个月内补缴相关费用。

6.2　申请日

6.2.1　申请日的概念及作用

┌─────────────────────────┐
│ 🕮 法 28、42，细则 12 │
└─────────────────────────┘

专利局收到符合规定的专利申请文件之日为申请日。如果申请文件是邮寄的，以寄出的邮戳日为申请日。申请日是专利审批程序中一系列重要期限（如专利权期限）的起算日，申请日（有优先权的，指优先权日）也是构成现有技术的时间界限。

6.2.2　申请日的确定及更正

（1）申请日的确定

采用电子形式向专利局提交的专利申请，以符合要求的申请文件进入专利局指定的特定电子系统的日期为申请日。向专利局受理处或者代办处窗口直接递交的专利申请，以收到日为申请日。通过邮局挂号信邮寄递交到专利局受理处或者代办处的专利申请，以信封上的寄出邮戳日为申请日；信封上无寄出邮戳或者寄出的邮戳日不清晰或者异常的，以专利局受理处或者代办处收到日为申请日。通过速递公司递交到专利局受理处或者代办处的专利申请，以收到日为申请日。邮寄或者递交到专利局非受理部门或者个人的专利申请，其邮寄日或者递交日不具有确定申请日的效力，以专利局受理处或者代办处实际收到日为申请日。

（2）申请日的更正

申请人收到专利申请受理通知书之后认为该通知书上记载的申请日与邮寄该申请文件日期不一致的，可以在递交专利申请文件之日起两个月内或者申请人收到专利申请受理通知书一个月内提出申请日更正请求，并附具收寄专利申请文件的邮局出具的寄出日期的有效证明。该证明中注明的寄出挂号号码应当与请求书中记录的挂号号码一致，挂号信的存根可以作为上述有效证明。

（3）重新确定申请日

对于已经提交的专利申请，若说明书中写有附图的说明，但实际未交、少交或漏交附图的，申请人根据专利局审查的要求在规定的期限内补交附图的，以附图的提交日确定为该申请的申请日。

因援引加入重新确定申请日的情形，参见本章第6.1.4节。

7. 初步审查程序

> 法 26、81，细则 50、51、112、116
> 【审查指南第一部分第一章第 1 节、第 3 节】

发明专利申请在受理之后、公布之前，必须经过初步审查程序。初步审查主要包括申请文件的形式审查、申请文件的明显实质性缺陷审查、与专利申请有关的其他手续和文件的形式审查以及有关费用的审查。发明专利申请经初步审查合格后进入公布程序。

7.1 常见通知书

经初步审查，当专利申请符合相关规定时，审查员发出初步审查合格通知书，指明公布所依据的申请文本。

经初步审查，当专利申请不符合相关规定时，常见的通知书类型包括补正通知书、审查意见通知书或办理手续补正通知书。答复要求、答复不符合要求可能产生的后果及救济途径如下。

7.1.1 补正通知书

如果申请文件存在不符合《专利法》及其实施细则规定的

形式缺陷，例如，发明名称包含非技术用语，审查员发出补正通知书。申请人在收到补正通知书后，应当在通知书指定的两个月期限内补正或者陈述意见。申请人对专利申请进行补正的，应当提交《补正书》（表格编号 100006）及相应修改文件替换页。对申请文件的修改，应当针对通知书指出的缺陷进行。修改的内容不得超出申请日提交的说明书和权利要求书记载的范围。

　　如果审查员针对同一形式缺陷已发出过两次补正通知书，经申请人陈述意见或者补正后仍然没有消除的，审查员可以作出驳回决定。申请人对驳回决定不服的，可以自收驳回决定之日起 3 个月内提出复审请求，参见本书第 8 章第一部分第 1 节。

　　如果申请人没有在规定的期限内对补正通知书进行答复，或者在期限之后提交补正文件（即逾期答复），则该申请将被视为撤回。申请被视为撤回的，申请人可以在收到视为撤回通知书之日起两个月内办理权利恢复手续，相关手续办理参见本书第 9 章第 2.2 节。

7.1.2　审查意见通知书

　　如果申请文件存在明显实质性缺陷，例如，申请文件未包含任何解决技术问题的技术方案，或者明显涉及违反法律、社会公德或者妨害公共利益的发明创造，审查员发出审查意见通知书。申请人在收到审查意见通知书后，可以在通知书指定的两个月期限内提交《意见陈述书》（表格编号 100012）陈述意见及相应修改文件替换页。

　　申请文件存在明显实质性缺陷，在审查员发出审查意见通知书后，经申请人陈述意见或者修改后仍然没有消除的，审查员可以作出驳回决定。申请人对驳回决定不服的，可以自收到驳回决定之日起 3 个月内提出复审请求，参见本书第 8 章第一部分第 1 节。

　　如果申请人没有在规定的期限内对审查意见通知书进行答

复，或者逾期答复，则该申请将被视为撤回。申请被视为撤回的，申请人可以在收到视为撤回通知书之日起两个月内办理权利恢复手续，相关手续办理参见本书第 9 章第 2.2 节。

7.1.3　办理手续补正通知书

在与专利申请有关的其他手续和文件存在形式缺陷时，例如，请求书中填写的优先权声明中漏填写原受理机构名称，审查员发出办理手续补正通知书。申请人在收到办理手续补正通知书后，应当在通知书指定的两个月期限内补正或者陈述意见。申请人对专利申请进行补正的，应当提交《补正书》（表格编号 100006），及根据需要提交相关文件。

如果申请人没有在规定的期限内对办理手续补正通知书进行答复，或者逾期答复，或者答复不合格，审查员将根据不同手续的要求发出相应通知书，如视为未要求优先权通知书、生物材料样品视为未保藏通知书、视为未委托专利代理机构通知书等，具体可参见本章第 7.2 节。

针对初步审查中常见通知书的答复要求、答复不符合要求可能产生的后果及救济途径的简要说明见表 3 - 2。申请人因正当理由难以在通知书指定的期限内作出答复的，可以在期限届满前提出延长期限请求，相关手续办理参见本书第 9 章第 2.1.3 节。

7.2　视为未提出类通知书

初步审查程序中，涉及相关申请文件或手续不符合规定的通知书还包括视为未提出类通知书。

（1）分案视为未提出通知书

当分案申请不符合递交时间等相关要求时，审查员会发出分案申请视为未提出通知书。一般情况下，该通知书表示分案申请审理结束。

表 3-2 初步审查的常见通知书的答复要求、相关后果及救济途径

通知书类型	通知书发出原因	答复期限	答复方式	答复不符合要求可能产生的后果	救济途径
补正通知书	申请文件存在形式缺陷	收到通知书之日起两个月内	提交补正书、修改文件替换页	在规定的期限内未答复或者逾期答复，申请视为撤回	办理恢复权利手续
				对于同一缺陷经两次补正仍然没有消除的，申请可以被驳回	提出复审请求
审查意见通知书	申请文件存在明显实质性缺陷		提交意见陈述书、修改文件替换页	在规定的期限内未答复或者逾期答复，申请视为撤回	办理恢复权利手续
				答复不合格，申请被驳回	提出复审请求
办理手续补正通知书	专利申请的相关手续存在形式缺陷		提交补正书、相关文件	在规定的期限内未答复、逾期答复或者答复不合格，相应的手续被视为未要求	办理恢复权利手续

（2）视为未要求优先权通知书

当要求优先权的手续不符合有关规定时，审查员发出视为未要求优先权通知书。申请人在收到该通知书后，可以视情况办理权利恢复手续，参见本章第5.2.5节。

（3）生物材料样品视为未保藏通知书

当生物材料样品保藏手续不符合有关规定时，审查员发出生物材料样品视为未保藏通知书。申请人在收到该通知书后，如果有正当理由，可以在规定的期限内办理权利恢复手续，相关内容参见本书第9章第2.2节。

（4）视为未要求不丧失新颖性宽限期通知书

当要求不丧失新颖性宽限期的手续不符合有关规定时，审查员发出视为未要求不丧失新颖性宽限期通知书，申请人在收到该通知书后，如果有正当理由，可以在规定的期限内办理权利恢复手续，相关内容参见本书第9章第2.2节。

（5）视为未委托专利代理机构通知书

当委托专利代理机构的手续不符合有关规定时，审查员发出视为未委托专利代理机构通知书。

如果申请人仍需要委托原专利代理机构或委托新的专利代理机构，则需要办理著录项目变更手续。重新委托专利代理机构，相关内容参见本书第9章第4.2.4节。

如果申请人不再委托专利代理机构，则无须答复该视为未委托专利代理机构通知书，但需要注意的是：对于纸件申请，需要重新提交由全体申请人签字或盖章的发明专利请求书；对于电子申请，应当至少有一名申请人是电子申请注册用户并重新提交发明专利请求书。如果申请人是单位，还应当指定一名联系人。

7.3 其他通知书

初步审查程序中，申请人还可能收到其他通知书。

重新确定申请日通知书。例如，说明书中有对附图的说明，而申请人未提交该附图，补交缺少的附图的，以补交附图之日为申请日。此时，审查员会发出重新确定申请日通知书，相关内容参见本章第 6.2.2 节。

撤销专利申请受理通知书。申请人以援引在先申请文件的方式补交遗漏的权利要求书或者说明书的，如果援引加入涉及的优先权不符合相关规定，或者审查员针对案件涉及援引加入的缺陷发出办理手续补正通知书，期满未答复或补正后仍不符合规定的，审查员发出撤销专利申请受理通知书，明确援引加入声明视为未提出，并作结案处理。申请人可以另行提交专利申请。

8.　公布

8.1　发明专利申请公布

> 📖 法 34、细则 107
> 【审查指南第五部分第八章第 1.2.1.1 节】

（1）公布的时间

发明专利申请经初步审查合格后，自申请日（有优先权的，为优先权日）起满十七个月进行公布准备，并于十八个月期满时公布。

在初步审查程序中被驳回、被视为撤回以及在做好公布准备之前申请人主动撤回或确定保密的发明专利申请不予公布。

（2）公布的内容

发明专利申请公布的内容包括：著录事项、摘要和摘要附图，但说明书没有附图的，可以没有摘要附图。著录事项主要包括：国际专利分类号、申请号、公布号（出版号）、公布日、申请日、优先权事项、申请人事项、发明人事项、专利代理事项、发明名称等。

（3）查询方式

申请人可以通过专利局编辑出版的《专利公报》查询案件的公布内容。

《专利公报》以期刊形式发行，同时以电子公报形式在国家知识产权局政府网站上公布，或者以专利局规定的其他形式公布。

如申请人发现公布的内容存在错误的，可以提交更正错误请求书请求更正相关错误。

8.2 提前公布

细则52

【审查指南第一部分第一章第6.5节】

如果申请人希望早日公布其发明专利申请，可以提出提前公布声明。

（1）请求提前公布的声明

请求提前公布的，应当提出请求提前公布的声明，相关内容参见本章第2.1.9节。

（2）请求提前公布的审查结果

申请人在发明专利申请初步审查合格前，要求提前公布其专利申请的，声明合格的，发明专利申请初步审查合格后即进入公布准备；在初步审查合格后，要求提前公布其专利申请的，自提前公布请求合格之日起进行公布准备，并及时予以公布。

进入公布准备后，申请人不得撤销提前公布声明，申请文件将照常公布；公布准备程序不受撤回专利申请、中止请求等法律手续的影响。

提前公布声明不符合规定的，专利局将发出视为未提出通知书；申请人可以再次提交合格的提前公布声明。

8.3 发明人公开标记

┌─────────────────────────────┐
│ 呸 法 26.2、细则 19（3） │
└─────────────────────────────┘

发明人可以请求专利局不公布其姓名。不公布姓名的请求提出之后，经审查认为符合规定的，发明人不得再请求重新公布其姓名。具体参见本章第 2.1.2 节。

专利申请进入公布准备后才提出不公布请求的，该请求视为未提出，当事人将收到专利局发出的视为未提出通知书。请求不公布发明人姓名的具体情形如表 3-3 所示。

表 3-3　请求不公布发明人姓名

提出时机	提出方式	证明文件	处理结果
提出专利申请时	在请求书"发明人"一栏所填写的相应发明人后面注明或者勾选"不公布姓名"	无	符合规定的，专利局在《专利公报》、专利单行本及专利证书中均不公布其姓名，并在相应位置注明"请求不公布姓名"字样
提出专利申请后	著录项目变更申报书	由发明人签字或者盖章的书面声明	

9. 实质审查程序

9.1 基本原则

┌─────────────────────────────┐
│ 呸 法 37 │
│ 【审查指南第二部分第八章第 2 节】 │
└─────────────────────────────┘

实质审查程序遵循的基本原则包括请求原则、听证原则和程序节约原则。下面就其在实质审查阶段的特定含义进行说明。

（1）请求原则

请求原则在实质审查程序至少包括两个层次的含义：一是除《专利法》及其实施细则另有规定，实质审查程序只有在申请人提出实质审查请求的前提下才能启动；二是审查员只能根据申请人依法正式呈请审查（包括提出申请时、依法提出修改时或者答复审查意见通知书时）的申请文件进行审查。

（2）听证原则

听证原则是贯穿专利审查程序的一项基本原则。其含义是指，在实质审查过程中，审查员在作出驳回决定之前，应当给申请人提供至少一次针对驳回所依据的事实、理由和证据陈述意见和/或修改申请文件的机会，即审查员作出驳回决定时，驳回所依据的事实、理由和证据应当在之前的审查意见通知书中已经告知过申请人。

（3）程序节约原则

程序节约原则是行政法的基本要求，也贯穿专利审查和各个程序。其含义是指，在对发明专利申请进行实质审查时，审查员应当尽可能地缩短审查过程。具体的要求是，审查员一般应当在第一次审查意见通知书中，将申请中不符合《专利法》及其实施细则规定的所有问题通知申请人，申请人也应当在指定期限内对所有问题给予答复，尽量地减少双方通知书往来次数，以节约程序。

9.2 实质审查的启动

实质审查有两种启动方式：一是依据申请人提出的实质审查请求而启动；二是专利局认为有必要时，自行启动实质审查程序。

（1）由申请人启动

> 📖 法 35.1、细则 110.1（2）

依申请人请求启动实质审查程序是实质审查程序的主要启动

方式。

申请人应当在自申请日（有优先权的，指优先权日）起三年内提出实质审查请求，并在此期限内缴纳实质审查费。未在规定的期限内提交合格的实质审查请求书、缴纳或者缴足实质审查费的，专利申请将被视为撤回。相关内容参见本章第 2.1.10 节和第 9 章第 4.3.1 节。

（2）由专利局启动

```
📢 法 35.2
```

专利局自行启动实质审查程序在实践中极少发生。专利局决定自行启动实质审查程序时，将会向申请人发送经局长签署的通知书。

9.3　实质审查的沟通方式

为节约程序，审查员通常会在发出第一次审查意见通知书之前对专利申请进行全面审查，即审查申请是否符合《专利法》及其实施细则有关实质方面和形式方面的所有规定，重点是说明书和全部权利要求是否存在《专利法实施细则》第五十九条所列的情形，具体可参见本章第 1.3 节。

9.3.1　书面沟通

```
📢 法 37
【审查指南第二部分第八章第 4.10 节、第 4.11.3
节、第 5.1 节，第五部分第七章第 4 节】
```

以申请人提交的书面文件为基础，将审查意见和审查结果以审查意见通知书的方式书面通知申请人，是实质审查程序中审查员与申请人之间的主要沟通方式。审查意见通知书通常包括表格与正文两部分，其中除了详细说明专利申请存在的缺陷，还会指定相应的答复期限。申请人应当在指定的答复期限内提交答复意见。不能按期答复的，需要向专利局请求延期。关于期限延长的相关规定参见《专利审查指南 2023》第五部分第七章第 4 节的规定。

9.3.2 会晤

【审查指南第二部分第八章第 4.12 节】

会晤是实质审查过程中审查员与申请人沟通的另一种方式，目的是澄清问题、消除分歧、促进理解、加快审查。会晤可以由审查员发起约请，也可以由申请人提出会晤请求。关于会晤的相关规定参见《专利审查指南 2023》第二部分第八章第 4.12 节的规定。

（1）会晤的约定

申请人可以通过书面或者电话提出会晤要求并约定会晤。申请人约定会晤的，应当明确会晤内容；准备在会晤中提出新的文件的，应当将相关文件提前提交给审查员。如果会晤时申请人提出了新的文件，而会晤前审查员没有收到这些文件，审查员可以决定中止会晤。

（2）会晤的时间和地点

会晤日期确定后一般不得变动，必须变动时，应当提前通知对方。申请人无正当理由不参加会晤的，审查员可以不再安排会晤，而通过书面方式继续审查。

会晤应当在专利局指定的地点进行。

（3）会晤参加人

申请人委托了专利代理机构的，会晤必须有代理师参加，参加会晤的代理师应当出示代理师执业证，申请人可以与代理师一起参加会晤。申请人没有委托专利代理机构的，申请人应当参加会晤；申请人是单位的，由该单位指定的人员参加，该参加会晤的人员应当出示证明其身份的证件和单位出具的介绍信。

以上要求也适用于共同申请人。除非另有声明或者委托了代理机构，共有专利申请的单位或者个人都应当参加会晤。

必要时，发明人受申请人的指定或委托，可以同代理师一起参加会晤，或者在申请人未委托代理机构的情况下受申请人的委托代表申请人参加会晤。

参加会晤的申请人或代理师等的总数，一般不得超过两名；两个以上单位或者个人共有一项专利申请，又未委托代理机构的，可以按共同申请的单位或个人的数目确定参加会晤的人数。

（4）会晤记录及后续程序

会晤结束后，参加会晤的申请人（或者代理师）需要在会晤记录上签字或盖章。会晤记录一式两份，申请人一份，申请案卷中留存一份。会晤记录不能代替申请人的正式书面答复或者修改。即使在会晤中，双方就如何修改申请达成了一致的意见，申请人也必须重新提交正式的修改文件。

> 呎 法 37

会晤后，需要申请人重新提交修改文件或者作出书面意见陈述的，申请人应当在审查员指定的答复期限内提交修改文件或意见陈述书。如果会晤前已经发过审查意见通知书，此提交的修改文件或意见陈述书视为对审查意见通知书的答复，申请人未按期答复的，该申请将被视为撤回。

9.3.3　电话讨论及其他方式

> 呎【审查指南第二部分第八章第4.13节】

电话讨论也是实质审查过程中审查员与申请人的一种沟通方式。电话讨论适用于双方就发明和现有技术的理解、申请文件中存在的问题等进行沟通。除电话讨论，审查员与申请人还可以采用视频会议等方式进行沟通。

对于讨论中双方同意的修改内容，申请人需正式提交该修改的书面文件，由审查员根据该书面修改文件作出审查结论。

9.3.4 取证和现场调查

在实质审查程序中，申请人可以提供证据支持其主张。证据可以是书面文件或者实物模型。例如，申请人可以提供有关发明的技术优点方面的资料，以证明其申请具有创造性；或者，申请人可以提供实物模型进行演示，以证明其申请具有实用性等。

如果申请人认为专利申请中的问题需要审查员到现场进行调查方能得到解决，则由申请人提出请求。只有该请求经批准后，审查员方可去现场调查。经批准后，现场调查所需的费用将由专利局承担。

9.4 答复及修改

9.4.1 答复的总体要求

法 37
【审查指南第二部分第八章第 5.1 节】

在实质审查程序中，审查意见通知书的书面答复是申请人就申请文件存在的问题与审查员进行沟通的主要手段，答复质量将直接影响到审批时间、保护范围以及审查结论，因此进行有针对性和说服力的答复，是专利申请过程中至关重要的环节。实质审查意见通知书包括第一次审查意见通知书和再次审查意见通知书，其指定的答复期限分别为四个月和两个月，申请人应当在审查意见通知书指定答复期限内作出答复。申请人的答复可以仅仅是意见陈述书，也可以包括经修改的申请文件。

下面将从答复的基本步骤、注意事项、常见问题等方面介绍答复时的基本策略。

9.4.1.1 答复的基本步骤

核查审查基础的正确性以及相关文件的有效性，包括：核查审查意见通知书所针对的申请文件案件信息和审查文本是否正确，以确定审查基础是否正确；核查对比文件的公开日期（或者抵触申请的申请日）是否在本申请的申请日之前，以确定对比文件是否有效等。

全面阅读审查意见通知书。通过阅读审查意见通知书表格的相应栏以及通知书正文的结尾部分，了解审查员对专利申请的倾向性意见；通过全面阅读通知书正文的主体部分，以了解申请文件存在的缺陷，并对缺陷进行整理归纳。

仔细分析审查意见，拟定答复和/或修改策略。对于仅指出存在形式缺陷、授权前景较为明朗的审查意见，可依据审查意见针对性地修改申请文件和/或在意见陈述书中澄清说明来克服或消除相应缺陷；对于指出实质性缺陷（即《专利法实施细则》第五十九条所涵盖的情形）的审查意见，则需结合审查意见通知书中所适用的法律条款和申请文件、对比文件中的相关事实，仔细分析审查意见，包括：确定审查意见中的事实认定和法律适用是否正确，分析申请文件实际存在的缺陷及产生该缺陷的根本原因，寻找通过修改和/或答复的方式克服该缺陷的途径以及意见陈述的突破点等。

分清主次条理清晰。答复时，意见陈述书应针对审查意见通知书指出的缺陷顺序逐一进行答复，通常按照先独立权利要求后从属独立权利要求、先实质缺陷后形式缺陷的顺序来进行。

9.4.1.2 答复的注意事项

（1）全面覆盖、充分答复，即针对审查意见通知书中指出的所有缺陷逐一进行答复，避免因遗漏而导致不必要的审批程序延长或审查结果不利。

（2）严格依法答复，即依据《专利法》《专利法实施细则》《专利审查指南 2023》的相关规定，针对性地对指出的缺陷进行修改和/或答复，以提升意见陈述书的说服力。

（3）合理维护申请利益，即修改答复时应兼顾权利稳定性和权益合理性，争取依法适度的保护范围和早日授权。

（4）提醒注意"禁止反悔"原则。"禁止反悔"一般是指专利权人如果在专利审批过程中，为了满足授权要求而对权利要求的范围进行了限制性修改或解释，则在侵权诉讼中主张专利权时，不得将通过该限缩而放弃的内容纳入保护范围。

9.4.1.3 答复的常见问题

（1）答复的内容无理无据。实际案件中，申请人的答复经常出现未依据《专利法》或《专利法实施细则》提出具有说服力的理由和证据的情形，例如：意见陈述无实际内容；意见陈述与申请文件或审查意见无关；以获奖情况或在国外被授权作为专利申请具备创造性可授权的理由等。这样的意见陈述往往不具有说服力。

（2）未以权利要求技术方案本身为出发点。权利要求的技术方案一般是审查员进行审查和申请人进行答复时的重点。在实际案件中，经常出现未以权利要求技术方案本身为出发点的情况。例如：答复新颖性/创造性时所指出的区别特征没有记载在权利要求中；争辩从权利要求技术方案无法得到的技术效果；直接争辩从属权利要求的新颖性或创造性，不提独立权利要求的新颖性/创造性；仅仅笼统强调技术效果而不针对具体权利要求技术方案陈述技术效果等。

（3）针对对比文件的争辩误区。答复时，有些申请人会错误地将答复新颖性或创造性的焦点放在对比文件上。实际案件中的典型问题包括：仅列举对比文件的缺陷，而不分析与权利要求技术方案的区别；主观地认定对比文件不可实施；仅分别列举通知书中引用的不同对比文件与申请文件的区别，而不分析将对比文件结合起来的技术启示；简单认定对比文件和申请文件的技术领域不同，而不考虑转用启示等。

9.4.2 修改的总体要求

> 📖 法 33，细则 57.1、57.3、58
> 【审查指南第二部分第八章第 5.2 节】

在提交专利申请后，申请人可以对专利申请文件进行修改以克服相关缺陷或者获得更有利的保护范围。但是，对申请文件的修改内容与范围需要满足《专利法》第三十三条的规定，并应当在允许主动修改的时机或审查意见通知书指定期限内进行。

9.4.2.1 修改的内容与范围

申请人对申请文件进行修改的依据是申请人在申请日提交的原说明书和权利要求书记载的范围，申请人对申请文件的修改不得超出该范围。原说明书和权利要求书记载的范围既包括原说明书和权利要求书文字记载的内容，也包括根据原说明书和权利要求书文字记载的内容以及说明书附图能直接地、毫无疑义地确定的内容。如果申请文件的内容通过增加、改变和/或删除其中的一部分，致使所属技术领域的技术人员看到的信息与原申请记载的信息不同，而且又不能从原申请记载的信息中直接地、毫无疑义地确定，则这种修改将不被允许。关于允许和不允许修改的具

体情形，可以参见《专利审查指南 2023》第二部分第八章第
5.2.2 节和第 5.2.3 节。

9.4.2.2 修改的时机与方式

在实质审查程序中，申请人对申请文件的修改有两类：一类
是主动修改；另一类是针对审查意见通知书的修改（答复修改）。

（1）主动修改

在申请人提出实质审查请求时以及在收到发明专利申请进入
实质审查阶段通知书之日起的三个月内，可以对发明专利申请进
行主动修改。除上述两种情形，均不得进行主动修改。主动修改
可针对申请文件的各个部分，包括权利要求书、说明书、说明书
摘要、说明书附图及摘要附图。

（2）答复修改

申请人在收到审查意见通知书后，应该在通知书规定的答复
期限内，针对通知书指出的缺陷对发明专利申请进行修改。以下
情形不被视为是针对通知书指出的缺陷进行的修改，一般不予接
受：主动删除或改变独立权利要求中的技术特征，扩大了权利要
求请求保护的范围；主动将仅在说明书中记载的与原来要求保护
的主题缺乏单一性的技术内容作为修改后权利要求的主题；主动
增加新的独立权利要求或从属权利要求，该权利要求限定的技术
方案在原权利要求书中未出现过。

当申请人对申请文件进行修改时，对于说明书或者权利要求
书的修改部分，通常应当按照规定格式提交替换页。

9.4.2.3 修改的常见问题

未按照审查意见作出有针对性的修改。由于审查意见会涉及
新颖性、创造性、客体、清楚、支持等不同审查结论，因此，在答
复修改时，需要根据审查意见指出的缺陷，有针对性地进行修改。

　　对请求保护的方案进行二次概括，导致修改超范围。当原始独立权利要求请求保护的技术方案因缺乏新颖性或创造性无法获得专利授权时，为了限缩独立权利要求的保护范围，修改时容易针对说明书多个实施例记载的方案，再次概括一个小于原始独立权利要求但是大于每个实施例限定范围的技术方案作为新的独立权利要求。此时，一般情况下，由于新概括得到的技术方案不能由原始申请文件记载的方案得到或隐含公开，因此，很容易出现修改超范围的问题。

　　未针对申请文件中存在相同缺陷的部分进行全面修改。在主动修改或答复修改时，针对要修改的内容，仅修改申请文件的一处或多处，但是对于申请文件中有同类问题需要一并修改的其他部分，未作一致性修改，导致修改不全面，有所遗漏，影响获权的速度。

　　修改的基础不明确。无论是主动修改还是答复修改，作为修改基础的申请文件应该明确。主动修改时，修改通常在初步审查合格认定的申请文件的基础上进行。答复修改时，针对审查意见通知书的修改，应该是在该次通知书正确认定的审查文本的基础上作出的。

9.5　不同技术领域答复及修改

　　下面针对机械、电学、化学领域比较有特点的审查意见答复及修改进行说明。

9.5.1　机械领域

　　权利要求满足新颖性、创造性、实用性是申请被授予专利权的必备条件，而且在机械领域的审查实践中，指出权利要求存在新颖性和/或创造性的审查意见占比较大，也比较难于理解，下面以此为例进行说明。

9.5.1.1　针对涉及新颖性缺陷的审查意见

🔊 法 22.2
【审查指南第二部分第三章第 3.1 节】

首先，新颖性判断应遵循单独对比原则，即将权利要求技术方案与某一份对比文件中的一个技术方案进行单独对比。具体而言，答复时，需要将不同权利要求的技术方案分别与对比文件公开的每个技术方案进行对比，只要该权利要求中的某个或某些技术特征在对比文件中未被披露，或者这些对比文件中任何一篇均未披露该权利要求的全部技术特征，则该权利要求相对于这些对比文件中的任何一篇就都具有新颖性。

其次，根据《专利审查指南 2023》第二部分第三章第 3.1 节"审查原则"规定的内容可知，判断新颖性时需注意"四相同"，即技术领域、技术问题、技术方案、技术效果均相同。其中，首先应判断本申请权利要求的技术方案与对比文件的技术方案是否实质上相同；在两者实质相同的基础上，如果所属技术领域的技术人员根据两者的技术方案可以确定两者能够适用于相同的技术领域，解决相同的技术问题，并具有相同的预期效果，则认为两者为同样的发明。

【案例 3-7】

某案涉及一种用于锁紧髓内钉的锁定螺钉。根据说明书中的记载可知，在将锁定螺钉嵌入髓内钉的横孔中时存在瞄准误差，为了在瞄准误差的存在下仍能使锁定螺钉穿入横孔，通常会将螺钉的外径设置为小于横孔的直径，于是锁定螺钉与横孔之间会存在间隙，该间隙导致髓内钉相对于断骨是可运动的，从而会影响断骨的愈合。本申请旨在消除锁定螺钉与髓内钉的横孔之间存在的间隙，防止髓内钉在其轴向上移动，从而有利于断骨愈合。本申请采用的关键技术手段是将螺钉制作成中心线具有转折点的非连续直线螺钉，其独立权利要求 1 中限定的技术方案如下：

一种锁定螺钉，包括一个螺钉头、一个直径为 d 的螺钉杆和一条中心线，螺钉杆包括一个芯杆和一外螺纹，中心线定义为芯杆的各轴向连续的正交的横截面面积的重心的连线并且该中心线具有一个在螺钉头上的出点和一个在螺钉杆的自由端上的出点；其特征在于，中心线不是连续直线并具有一转折点。

某对比文件，也公开了具有转折点的非连续直线锁定螺钉。通过特征对比分析可知，该对比文件公开了权利要求 1 的技术方案，因此，审查意见通知书中用该篇对比文件评述了权利要求 1 不具备新颖性，具体参见图 3 – 22。

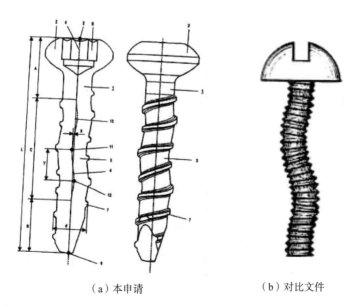

（a）本申请　　　　　　　　（b）对比文件

图 3 – 22　本申请与对比文件的对比

【案例分析】

在答复该审查意见时，应当按照《专利审查指南 2023》中的上述规定，先判断两者技术方案是否实质相同，再进一步判断所属技术领域的技术人员根据两者的技术方案是否可以确定出两者能够适用于相同的技术领域，解决相同的技术问题，并具有相同的预期效果，进而客观地得出其是否具备新颖性的结论。反之，如果仅基于本申请说明书中记载的技术领域、技术问题和技术效果与对比文件是否相同来进行新颖性判断，则会认为：本申请涉及髓内钉的锁紧螺钉，对比文件涉及普通螺钉，两者的技术领域不同；本申请解决的技术问题是消除锁定螺钉与髓内钉的横孔之间存在的间隙，防止髓内钉在其轴向上移动，产生的技术效果是促进断骨愈合，对比文件只涉及一般工程用螺钉，只能产生一般工程意义上的锁紧效果，不能解决本申请的技术问题，实现本申请的技术效果。进而会得出本申请与对比文件之间的技术领域不同、技术问题和技术效果均不同，对比文件不能破坏本申请新颖性的错误结论。实质上，本申请同对比文件的技术方案实质相同，那么本领域技术人员可以确定两者能够适用于相同的技术领域，解决相同的技术问题，产生相同的技术效果。申请人可以通过修改克服新颖性问题。

9.5.1.2 针对涉及创造性缺陷的审查意见

叹 法 22.3
【审查指南第二部分第四章第 3.1 节、第 3.2 节】

首先，与新颖性判断应遵循单独对比原则不同，创造性判断中应遵循组合原则，即将一份或者多份现有技术中的不同技术内容组合在一起对要求保护的发明进行评价。由此可见，申请人在答复时，如果仅仅只是陈述本申请与各篇对比文件中的每一篇相比均存在诸多不同，则只能说明本申请相对于这些对比文件中的每一篇而言具备新颖性，并不能表明其相对于这些对比文件组合在一起而言具备创造性。

其次，创造性的判断过程中，审查员通常会按照"三步法"（第一步，确定最接近的现有技术；第二步，确定发明的区别特征和发明实际解决的技术问题；第三步，判断要求保护的发明对本领域的技术人员来说是否显而易见）给出审查意见。对此，申请人在答复时也应当按照"三步法"进行创造性的争辩。无论是审查员给出的审查意见，还是申请人答复的意见陈述，都应当客观准确、符合逻辑、合情合理地分析申请是否具备创造性。比如，当申请人对于多篇对比文件之间的结合启示存在异议时，可以通过有理有据的意见陈述，争辩或解释尽管多篇对比文件分别公开了权利要求的所有技术特征，但是它们之间不存在结合的技术启示，从而证明权利要求具备创造性。

申请人还可以在满足《专利法》第三十三条的情况下，通过修改克服新颖性或创造性问题，例如在独立权利要求中增加具备新颖性和创造性的从属权利要求的技术特征，或者增加说明书中记载的技术特征，并在意见陈述书中说明修改后的权利要求具备新颖性和创造性的理由。

【案例 3 – 8】❶

某案的独立权利要求 1 中限定的技术方案如下：

一种推动车，包括：前辊，前辊绕其中心轴转动并与地面接触；上辊，其中心轴平行于所述前辊的转动轴并与前辊的转动轴分隔开，上辊不与地面接触；减速器，用于增大来自动力源的转动力；以及控制器，用于进行远程控制。

---

❶ 王澄. 机械领域发明专利申请文件撰写与答复技巧［M］. 北京：知识产权出版社，2012.

对比文件 1 公开了一种推动车，包括权利要求 1 中的前辊、上辊和减速器，但未公开控制器；对比文件 2 公开了一种可控推车，包括权利要求 1 中的前辊和控制器，但未公开上辊和减速器。

审查意见通知书中将对比文件 2 中的控制器结合到对比文件 1 中的推动车中评述了权利要求 1 的创造性，部分评述意见如下：权利要求 1 与对比文件 1 的区别仅在于还包括控制器，其实际解决的技术问题是"实现远程控制"，而对比文件 2 也属于推动车领域，虽然没有公开详细的传动件，但公开了用于推动车上的控制器，且同样也是解决远程控制问题，因此在面对"实现远程控制"的技术问题时，在对比文件 1 的基础上结合对比文件 2 得出权利要求 1 所要求保护的技术方案，对所属技术领域的技术人员来说是显而易见的，因此权利要求 1 不具备突出的实质性特点和显著的进步，因而不具备创造性。

答复时意见陈述如下：①对比文件 1 与本申请的区别在于：不包括信号控制器，因此本申请相对于对比文件 1 具备创造性；②对比文件 2 与本申请的区别在于：不包括上辊和减速器，因此本申请相对于对比文件 2 具备创造性。

【案例分析】

如前所述，新颖性是相对于现有技术中的单个技术方案而言，创造性则是相对于现有技术整体而言，即，创造性针对的不仅仅是单篇对比文件的技术方案，而是多篇对比文件的结合或对比文件与公知常识的结合。本案答复意见中，仅仅孤立地分别分析了两篇对比文件与权利要求 1 的区别，并没有将两篇对比文件结合起来考虑，忽略了对比文件之间结合的技术启示，因此不能成为权利要求 1 的技术方案相对于现有技术整体具有创造性的理由。正确的做法是，在针对创造性进行答复争辩的过程中，不但要对每一篇对比文件公开的内容进行客观分析，还应当客观地考虑对比文件之间是否存在结合启示。如果在面对"实现远程控制"的技术问题时，本领域技术人员没有动机将对比文件 2 中的"控制器"结合到对比文件 1 的推动车中，得到权利要求 1 的推动车，则权利要求 1 具有创造性；反之，则权利要求 1 不具备创造性。

9.5.2　电学领域

9.5.2.1　针对涉及客体缺陷的审查意见

> 🔲 法 2.2、25.1
> 【审查指南第二部分第一章第 2 ~ 4 节，第二部分第九章第 6.1 节、第 6.2 节】

（1）针对属于智力活动的规则和方法的审查意见

由于涉及数学理论和换算方法、计算机程序本身、游戏规则本身、字典的编排方法等解决方案属于指导人们进行思维、表达、判断和记忆的规则和方法，且这些方案大多会借助计算机等自动化数据处理设备来实现，因此，涉及计算机程序的发明专利申请，有时会接收到某项权利要求记载的解决方案属于《专利法》第二十五条第一款第（二）项规定的智力活动的规则和方法的审查意见。属于智力活动的规则和方法的具体情形可参见《专利审查指南 2023》第二部分第一章第 4.2 节。

针对此类审查意见，在答复时，应客观陈述权利要求是否记载有技术特征，因为，一项解决方案除主题名称，如果记载有技术特征，则整体上不再属于智力活动的规则和方法。同样，在修改时，可以在方案中增加原申请文件记载的、与能够解决技术问题密切相关的那些技术特征，据此克服审查意见指出的缺陷。

由于计算机程序本身属于智力活动的规则和方法，因此，对于权利要求因记载了计算机程序本身而不符合相关规定的审查意见，在修改时，应将原申请文件中按照计算机程序的时间顺序，以自然语言对该计算机程序的各步骤进行描述的内容补入权利要求，以便对权利要求请求保护的技术方案作出清楚的限定。例如，应避免将权利要求的主题名称撰写为"一种涉及……的计算机程序，其特征在于，……"，当因为上述撰写方式接收到该项权利要求不符合《专利法》或《专利法实施细则》相关规定的审查意见时，可以将权利要求修改为："一种涉及……的计算机程序产品，其特征在于，……"，或者修改为"一种计算机可读存储介质，其上存储有计算机程序，该计算机程序被执行时用于实现如权利要求×所述的方法"。

需要注意的是，属于智力活动的规则和方法的解决方案，由于没有采用技术手段或者利用自然规律，也未解决技术问题和产生技术效果，因而不属于《专利法》第二条第二款规定的技术方案。因此，针对涉及《专利法》第二十五条第一款第（二）项的审查意见，在答复和修改时，在克服当前缺陷的同时，还应进一步陈述修改后的方案是否构成技术方案。

【案例 3 - 9】

对于包含算法特征的某申请，原始独立权利要求记载的方案如下：

1. 一种用于训练模型的方法，包括：

获取第一标注数据集，其中，所述第一标注数据集包括样本数据和样本数据对应的标注分类结果；

根据所述第一标注数据集训练预先设置的初始分类模型，得到中间模型；

利用所述中间模型对所述第一标注数据集中的样本数据进行预测，得到所述样本数据对应的预测分类结果；

根据所述样本数据、对应的标注分类结果、对应的预测分类结果，生成第二标注数据集；

根据所述第二标注数据集训练所述中间模型，得到分类模型。

审查意见指出，由于上述解决方案仅涉及模型训练方法，没有限定任何具体的应用领域，其中处理的样本数据、第一标注数据集、第二标注数据集都是抽象的通用数据，利用样本数据进行分类模型训练等处理过程是一系列抽象的数学方法步骤，最后得到的结果也是抽象的通用分类模型。该方案属于对抽象训练方法的优化，整个方案不包括任何技术特征，属于《专利法》第二十五条第一款第（二）项规定的智力活动的规则和方法，不属于专利保护的客体。

【修改与答复要点】

对于包含算法特征的发明专利申请，当接收到上述审查意见时，应着重查找原始申请文件中是否记载有该算法可应用的具体技术领域，该算法是否可以解决该领域中的某技术问题，算法处理的数据是否为外部技术数据或者是技术领域中具有确切技术含义的数据，并将梳理出的有关特征补充到独立权利要求中。例如，可以在原始申请文件记载的范围内，将独立权利要求修改为：

1. 一种用于训练模型的方法，包括：

获取第一标注数据集，其中，所述第一标注数据集包括图像样本数据和图像样本数据对应的标注分类结果；

根据所述第一标注数据集训练预先设置的初始分类模型，得到中间模型；

利用所述中间模型对所述第一标注数据集中的图像样本数据进行预测，得到所述图像样本数据对应的预测分类结果；

根据所述图像样本数据、对应的标注分类结果、对应的预测分类结果，生成第二标注数据集；

根据所述第二标注数据集训练所述中间模型，得到分类模型。

答复要点如下：

针对上述审查意见，根据本申请说明书第×段记载的内容，对独立权利要求进行修改，将"样本数据"修改为"图像样本数据"，修改后的方法各步骤处理的数据均为图像数据，因此，算法各步骤必然在图像数据固有属性的约束下进行，修改后的方案不再属于抽象的模型训练方法，而是与图像处理领域密切相关，不属于智力活动的规则和方法。

此外，修改后的方案明确了算法的处理对象是图像数据，而图像数据属于技术领域中具有确切技术含义的数据，本领域技术人员可以知晓，修改后的方案中算法各步骤均针对图像数据执行。即，该算法的执行能够直接体现出利用自然规律解决技术问题的过程，并且获得技术效果。因此，修改后的方案构成技术方案，属于专利保护的客体。

（2）针对不构成技术方案的审查意见

针对大数据、人工智能、区块链等新领域、新业态相关发明专利申请，其权利要求记载的解决方案中会包含算法特征或商业规则和方法特征等，申请人有时会接收到某项权利要求记载的解决方案不构成《专利法》第二条第二款规定的技术方案的审查意见。

针对此类审查意见，在答复时应重点围绕权利要求记载的解决方案是否满足技术"三要素"进行意见陈述，即，陈述权利要求记载的解决方案是否包含技术特征，上述技术特征能否构成符合自然规律的技术手段，根据上述技术手段在方案中的作用，陈述方案整体上能够解决何种技术问题并获得何种符合自然规律的技术效果。

在修改时，为了克服该解决方案不属于技术方案的问题，应在权利要求限定的解决方案中增加能够使方案整体上解决技术问题的技术特征。例如，具体限定实施该方案的计算机、服务器等硬件设备及其信息处理或交互过程；或者具体限定方案中包含的算法特征的具体应用领域，或者具体限定算法处理的数据是何种外部技术数据或是何种技术领域中具有确切技术含义的数据，例如，图像、文本、语音等，以便使算法的执行能直接体现出利用自然规律解决某技术问题的过程。

对于涉及计算机程序改进或者算法改进的解决方案，还可以围绕方案是否能够改进计算机系统内部性能，例如，减少数据存储量、减少数据传输量、提高硬件处理速度等，或者是否涉及对技术领域中具有确切技术含义的数据进行处理，或者对大数据进行分析和预测时，挖掘的数据之间的内在关联关系符合自然规律等角度，陈述该解决方案是否能够解决技术问题并获得技术效果。具体示例可参见《专利审查指南 2023》第二部分第九章第 6.2 节【例5】"一种深度神经网络模型的训练方法"和【例6】"一种电子券使用倾向度的分析方法"。

【案例 3 – 10】

对于包含商业规则和方法特征的某申请，原始独立权利要求记载的方案如下：

一种共享单车的使用方法，其特征在于，包括以下步骤：

步骤一，用户发送共享单车的使用请求；

步骤二，根据共享单车的位置信息，找到可以骑行的目标共享单车；

步骤三，使用完毕后，若用户将车停放在指定区域，则采用优惠资费进行计费，否则采用标准资费进行计费。

审查意见指出，上述权利要求请求保护的解决方案所能解决的问题仅仅是如何以资费奖励的方式鼓励用户将共享单车停放在指定区域，所采用的手段也仅仅涉及价格激励的措施，并非遵循自然规律的技术手段，据此获得的效果亦非符合自然规律的技术效果。因此，上述权利要求请求保护的解决方案不构成技术方案。

【修改与答复要点】

对于包含商业规则和方法的发明专利申请，当接收到上述审查意见时，应在原始申请文件记载的范围内，将说明书或者从属权利要求中记载的用于实现上述共享单车使用方法的硬件设备及其相互之间的信息交互过程等内容补充到独立权利要求中，以体现出权利要求中的商业规则和方法特征的实施需要技术手段的调整或改进。例如，可以在原始申请文件记载的范围内，将独立权利要求修改为：

一种共享单车的使用方法，其特征在于，包括以下步骤：

步骤一，用户通过终端设备向服务器发送共享单车的使用请求；

步骤二，服务器获取用户的第一位置信息，查找与所述第一位置信息对应一定距离范围内的共享单车的第二位置信息，以及这些共享单车的状态信息，将所述共享单车的第二位置信息和状态信息发送到终端设备，其中第一位置信息和第二位置信息是通过 GPS 信号获取的；

步骤三，用户根据终端设备上显示的共享单车的位置信息，找到可以骑行的目标共享单车；

步骤四，用户通过终端设备扫描目标共享单车车身上的二维码，通过服务器认证后，获得目标共享单车的使用权限；

步骤五，服务器根据骑行情况，向用户推送停车提示，若用户将车停放在指定区域，则采用优惠资费进行计费，否则采用标准资费进行计费；

步骤六，用户根据所述提示进行选择，骑行结束后，用户进行共享单车的锁车动作，共享单车检测到锁车状态后向服务器发送骑行完毕信号。

答复要点如下：

针对上述审查意见，根据本申请说明书第××段记载的内容，对独立权利要求进行修改，修改后的权利要求涉及一种共享单车的使用方法。该方案通过终端设备和服务器执行计算机程序实现对用户使用共享单车行为的控制和引导，修改后的方案所记载的手段包括对位置信息、认证等数据进行采集、计算和传输。上述手段能够使用户准确找到可供骑行的单车的位置，并开启、关闭共享单车，利用的是遵循自然规律的技术手段，能够解决如何准确找到并开启共享单车的技术问题，能够获得相应的技术效果。因此，修改后的方案构成技术方案，属于专利保护的客体。

（3）针对属于疾病的诊断或治疗方法的审查意见

随着人类逐渐进入数字化医疗时代，计算机技术被越来越多地应用于医疗领域，极大地提高了诊断的准确性，提高了医疗的效率。针对某项解决方案属于《专利法》第二十五条第一款第（三）项规定的疾病的诊断或治疗方法的审查意见，在答复时，如果该方案全部以计算机程序流程为依据，例如"一种计算机执行的预测肺癌术后生存率的方法"，则可以将意见陈述的重点放在该解决方案是否是由计算机等装置实施的信息处理方法，方案获得的结果是否为通过计算机执行相关程序或者利用机器学习得到的，并非医生对于诊断或者治疗作出的直接判断，权利要求的方案的实施是否限制医生在诊断和治疗过程中的自由等。

在修改时，为克服审查意见指出的缺陷，可以将"方法"主题的权利要求修改为与其方案对应的"产品""系统"等允许的权利要求的主题。或者，在方案清楚、完整的前提下，删除方案中用以直接获得诊断结果的相关步骤。

【案例 3 – 11】

针对涉及患病率预测的一项解决方案,其独立权利要求为:

1. 一种基于特征选择的心律失常分类方法,包括下列步骤:

(1) 对 ECG 信号进行预处理;

(2) 根据所检测到的 R 位置,提取形态特征和时频特征,构造原始特征向量;

(3) 计算特征权重,使用 ReliefF 算法计算原始特征向量中每个特征的权重;

(4) 根据特征权重指导种群初始化,根据个体适应度好坏依据选择概率、交叉概率和变异概率分别进行选择、交叉和变异操作得到下一代,如此反复循环,直到满足最大迭代次数终止条件,然后输出适应度最好的个体作为优选特征;

(5) 根据 (4) 中选中的优选特征,利用多分类策略将多个二分类器组成识别分类器实现多种心律失常识别。

【答复要点】

针对权利要求 1 属于疾病诊断方法的审查意见,申请人认为,权利要求 1 请求保护一种基于特征选择的心律失常分类方法,包括对 ECG 信号预处理、特征提取、特征选择和分类,在特征选择步骤中利用 Filter – Wrapper 算法对原始特征向量进行特征选择得到最优特征向量。首先,从该方法的内容可以看出,其步骤全部由计算机实施,实质上是一种信息处理方法,通过 Filter – Wrapper 算法对 EGG 信号进行分析处理,并对结果进行归类,得到心律失常的分类和识别结果。该方法是由计算机等装置作为实施主体,整个过程不需要医生的参与,其次,计算机给出的分类和识别结果只能为医生更准确地诊断疾病和制订治疗方案提供参考,也非医生对于诊断或者治疗作出的直接判断,权利要求的方案的实施过程不会限制医生在诊断和治疗过程中的自由。因此，该方法的直接目的不是获得诊断结果或健康状况，而是为了获得处理信息参数的"中间结果"，不属于疾病诊断的方法，不应当依据《专利法》第二十五条第一款第（三）项的规定排除其获得专利权的可能性。

（4）针对属于《专利法》第五条第一款规定的不授予专利权的发明创造的审查意见

针对某项解决方案属于《专利法》第五条第一款规定的不授予专利权的发明创造的审查意见，在答复时，应重点陈述整个申请文件中是否记载有违反法律的内容，例如，审查意见中所依据的法律是否为全国人民代表大会或者全国人民代表大会常务委员会依照立法程序制定和颁布的法律。如果不属于，则应在意见陈述书中予以澄清；如果确实属于，那么应进一步审视申请文件中是否记载有直接违反该法律规定的内容。如果申请文件中并未记载有直接违反法律规定的相关内容，仅仅是方案被滥用时才可能违反法律，那么应在意见陈述书中详细说明该发明的方案本身为何并不违反法律，在何种被滥用情形下才可能违反法律。此外，对于方案虽然不违反法律规定，但是记载的有关内容属于妨害公共利益的情形，例如，方案中涉及虚拟货币的挖矿行为、涉及比特币的支付和交易等，应考虑删除不符合规定的上述内容，并在意见陈述书中说明修改后的方案在删除上述内容后，能否清楚、完整地实现方案要解决的问题，并获得有益的技术效果。

在修改时，为克服审查意见指出的缺陷，对于部分违反《专利法》第五条第一款的申请，应该按照审查意见，删除不符合规定的部分，或者在权利要求中进一步明确其方案的应用场景。针对涉及数据未合规使用的审查意见，可以在意见陈述书中表明，或者在撰写申请文件时即表明"合法获得……（数据/个人信息）""合法使用……（数据/个人信息）""（数据/个人信息）……是在合法征得同意的情况下使用"等表述，以避免违反《中华人民共和国个人信息保护法》《中华人民共和国网络安全法》《中华人民共和国民法典》等法律的规定。

9.5.2.2　针对涉及创造性缺陷的审查意见

> 📖 法 22.3
> 【审查指南第二部分第九章第 6.1.3 节、第 6.2 节】

对于包含算法特征或者商业规则和方法特征的新领域、新业态相关发明专利申请，当方案与作为最接近现有技术的对比文件的区别特征涉及算法特征或者商业规则和方法特征时，如果上述算法特征或者商业规则和方法特征与技术特征并非功能上彼此相互支持、存在相互作用关系，则审查意见会认为上述算法特征或者商业规则和方法特征对技术方案未作出贡献。相关示例可参见《专利审查指南》第二部分第九章第 6.2 节【例 14】"一种动态观点演变的可视化方法"。

对于此类审查意见，在答复时，应强调作为区别特征的算法特征或者商业规则和方法特征能否使方案解决技术问题，这些特征与申请要解决的技术问题是否密切相关，是否与技术特征一起共同构成技术手段。在修改时，为了克服审查意见指出的缺陷，可以将原始申请文件中与最接近现有技术存在区别的技术特征补入方案中，同时，避免仅补入与技术特征功能上没有彼此相互支持、存在相互作用关系的算法特征或者商业规则和方法特征。答复意见的撰写要点可参见《专利审查指南 2023》第二部分第九章第 6.2 节【例 15】"一种用于适配神经网络参数的方法"的"分析及结论"部分。

9.5.3　化学领域

9.5.3.1　有关化学领域补交试验数据

【审查指南第二部分第十章第3.5节】

在化学领域，当审查员提出了说明书公开不充分或权利要求不具有创造性等审查意见时，申请人通常可以通过补交实验数据来证明申请满足《专利法》第二十六条第三款、第二十二条第三款等要求。

补交实验数据所证明的事实应当是所属技术领域的技术人员能够从专利申请公开的内容中得到的。当补交实验数据证明的技术效果属于对原始申请文件公开技术效果的验证时，补充实验数据通常会被接受。当补交实验数据证明的技术效果是一种新的技术效果时，此时补充实验数据不能被接受。说明书中记载的内容越清楚、完整，本领域技术人员越能够相信申请人在申请日时已经完成了该项发明，就越容易得出申请中记载的技术效果是可信的、申请日后补交实验数据能够"得到"的结论。如果说明书中对于发明技术方案、技术效果以及有关实验/测定方法的描述不清楚或不完整，导致说明书对发明的公开不充分，则申请人是不能通过后补交实验数据来克服原申请文件未充分公开的固有缺陷的。

9.5.3.2　数值范围的修改

由于化学是一门实验性科学，在化学领域经常会遇到对申请文件中数值范围的修改。

对于数值范围的修改，只有在修改后数值范围的两个端值在原说明书和/或权利要求书中已确实记载且修改后的数值范围在原数值范围之内的前提下，才是允许的。例如，权利要求的技术方案中，某温度为 20～90℃，如果发明专利申请的说明书或者权利要求书还记载了 20～90℃ 范围内的特定值 60℃ 和 80℃，则将权利要求中该温度范围修改成例如 60～80℃ 或者 60～90℃ 是允许的。

9.5.3.3　具体放弃修改

放弃式修改是一种特殊类型的修改方式，主要出现在化学领域，特别是涉及数值范围和马库什权利要求的修改。具体放弃修改通常需要符合以下的一般规定。

通过"具体放弃"排除原申请中没有公开的技术特征来限定权利要求的保护范围时，通常是采用否定性词语或排除的方式来放弃权利要求的部分保护范围。其修改本身是不属于原申请文件记载的范围之内，但属于如下情形的，则属于允许的修改。

（1）从权利要求中排除不授予专利权的主题，例如《专利审查指南 2023》第二部分第一章第 4.3.2 节中所述的，在权利要求中增加"非治疗目的"的限定。

（2）排除抵触申请以使权利要求具备新颖性。

（3）排除下述情况的现有技术而使权利要求具备新颖性：所述现有技术是指其所属的技术领域与发明的技术领域相差很远，解决完全不同的技术问题，发明构思完全不同，所述现有技术对于发明的完成没有任何教导或启示。申请人可以根据审查员提供的上述现有技术对比文件，通过具体"放弃"的方式来排除这种现有技术。

（4）权利要求中涵盖了部分不可实施的范围，可通过具体放弃的方式排除该不可实施的技术方案。但不允许通过具体放弃的修改方式使本来没有充分公开或不能实施的发明公开充分或能够实施。例如，在组合物发明中，组合物通常使用各组分所占百分含量来限定，当几个组分的含量范围不符合《专利审查指南 2023》第二部分第十章第 4.2.2 节第（4）项的条件时，可以在权利要求中补入"各组分含量之和为 100%"的限定。

（5）如果能够用正面的语言来描述，就不允许通过具体放弃修改权利要求，而且具体放弃必须是恰好排除所要排除的部分。

9.5.3.4　马库什权利要求的修改

马库什化合物权利要求是用上位或并列方式概括了多个技术方案的权利要求。为克服审查员指出的马库什化合物权利要求不符合单一性、不能得到说明书支持、缺乏新颖性和/或创造性等的缺陷，申请人会对申请文件进行修改。申请人对于涉及马库什化合物的权利要求的修改通常包括以下几种方式：

（1）修改为某从属权利要求或者修改为说明书明确记载的某个范围

因为在原始申请文件中明确记载了这样的范围，这样的修改通常是允许的。

（2）删除通式化合物各取代基定义中的一个或多个选项

这种删除实质上是在原始申请文件记载的多个并列可选的技术方案中删除某些技术方案，一般不会导入原始申请文件中未曾记载的新的内容，原则上应当是允许的。但应当注意，修改不应当引入原始申请文件中未曾记载的新的信息。

【案例 3 - 12】

权利要求 1：下式的化合物：

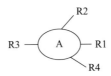

其中：

A 环是有机核（结构式略）

R1 选自 H、C_{1-4} 烷基、NO_2、NH_2、COOH；

R2 选自 H、C_{1-10} 烷基、呋喃基、吡啶基、苯基；

R3 选自 H、C_{1-10} 烷基、C_{1-4} 烷氧基、甲酰基、乙酰氧基、NH_2、苄基；

R4 选自 C_{1-4} 烷基、C_{1-4} 烷氧基、NO_2、NH_2、COOH。

修改：

权利要求1：下式的化合物：（结构式略）

其中：

R1 选自 C_{1-4} 烷基、NO_2、NH_2 或 COOH；

R2 选自呋喃基、吡啶基或苯基；

R3 选自甲酰基、乙酰氧基、NH_2 或苄基；

R4 选自 C_{1-4} 烷基、C_{1-4} 烷氧基、NO_2 或 NH_2。

【案例分析】

审查员指出权利要求1不能得到说明书的支持，申请人删除了 R1 – R4 中的某些取代基选项。由于在原始申请文件中对这些取代基选项均有明确的记载，其实际上包括了彼此之间的各种组合。删除这些选项只是删除了权利要求中不能得到说明书支持的内容，这种删除没有超出原始申请记载的范围，符合《专利法》第三十三条的规定。

（3）具体放弃

此处"具体放弃"是指根据现有技术从通式化合物权利要求的范围中放弃在原申请文件中没有记载的具体化合物或者小范围的一类化合物。

当现有技术公开的化合物与发明所属的技术领域相差很远，二者解决的技术问题完全不同，即该现有技术对发明的完成没有任何教导或启示时，可以允许申请人通过排除的方式"放弃"现有技术中公开的化合物。

（4）根据实施例中公开的各基团的具体选项进行重新概括

或组合一般是不允许的

通常，将实施例中对于各个基团所示出的具体选项进行重新概括或组合，从而得到一个新的范围是本领域技术人员无法从原申请记载的内容中直接地、毫无疑义地确定的，因此，这种组合通常被认为超出原始申请记载的范围，是不允许的。

9.6　授权及驳回

9.6.1　授予专利权

> 法 39、细则 60.1
> 【审查指南第五部分第九章第 1.1 节】

（1）发出授予专利权的通知书的条件和授权登记手续

发明专利申请经实质审查没有发现驳回理由的，专利局将作出授予专利权的决定。在作出授予专利权的决定之前，将会发出授予发明专利权的通知书和办理登记手续通知书，告知申请人授权的专利文本和后续待办事宜。申请人应当在收到以上通知书之日起两个月内办理登记手续，具体要求可参见本书第 9 章第4.3.5 节。

申请人在规定期限之内办理了登记手续的，专利局将会颁发专利证书，并同时予以登记和公告，专利权自公告之日起生效。

（2）授权后更正

申请人收到授权通知书后，要立即核对授权文本是否正确，特别是审查过程中提交多次修改文本时。如果不正确，可以向专利局请求更正。

> 细则 64

专利权被授予后，申请人发现发明专利单行本中存在错误的，可以请求专利局予以更正；专利局发现发明专利单行本中存在错误的，应当自行更正，重新出版更正的专利单行本，并在其扉页上作出标记。

可以进行更正的错误应当限于明显的文字、标点符号等错误。涉及专利权保护范围的错误，不允许更正。

9.6.2 驳回申请

> 🔖 法 38、41，细则 59

发明专利申请经实质审查并给予申请人至少一次陈述意见和/或修改申请文件的机会后，如果依然存在《专利法实施细则》第五十九条规定的缺陷，则可以基于审查意见通知书已经告知过申请人的事实、理由和证据，作出驳回决定。

申请人收到驳回决定后，如果对驳回决定不服，可以自收到驳回决定之日起三个月内提出复审请求。

10. 专利权的维持和终止

10.1 专利权的维持

> 🔖 细则 115
> 【审查指南第五部分第九章第 4.2 节】

（1）缴纳专利年费

授予专利权当年的年费应当在办理登记手续的同时缴纳，以后的年费应当在上一年度期满前缴纳。专利年度从申请日起算，与优先权日、授权日无关，与自然年度也没有必然联系。缴费期限届满日是申请日在该年的相应日。

例如：一件电子申请的申请日是 2022 年 7 月 10 日（最早的

优先权日是 2021 年 7 月 10 日），审查员针对该专利申请于 2024 年 8 月 16 日通过专利局指定的特定电子系统发出办理登记手续通知书，申请人在当天收到该通知书，则应当于 2024 年 10 月 16 日以前办理登记手续，缴纳第三年度年费；该专利权的第四年度年费，专利权人最迟应当在 2025 年 7 月 10 日按照第四年度年费标准完成缴纳。以后每年以此类推。

（2）迟缴的后果（滞纳期和滞纳金）

各年度年费参见附件 2 的相关内容。

专利权人未按时缴纳年费（不包括授予专利权当年的年费）或者缴纳的数额不足的，可以在年费期满之日起六个月内补缴，补缴时间超过规定期限但不足一个月的，不缴纳滞纳金。补缴时间超过规定时间一个月或以上的，需要缴纳相应数额的滞纳金。

10.2　专利权的终止

（1）未缴年费及滞纳金的欠费终止

> 📖 细则 115
> 【审查指南第五部分第九章第 4.2.2 节】

专利年费滞纳期满仍未缴纳或者缴足专利年费或者滞纳金的，专利权人将收到专利权终止通知书。专利权人未启动恢复程序或者恢复权利请求未被批准的，在专利权终止通知书发出四个月后，案件将进行失效处理。

专利权自应当缴纳年费期限之日起终止。

（2）视为放弃取得专利权的终止

> 📖 细则 60.2
> 【审查指南第五部分第九章第 1.1.5 节】

专利局发出授予专利权的通知书和办理登记手续通知书后，

申请人在规定期限内未按照相关规定办理登记手续的，将收到视为放弃取得专利权通知书。该通知书将在办理登记手续期满一个月后作出，并指明恢复权利的法律程序。自该通知书发出之日起四个月期满，未办理恢复手续的，或者专利局作出不予恢复权利决定的，案件将进行失效处理。

（3）主动放弃专利权的终止

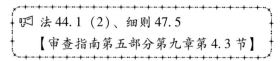

　　法 44.1（2）、细则 47.5
　　【审查指南第五部分第九章第 4.3 节】

授予专利权后，专利权人随时可以主动要求放弃专利权。主动放弃专利权的声明不得附有任何条件。放弃专利权只能放弃一件专利的全部专利权，放弃部分专利权的声明视为未提出。

同一申请人同日对同样的发明创造既申请实用新型专利又申请发明专利，在发明专利符合授权条件下，为避免重复授权，申请人可以要求放弃实用新型专利权，获得发明专利授权。

专利权人要求放弃专利权的，可参见本书第 9 章第 4.4.2 节，办理相关手续。

（4）期满终止

　　法 42
　　【审查指南第五部分第九章第 4.1 节】

发明专利权的期限为二十年，自申请日起计算。专利权期满时，专利局将及时在专利登记簿和《专利公报》上分别予以登记和公告，并进行失效处理。

第4章 实用新型专利的申请及授权的程序

1. 概述

1.1 概念和特点

实用新型是指对产品的形状、构造或者其结合所提出的适于实用的新的技术方案。该定义明确了实用新型专利可以保护的客体是涉及产品形状、构造的技术方案，即实用新型专利不保护涉及方法和材料改进的发明创造，也不保护产品外观设计。通常认为，实用新型专利可以为市场生命周期较短、侵权判断较直观的产品发明提供一种获权快、费用低的专利保护。

1.2 审查流程

法2.3
【审查指南第一部分第二章第6节】

实用新型专利审查采用初步审查制。受理后的实用新型专利申请，经初步审查合格的，可以被授予实用新型专利权。授权后的实用新型专利，可以通过请求作出专利权评价报告来进一步了解权利的稳定性情况；申请经初步审查被驳回的，如果申请人对驳回决定不服可以提出复审请求。如图4-1所示。

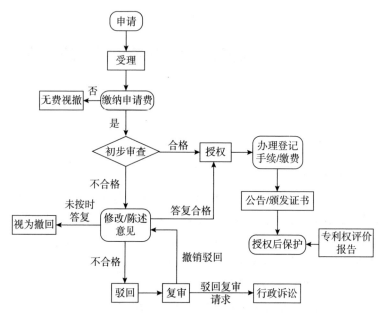

图 4-1 实用新型专利申请审批流程图

2. 授权条件

实用新型专利申请被授予专利权，需要满足的要求与发明专利申请基本相同，具体参照本书第 3 章第 1.3 节，下面仅针对实用新型专利与发明专利的区别中有关保护客体和创造性的要求进行说明。

2.1 属于《专利法》规定的可授予专利保护的客体

> 🔊 法 2.3、5、25

申请人对产品的形状和/或构造改进提出的新的技术方案，可以通过提交实用新型专利申请的方式请求保护。提交申请的技术方案除满足本书第 3 章第 1.3.1 节记载的客体要求，还应注意以下三个概念：产品、形状和/或构造、技术方案。

2.1.1　实用新型专利保护的产品

> 啊 法 2.3
> 【审查指南第一部分第二章第 6 节】

实用新型专利只保护产品，即经过产业方法制造的，有确定形状、构造且占据一定空间的实体，例如，工具、零部件、仪器设备、控制电路等。

一切方法，包括制造方法、使用方法、通信方法、处理方法、计算机程序、将产品用于特定用途等，以及未经人工制造的自然存在的物品，例如，天然的葫芦、贝壳、自然生长的树木等，不属于实用新型专利保护的客体。

（1）涉及方法特征的技术方案

权利要求中使用已知方法名称限定产品的形状、构造的，属于实用新型专利保护的客体。

【示例】一种无榫实木贴面套装门，包括门扇和门套，其特征在于：门扇和门套均由芯板和装饰面板粘合而成，芯板为木条粘合而成的无榫头中空芯板，装饰面板为木材指接薄板，芯板和装饰面板经涂环保胶热压粘合为一体。

【分析】采用"粘合""指接""热压"等已知方法名称限定套装门的构造特征，属于实用新型专利保护客体。

权利要求中既包含形状、构造特征，又包含对方法改进的，不属于实用新型专利保护的客体。

【示例】一种复合透明导电膜，包括透明基底、保护性金属氧化物层以及金属导电层，其特征在于：所述的金属导电层制备步骤如下：（1）将纳米金属制成初始悬浊液；（2）制备添加剂；

（3）将添加剂加入纳米金属初始悬浮液中，配成涂布纳米金属墨水；（4）将纳米金属墨水涂布或喷涂至基板上，然后在烘箱中140度烘烤5分钟~20分钟；（5）最后将带有导电层的基板经过轧光机，得到雾度较低的导电层。

【分析】由于权利要求中包含对金属导电层制造方法的改进，该技术方案不属于实用新型保护客体。

（2）涉及计算机程序的技术方案

权利要求中使用已知计算机程序名称限定产品形状、构造的，属于实用新型专利保护的客体。

【示例】一种人脸识别考勤装置，其特征在于：包括机身本体和设备存放柜，机身本体内设人脸识别模块和红外感应器，……所述红外感应器的输出端与控制器的输入端连接，所述控制器的输出端连接人脸识别模块的输入端。

【分析】权利要求中包括"人脸识别模块"，该模块通过执行相应程序来实现人脸识别功能，结合说明书的记载可知该申请并未对"人脸识别"程序进行改进，属于通过已知计算机程序名称对执行部件进行限定，该技术方案属于实用新型专利保护客体。

权利要求中包含/实质包含计算机程序改进的，或权利要求限定的技术方案是基于计算机程序模块构架的，不属于实用新型专利保护的客体。

【示例】一种自动控制焊接变形的装置，其特征在于，包括：夹紧执行机构、存储单元、采集单元、控制单元、用于根据预设的矫形量阈值输出控制指令至夹紧执行机构的控制端；所述控制单元还以焊后矫形控制后的当前工件满足精度要求为判断条件，根据当前矫形形变量计算确定当前矫形量，并以所述当前矫形量更新所述矫形量阈值。

【分析】权利要求中记载硬件结构，同时对"控制单元"的控制对象、控制流程以及判断条件等进行限定，如果该"控制单元"的功能通过改进的计算机程序来实现，则不属于实用新型专利保护客体。

2.1.2　实用新型专利保护产品的形状和/或构造

2.1.2.1　产品的形状

呦 法 2.3
【审查指南第一部分第二章第 6.2.1 节】

实用新型专利保护的"产品的形状"是指产品所具有的、可以从外部观察到的确定的形状。

权利要求中使用产品本身的空间立体形状或平面形状对产品进行限定，属于实用新型专利保护的客体。例如，一种保温杯，其特征在于：杯体为圆柱体。

气态、液态、粉末状、颗粒状等不确定的形状，生物或自然形成的形状，摆放、堆积等方法获得的非确定的形状，不能作为产品的形状特征。例如，一种树叶书签，其特征在于：书签的形状为天然树叶形。

2.1.2.2　产品的构造

呦 法 2.3
【审查指南第一部分第二章第 6.2.2 节】

实用新型专利保护的"产品的构造"是指产品的各个组成部分的安排、组织和相互关系。部件间的机械连接和线路连接都属于产品的构造。

（1）构成产品的零部件的相对位置关系、连接关系和必要的机械配合关系

【示例】一种座椅靠背架，包括构架和弹性带，其特征在于构架为一个 U 形框架，U 形框架开口处的内侧两边有数对挂钩，每对挂钩之间有弹性带。

【分析】权利要求描述了座椅靠背架这个产品组成部件构架和弹性带的相互连接关系，该机械构造属于实用新型专利保护的客体。

（2）构成产品的元器件之间的确定的连接关系

【示例】一种二氧化碳浓度传感器，由信号采集单元、信号取样单元、放大滤波电路和整形电路构成，信号采集单元采集空气中的二氧化碳浓度信号，然后将采集到的信号输入给信号取样单元，经过放大滤波电路进行信号放大得到有效的二氧化碳浓度信号，然后将该信号通过整形电路处理得到脉冲信号。

【分析】信号流限定了传感器内部电气元件的连接关系，该线路构造属于实用新型专利保护的客体。

（3）经过工艺处理，在特定区域形成的复合层结构

【示例】一种耐磨气缸套，主体为圆筒状的套体，其特征在于套体外具有耐磨层，耐磨层的厚度为 0.25～0.6 毫米。

【分析】气缸套外的耐磨层在套体外侧形成了与套体不同的特定层，其对气缸套的整体构造进行了改进，属于实用新型专利保护的客体。

（4）现有技术中的已知材料应用于具有形状、构造的产品

【示例】一种密封罐，包括盖体和罐身，其特征在于，盖体采用不锈钢制成，罐身为玻璃，盖体内边缘设有橡胶密封条。

【分析】权利要求中的不锈钢、玻璃、橡胶均为已知材料，分别应用在密封罐不同的部件上，技术方案中并不涉及材料本身的改进，属于实用新型专利保护的客体。

应当注意的是，以下情形不属于实用新型专利保护的产品的构造：

① 物质的分子结构、组分、金相结构不属于产品的构造，不属于实用新型专利保护的客体，例如高分子聚合物链结构。

② 必须依赖于人为布局规划改进的技术方案实质上不属于产品的形状、构造，不属于实用新型专利保护的客体，例如依赖特定通行规则才能达到道路畅通效果的立交桥。

③ 通过材料改进或组合实现提升口感效果的食品类申请，不属于实用新型专利保护的客体，例如通过多种调味料层形成不同口感的糕点。

2.1.3　实用新型专利保护的技术方案

🔲 法 2.3
【审查指南第一部分第二章第 6.3 节】

实用新型专利可以保护的技术方案，应当是采用技术手段解决技术问题并获得符合自然规律的技术效果的方案。

① 产品的形状以及表面的图案、色彩或者其结合的新方案，没有解决技术问题的，不属于实用新型专利保护的客体。例如，一种雨鞋，技术方案的改进仅在于在雨鞋的外表面设置彩色图案，若彩色图案仅起到美观的效果，没有解决技术问题，则不属于实用新型专利保护的客体。对于这类以提升美感为目的、没有解决技术问题的方案，可以通过申请外观设计专利获得保护。又如，一种具有流线型车身的跑车，流线型车身在提升美感的同时也解决了行驶过程中风阻大的技术问题，则属于实用新型专利保护的客体。

② 产品表面的文字、符号、图表或者其结合的新方案，不属于实用新型专利保护的客体，例如，一种计算机键盘，技术方

案的改进仅在于按键上印有日文。

2.2 具备新颖性、创造性和实用性

实用新型专利申请应当满足的新颖性、实用性要求与发明专利申请相同，参照本书第 3 章第 1.3.2 节。

实用新型的创造性，是指与现有技术相比，该实用新型具有实质性特点和进步。在初步审查中，对于实用新型是否明显不具备创造性进行审查。对于实用新型申请是否明显不具备创造性，申请人可以将其理解为"将实用新型的技术方案与现有技术相比，如果能够清楚、容易地得出其不具有实质性特点或进步，则通常认为该技术方案明显不具备创造性"。实用新型专利申请是否明显不具备创造性的判断可以考虑以下两个方面：

一是现有技术领域。一般着重考虑实用新型专利申请所属的技术领域，根据需要也可以考虑其相近或者相关的技术领域。

二是现有技术的数量。一般情况下可以只引用一篇或两篇现有技术评述其创造性；对于由现有技术通过"简单叠加"等方式而成的实用新型专利申请，可以根据情况采用多篇现有技术评述其创造性。

为便于申请人更准确地理解实用新型专利应具备的创造性高度，列出"明显不具备创造性"的几种常见情形。

（1）区别特征为公知常识

如果请求保护的技术方案与最接近的现有技术相比，其区别特征为公知常识，则该申请所请求保护的技术方案明显不具备创造性。

【示例】

一种无纺布防水布袋，包括耳带（1）、布袋（2），其特征

在于：布袋内设有防水内袋（9），布袋前端外表面设有通孔（5），通孔与防水内袋（9）连通，布袋前端外表面通孔（5）以下位置设置防水膜（6），所述耳带（1）端部与布袋（2）边沿的接合处是热压粘接连接。

对比文件1公开一种无纺布袋，包括布袋主体（1），其特征在于：所述布袋主体的前端外表面设置有布袋提手（3），布袋主体的内侧设置有防水袋（11），布袋主体前端下部设有通孔（13），通孔连通防水袋（11），布袋主体（1）的前端外表面通孔（13）下侧设置有外侧防水膜（14）。具体参见图4-2和图4-3。

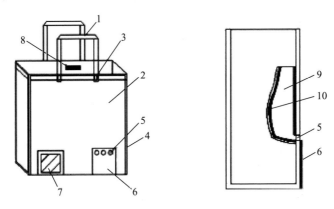

图4-2 本申请主要附图

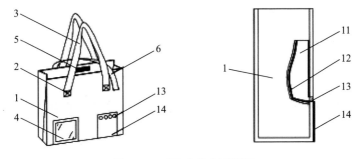

图4-3 对比文件主要附图

143

【分析】

本申请涉及一种无纺布防水布袋，用于解决无纺布袋不方便携带含水湿物的问题，采用的技术手段为设置防水内袋。对比文件1公开了一种无纺布袋，同样采用防水内袋的技术手段，本申请解决防水技术问题的技术手段已经被对比文件1公开，区别特征为提手与布袋热压粘结，其是箱包加工领域的惯用手段。因此，本申请请求保护的技术方案明显不具备《专利法》第二十二条第三款所规定的创造性。

（2）区别特征被另一篇现有技术所公开

如果请求保护的技术方案与最接近的现有技术相比，其区别特征被另一篇现有技术所公开，且二者的结合存在明确的技术启示，则所请求保护的技术方案明显不具备创造性。

【示例】

一种多功能验电操作杆，其特征在于，包括组合式操作杆，与组合式操作杆连接的组合式接头，组合式接头包括中部非接触式电流传感器的检测凹槽、上端验电器检测头、一侧操作钩和一侧操作横杆；组合式操作杆的上部设置有报警灯和扬声器，组合式操作杆下部设置有电流检测显示屏；所述组合式操作杆内侧设置有微处理器、电源装置、验电器线路板和滤波放大电路；非接触式电流传感器将检测到的微小泄漏电流经滤波放大电路处理送入微处理器，经微处理器处理完后送入显示屏显示。

对比文件1公开一种验电操作杆，包括与操作杆连接的组合式接头，其特征在于组合式接头包括中部非接触式电流传感器的检测凹槽、上端验电器检测头、一侧操作钩和一侧操作横杆；操作杆的上端设置有报警灯和扬声器，非接触式电流传感器，操作杆内还设有处理器，报警灯和扬声器与处理器连接。

对比文件2公开一种多功能操作杆，其特征在包括多段组合式操作杆和接头，接头设有传感器，多段组合式操作杆最下端一段设置有电流检测显示屏；操作杆内设有微处理器、电源装置、验电器线路板和滤波放大电路；传感器检测信号经滤波放大电路处理送入微处理器，显示屏显示电流检测数值。具体参见图 4 - 4 至图 4 - 6。

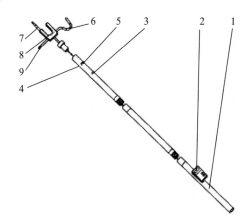

图 4 - 4 本申请主要附图

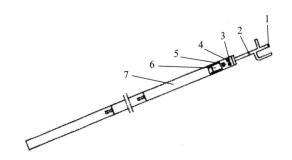

图 4 - 5 对比文件 1 主要附图

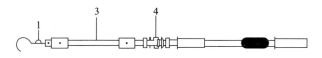

图 4 - 6 对比文件 2 主要附图

【分析】

本申请公开了一种多功能验电操作杆，用于解决电流检测，并在发生漏电时报警的技术问题。对比文件1记载了一种验电操作杆，包括组合式接头的外部构造以及内部检测电路、报警电路。本申请与对比文件1的区别在于验电操作杆内部设置显示电流数值的电路结构，因此，本申请相对于最接近现有技术实际要解决的技术问题是提醒漏电电流等级。对比文件2公开了多功能操作杆内部设置显示电流数值的电路结构，其作用同样是进行漏电电流数值提醒。本领域技术人员按照对比文件2的启示，容易想到将电流显示回路设置于对比文件1公开的验电操作杆内部，在声光报警的同时显示漏电电流数值，从而得到本申请请求保护的技术方案。因此，本申请请求保护的技术方案明显不具备《专利法》第二十二条第三款所规定的创造性。

（3）技术方案由多篇现有技术"简单叠加"而成

如果实用新型专利申请要求保护的技术方案由多篇现有技术通过"简单叠加"等方式而成，其所产生的技术效果也仅是各组合部分效果的总和，则所请求保护的技术方案明显不具备创造性。

【示例】

一种地质灾害模型展示装置，包括箱体（1），其特征在于：所述箱体（1）顶部的靠后位置固定连接有安装板（2），所述安装板（2）顶部中心处的靠后位置固定连接有第一L形板（3），所述第一L形板（3）内腔的背面固定安装有显示器本体（4），所述箱体（1）内腔底部的中心处固定连接有减速电机（5），所述减速电机（5）的输出端贯穿箱体（1）且固定连接有转盘（6），所述安装板（2）顶部的左右两侧均滑动连接有与第一L形板（3）配合使用的第二L形板（7），两个所述第二L形板（7）的连接处紧密贴合，所述第二L形板（7）的正面固定连接有白板（8）。具体参见图4-7和图4-8。

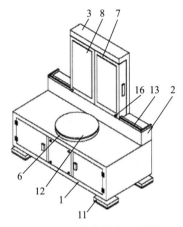

图 4 - 7　本申请主要附图

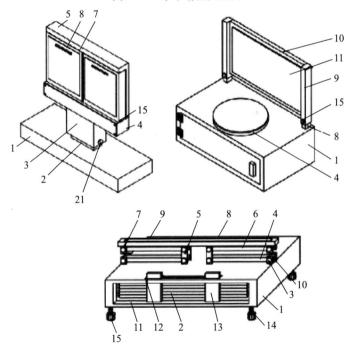

图 4 - 8　对比文件主要附图

【分析】

本申请公开一种地质灾害模型展示装置，用于解决传统的展示装置功能单一、展示效果差、不方便使用的技术问题，采用的技术方案是将现有技术的各种常规技术手段"简单叠加"在一起，例如：设置显示器和白板方便介绍说明（对比文件 1×× 已公开）、设置减速电机和转盘方便展示（对比文件 2×× 已公开）、设置螺杆和底板进行可调节支撑（对比文件 3×× 已公开），上述组合后的各个技术特征之间在功能上无相互作用关系，是一种"简单叠加"，所产生的技术效果也仅是各组合部分效果的总和。因此，本申请请求保护的技术方案明显不具备《专利法》第二十二条第三款所规定的创造性。

3. 申请的准备

3.1 申请文件的准备

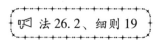

法 26.1

申请实用新型专利，应当提交符合规定的实用新型专利请求书、说明书、说明书附图、权利要求书、说明书摘要。

实用新型专利申请文件的撰写要求与本书第 3 章第 3 节中机械领域和电学领域的发明专利申请文件基本相同。

下面仅对实用新型专利申请文件撰写中的一些特殊注意事项进行说明。

3.1.1 请求书

法 26.2、细则 19

实用新型专利申请的请求书中，关于发明人、申请人、联系

人、代表人、专利代理机构、专利代理师等事项的填写要求，与
发明专利申请相同，具体参照本书第 3 章第 2.1 节，需要特别注
意的是：

　　请求书中的实用新型名称应当简短、准确地表明实用新型专
利申请要求保护的主题和类型，不得出现方法和用途的主题，例
如一种压缩机及其制造方法。

3.1.2　说明书

┌╌╌╌╌╌╌╌╌╌╌╌╌╌╌┐
│ 🕮 法 26.3、细则 20 │
└╌╌╌╌╌╌╌╌╌╌╌╌╌╌┘

　　说明书应当对实用新型作出清楚、完整的说明，达到所属技
术领域的技术人员能够实现的程度。说明书中记载的所要解决的
技术问题、技术方案和能够达到的技术效果三部分应当相互适
应。关于说明书撰写的要求，具体参照本书第 3 章第 2.2 节，需
要特别注意的是：

　　说明书背景技术部分或实用新型内容部分需要描述申请所要
解决的技术问题，该技术问题是解决本领域实际存在的背景技术
缺陷的具体准确的技术问题，不能过于笼统。例如：在说明书背
景技术部分没有说明现有技术中洗涤设备的任何具体缺陷，在内
容部分笼统指出本申请要提供一种操作便捷、效率高、成本低的
洗涤设备。说明书中需要明确要求保护的产品各部分的组成、连
接关系和位置关系，尽可能写明其工作原理和工作过程，避免出
现违反机械设计常理或者部件间无法传动的技术方案。例如：蜗
杆蜗轮传动机构中通常都是以蜗杆驱动蜗轮传动，且只有在蜗杆
驱动蜗轮的情况下，机构才具有自锁功能，如果说明书中记载的
传动机构是由蜗轮驱动蜗杆来实现传动自锁，则该说明书记载的
技术方案不符合清楚完整的要求。对于作用于人体的医疗保健类
申请，必要时还需要提供相应的证据。例如：一种磁疗颈枕，说

明书中记载的技术方案是在枕头的枕芯内设置磁块，可以达到有效改善睡眠的技术效果。该申请需要提供相应的证据证明技术方案的技术效果。

3.1.3　说明书附图

☞ 细则 20.5、21

不同于发明专利申请，实用新型专利申请必须要有说明书附图，且必须包含有产品的形状、构造图，可以是结构示意图、剖面图、局部放大图等。不得仅有表示现有技术的附图，也不得仅有表示产品效果、性能的附图，例如温度变化曲线图等。

说明书附图的内容、格式和绘制要求，具体参照第 3 章第2.2.3 节、第 3.1 节、第 3.2.2 节的相应内容。

☞ 法 26.3、细则 46

以援引加入的方式补交附图的，不属于《专利法实施细则》第四十六条规定的写有对附图的说明但无附图或缺少部分附图的情形，具体参照本书第 3 章第 6.1.4 节有关援引加入的内容。

对于原始提交的附图本身存在不清晰或者不完整的缺陷，不属于写有对附图的说明但无附图或缺少部分附图的情形，申请人不能通过重新确定申请日的方式补入清晰的附图，对附图的修改不得超出原始申请文件记载的范围。

3.1.4　权利要求书

☞ 法 26.4

实用新型专利申请的权利要求只能是产品权利要求，不能是方法权利要求。权利要求书的实质性要求和撰写要求具体参照本书第 3 章第 2.3 节和本章第 2.1 节。

3.1.5 说明书摘要

实用新型专利申请的说明书摘要包括文字部分和附图部分，具体撰写要求参照本书第 3 章第 2.4 节。

3.2 特殊专利申请及其他文件的准备

分案申请的提交手续参照本书第 3 章第 4.1 节。委托专利代理机构、要求优先权和不丧失新颖性宽限期等其他手续和文件参照本书第 3 章第 5 节。

4. 申请文件的提交

申请文件的提交手续参照本书第 3 章第 6 节。

5. 通知书答复与申请文件修改

5.1 通知书的类型

在实用新型专利申请的初步审查中，申请人可能收到的通知书主要涉及四类：补正类通知书、审查意见类通知书、审批决定类通知书以及手续类通知书。其中审批决定类通知书包括：授予实用新型专利权通知书、驳回决定、专利权终止通知书等；手续类通知书包含：办理补正手续通知书、视为未要求优先权通知书、视为放弃取得专利权通知书、视为未委托代理机构通知书等。

5.2 通知书的答复

5.2.1 补正通知书的答复

当申请文件存在形式缺陷时，申请人会收到补正通知书。补正通知书具体答复要求参照本书第3章第7.1.1节。

【案例4-1】针对补正通知书形式缺陷的答复

第一次补正通知书

本通知书是针对申请日提交的申请文件的审查意见。根据专利法实施细则第五十条的规定，审查员对上述实用新型专利申请进行了初步审查。经审查，该专利申请存在下列缺陷：

1. 权利要求1中附图标记"1"对应的部件名称不一致，如"工作台、底座"，不符合专利法实施细则第二十一条第二款的规定。

2. 从属权利要求3未择一引用在前的权利要求1-2，不符合专利法实施细则第二十五条第二款的规定，应对其进行修改，其引用的权利要求的编号之间应当用"或"或者其他同义的择一引用方式表达。

根据专利法实施细则第五十七条第三款的规定，申请人应当针对通知书中指出的缺陷进行修改。根据专利法实施细则第五十条第二款的规定，申请人应当自收到本通知之日起两个月内针对上述缺陷陈述意见或补正，申请人期满未答复的，该专利申请将被视为撤回。

> 根据专利法第三十三条的规定，申请人对申请文件的修改不得超出原说明书（包括附图）和权利要求书记载的范围。补正文件应当包括具有签字或盖章的补正书一份，以及经修改后的申请文件替换文件一份。

【案例分析】申请人应对第一次补正通知书中指出的申请文件存在的两个缺陷进行修改。针对第一个缺陷，申请人需要确认附图标记 1 对应的准确技术特征，同时注意不同的技术特征应用不同的附图标记进行标注；针对第二个缺陷，权利要求 3 的引用关系可以修改为"如权利要求 1 或 2 所述的……""如权利要求 1-2 任一所述的……"等择一引用方式。

5.2.2　审查意见通知书

当申请文件存在明显实质性缺陷时，申请人会收到审查意见通知书。审查意见通知书具体答复要求参照本书第 3 章第 9.4.1 节。

【案例 4-2】针对不属于实用新型专利保护客体的答复

第一次审查意见通知书

本通知书是对申请日提交的申请文件的审查意见。根据专利法实施细则第五十条的规定，审查员对上述实用新型专利申请进行了初步审查。经审查，该专利申请存在下列缺陷：

1. 权利要求 1 所要求保护的是一种"抗菌棉被"，其技术方案中包括"所述的抗菌防螨层由××纤维原料中加入抗菌××颗粒制成"，该方案是对材料本身提出的改进，而不是针对产品形状、构造或者其结合提出的技术方案，因而不属于专利法第二条第三款所规定的实用新型保护客体。

　　　　基于上述理由，该专利申请不能被授予专利权，如果申请人不能按照本通知书提出的审查意见对申请文件进行修改，并克服所存在的缺陷，该专利申请将被驳回。

　　　　根据专利法实施细则第五十条第二款的规定，申请人应当自收到本通知之日起两个月内陈述意见或补正，期满未答复的，该专利申请将被视为撤回。申请人陈述意见或补正/提交修改文本后，仍不符合规定的，该专利申请将被驳回。

　　　　根据专利法第三十三条的规定，申请人对申请文件的修改不得超出原说明书（包括说明书附图）和权利要求书记载的范围。补正文件应当包括补正书一份、经修改的申请文件替换页一份、以及修订格式的替换文件一份，注意补正书中应当具有签字或盖章。

　　【分析】针对上述审查意见通知书，可以提供现有技术证据，证明由化纤原料加入抗菌××颗粒制成的抗菌防螨层为已知材料。

5.2.3　手续类通知书

　　申请人收到手续类通知书，应根据通知书内容进行意见陈述或提交相应的手续文件，未答复、逾期答复或者答复不合格，相应的手续将被视为未提出或视为未要求。收到视为未提出或视为未要求的通知书时，申请人可根据通知书内容选择是否放弃或者请求恢复某项权利。

5.3　通知书的答复期限

　　申请人收到补正通知书或者审查意见通知书，应当在指定期限内进行答复，指定期限为两个月，自通知书送达日起计算。期满未答复或者逾期答复的，该申请视为撤回。

关于延长通知书答复期限请求的手续办理参照本书第 9 章第 2.1.3 节。关于因延误答复期限被视为撤回而请求恢复权利的手续办理参照第 9 章第 2.2 节。

5.4　申请文件的修改

关于修改不得超出原说明书和权利要求书记载的范围的相关内容参照本书第 3 章第 9.4.2 节。

需要注意的是：实用新型专利申请人自申请日起两个月内，可对实用新型专利申请主动提出修改。申请日起两个月之后提出的主动修改，若该修改文件消除了原申请文件中存在的缺陷，并具有被授权的前景，审查员可接受该主动修改文件，否则不予接受。

6. 授权及驳回

6.1　授予专利权

实用新型专利申请经初步审查没有发现驳回理由的，专利局将作出授予实用新型专利权的决定。

在作出授权决定前，申请人会收到专利局发出的授予实用新型专利权的通知书及办理登记手续通知书，登记手续办理参照本书第 9 章第 4.3.5 节。未按规定办理登记手续的，则视为放弃取得专利权的权利。

6.2　驳回决定

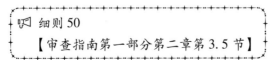

实用新型专利申请如果存在《专利法实施细则》第五十条规定的缺陷，可能会导致申请被驳回。驳回针对的情形主要为两种：①申请人收到申请文件存在明显实质性缺陷的审查意见通知书后，如果在指定的期限内针对该缺陷未进行修改或者提出有说服力的理由/证据，申请将被驳回；②申请人收到申请文件存在形式缺陷的补正通知书后，经多次补正或意见陈述后仍然存在同类缺陷的，申请也将被驳回。

申请人对驳回决定不服，可以自收到驳回决定之日起三个月内，提出复审请求。

7. 专利权的维持和终止

📢 法 42、44

实用新型专利权维持的期限最长为十年，起始日期从申请日开始计算。获得专利权后权利的维持和终止手续办理参照本书第3章第10节。

第5章 外观设计专利的申请及授权的程序

1. 概述

对产品的整体或者局部的形状、图案或者其结合以及色彩与形状、图案的结合所作出的富有美感，并适于工业应用的新设计，可申请外观设计专利寻求保护。

通过海牙体系提出外观设计国际注册申请的详细内容参见本书第7章。

本章介绍在国内提出外观设计专利申请的相关规定和程序。主要申请和审批流程与实用新型专利申请的流程一致，具体流程图参见本书第4章第1.2节的图4-1。

2. 授权条件

要求专利保护的外观设计应当属于我国《专利法》规定的保护客体，并且满足我国《专利法》和《专利法实施细则》相关规定。

2.1 属于《专利法》规定的可授予专利保护的客体

法2.4
【审查指南第一部分第三章第7.4节】

《专利法》所称外观设计，是指对产品的整体或者局部的形状、图案或者其结合以及色彩与形状、图案的结合所作出的富有美感并适于工业应用的新设计。以下情形的外观设计，不属于外观设计专利的保护客体：

（1）未以产品为载体，例如单纯的图案设计、美术、书法、摄影作品。

（2）外观设计不固定，例如产品中包含气体、液体及粉末等无固定形状的物质而使其形状、图案、色彩不固定的产品。

（3）局部外观设计不完整，如图 5－1 所示，以实线部分表示要求保护的局部外观设计为"砖块的边缘"，仅为一条线段，未在产品上形成相对独立的区域，外观设计不完整。

（4）不是新设计，例如模仿自然物原有形态的仿真设计；以自然物原有形状、图案、色彩为主体形成的外观设计；仅以在其产品所属领域内司空见惯的几何形状和图案构成的外观设计等。如图 5－2 所示，手串以该领域内司空见惯的几何形状构成的外观设计，不是新设计。

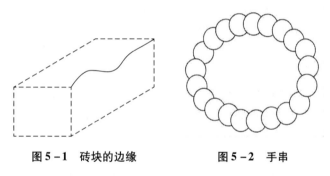

图 5－1　砖块的边缘　　　　　图 5－2　手串

（5）不适于批量生产，例如取决于特定地理条件、不能重复再现的固定建筑物。

（6）外观设计难以通过肉眼确定，需借助一定工具才能观察到其形状、图案及色彩的物品，例如微雕。

（7）不能单独出售、单独使用的构件，例如国际象棋的棋子。

（8）游戏界面以及与人机交互无关的显示装置所显示的图

案，例如电子屏幕壁纸、开关机画面、与人机交互无关的网站网页的图文排版等。

（9）要求专利保护的局部外观设计仅为产品表面的图案或者图案和色彩相结合的设计，例如，摩托车表面的图案。

2.2　确定授予专利权的实质条件

2.2.1　不能违反法律

外观设计专利申请的内容不能违反我国的法律。例如，包含中国国旗、国徽内容的外观设计，因违反《中华人民共和国国旗法》《中华人民共和国国徽法》，不能被授予专利权。

2.2.2　不能违反社会公德

外观设计专利申请的内容不能违反我国的社会公德。例如，带有暴力、凶杀、淫秽或者低俗内容的外观设计，不能被授予专利权。

2.2.3　不能妨害公共利益

外观设计的实施或者使用不能给公众或者社会造成危害，不

能使国家和社会的正常秩序受到影响。例如，涉及政党的象征和标志、国家重大政治事件、伤害人民感情或者民族感情、宣扬封建迷信的外观设计，不能被授予专利权。涉及国家重大经济事件、文化事件或者宗教信仰，以致妨害公共利益的外观设计，不能被授予专利权。

2.2.4　不属于现有设计或不存在抵触申请

> □ 法 23.1
> 【审查指南第四部分第五章第 3～5 节】

提交的外观设计专利申请应当不属于现有设计，即与申请日（有优先权的，指优先权日）之前已经公开的外观设计相比，二者不属于相同的外观设计，也不属于实质相同的外观设计。

提交的外观设计专利申请也不应存在抵触申请。在提交的外观设计专利申请的申请日以前，任何单位或者个人向专利局提出并且在申请日以后（含申请日）公告的相同或者实质相同的外观设计专利申请，称为抵触申请。

属于相同的外观设计是指两项相同种类产品的外观设计，要求保护的外观设计要素与现有设计的相应要素相同。

两项相同或者相近种类产品的外观设计，如果一般消费者通过整体观察，二者的区别点仅在于如下情形的，属于实质相同的外观设计：

① 其区别在于施以一般注意力不易察觉到的局部的细微差异，例如，百叶窗的外观设计仅有具体叶片数不同；

② 其区别在于使用时不容易看到或者看不到的部位，但有证据表明不容易看到部位的特定设计对于一般消费者能够产生引人瞩目的视觉效果的情况除外；

③ 其区别在于将某一设计要素整体置换为该类产品的惯常设计的相应设计要素，例如，将饼干桶的形状由正方体置换为长方体；

④ 其区别在于将某项设计作为设计单元按照该种类产品的常规排列方式作重复排列或者将其排列的数量作增减变化，例如，将影院座椅重复排列或者将其成排座椅的数量作增减；

⑤ 其区别在于互为镜像对称；

⑥ 其区别在于局部外观设计要求保护部分在产品整体中的位置和/或比例关系的常规变化。

判断两项外观设计是否属于相同或者实质相同，需要注意：

① 判断应当基于一般消费者的知识水平和认知能力进行评价。一般消费者对专利申请的申请日之前相同或者相近种类产品的外观设计及其常用设计手法具有常识性的了解，对外观设计产品之间在形状、图案以及色彩上的区别具有一定的分辨力，但不会注意到产品的形状、图案以及色彩的微小变化。

② 在确定产品种类时，应当以产品的用途为准，可以参考产品名称、国际外观设计分类以及产品销售时的货架分类位置等因素。

相同种类产品是指用途完全相同的产品。对于多功能产品，如果部分用途相同，则认为是相近种类产品。对于局部外观设计，相同种类产品是指产品的用途和该局部的用途均相同的产品；是否为相近种类产品的判断应综合考虑产品的用途和该局部的用途。

③ 判断时应当采用整体观察、综合判断的方式。所谓整体观察、综合判断是指以一般消费者为判断主体，整体观察外观设计专利申请与现有设计，确定两者的相同点和区别点，判断其对整体视觉效果的影响，综合得出结论。

2.2.5 应当与现有设计或现有设计特征的组合相比具有明显区别

> 🔖 法 23.2
> 【审查指南第四部分第五章第 3 节、第 4 节和第 6 节】

判断提交的外观设计专利申请与现有设计或者现有设计特征组合是否具有明显区别，应当将提交的外观设计专利申请与现有设计相比，经过一般消费者整体观察、综合判断后得出。

提交的外观设计专利申请与现有设计或者现有设计特征组合不具有明显区别，通常是指以下三种情形：

（1）与相同或相近种类产品现有设计相比不具有明显区别

具体判断时需综合考虑以下因素：是否在于使用时不容易看到或者看不到的部位；是否属于该类产品的惯常设计；是否是由产品的功能唯一限定的设计特征；是否在于局部细微变化；对于包括图形用户界面的产品外观设计，提交外观设计专利申请的产品（即图形用户界面的载体）是否为惯常设计等。

如图 5 - 3 所示手持蒸汽烫刷，提交的外观设计专利申请与现有设计 1 相比，整体形态及主要结构相似，区别点主要在于壶口形状、壶身可视窗及壶身装饰、把手和底座，上述区别点属于局部细微变化。因此，外观设计专利申请与现有设计相比不具有明显区别。

（2）外观设计是由其他种类产品的现有设计转用得到的

提交的外观设计专利申请是由将其他种类产品的现有设计原样或稍作细微变化转用得到，且该转用手法在与外观设计专利申请相同或者相近种类产品的现有设计中存在启示，如将汽车的外观设计转用为玩具汽车。

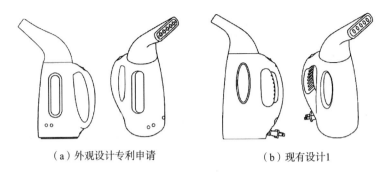

（a）外观设计专利申请　　　　　　（b）现有设计 1

图 5 - 3　手持蒸汽烫刷

（3）外观设计是由现有设计或者现有设计特征组合得到的

所述现有设计与外观设计专利申请相应设计部分相同或者仅有细微差别，且该具体的组合手法在相同或者相近种类产品的现有设计中存在启示。

如图 5 - 4 所示桌子，外观设计专利申请是由现有设计 1 的桌腿部分与现有设计 2 的桌板部分组合形成。因此，外观设计专利申请与现有设计的设计特征组合相比不具有明显区别。

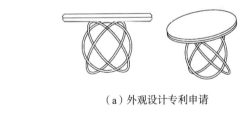

（a）外观设计专利申请

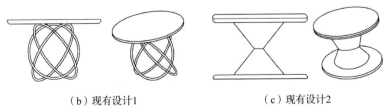

（b）现有设计1　　　　　　　　　（c）现有设计2

图 5 - 4　桌子

2.2.6 不能与他人在先合法权利相冲突

> 📢 法 23.3
> 【审查指南第四部分第五章第 7 节】

提交的外观设计专利申请不能与他人在申请日（有优先权的，指优先权日）之前已经取得的合法权利相冲突。合法权利包括商标权、著作权、企业名称权（包括商号权）、肖像权以及知名商品特有包装或者装潢使用权等。

2.2.7 不能是主要起标识作用的平面印刷品

> 📢 法 25.1（6）
> 【审查指南第一部分第三章第 6.2 节】

提交的外观设计专利申请不能是主要起标识作用的平面印刷品。主要起标识作用是指平面印刷品的图案、色彩或二者结合的设计，用于主要使公众识别产品服务来源，不具有装饰性或装饰性极弱，如图 5-5 所示。

图 5-5 标贴

　　因为相同或者实质相同的外观设计只能授予一项专利权，申请人只需就相同或者实质相同的外观设计提交一件申请。

2.3　符合《专利法》规定的单一性要求

2.3.1　一设计一申请

　　如果申请人对某个产品设计了多个方案，并且都希望得到外观设计专利保护，通常情况下需要就每一项外观设计分别提交申请。例如，申请人设计了两种不同的座椅设计方案，并且都想得到外观设计专利保护，就需要分别提交两件申请。

　　如果产品由多个构件或者组件组成，如由壶体和可分离底座组成的电热水壶就属于组件产品，可以作为一件外观设计专利申请提交。

　　如果是同一产品的两个以上无连接关系的局部外观设计，其具有功能或者设计上的关联并有特定视觉效果的，则仍属于一项外观设计，可以作为一件外观设计专利申请提交，例如眼镜中两个镜腿的设计。

2.3.2　相似外观设计合案申请

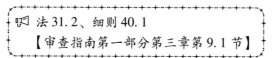

　　当申请人在产品设计过程中，基于同一设计构思创造出多个

相似的设计方案时，可以将这些相似外观设计合案申请。如果外观设计之间具有相同或者相似的设计特征，且区别点在于局部细微变化、该类产品的惯常设计、设计单元重复排列或者仅色彩要素的变化等情形，通常可以认为属于相似外观设计。

同时，以相似外观设计合案申请时应注意以下事项：

（1）各项设计应当是同一产品的设计。例如，一件餐用盘的外观设计申请包括 4 项外观设计，分别为餐用盘、碟、杯、碗的 4 项外观设计，不是对同一产品进行的设计，不能合案申请。

（2）数量有限制。一件外观设计专利申请包含的相似外观设计不得超过 10 项。

（3）应确定一项基本设计，且其余各项外观设计与基本设计均相似。

如图 5 - 6 所示，计算器的外观设计申请包含 3 项设计，其中设计 1 为基本设计，设计 2、设计 3 分别与设计 1 相比相似程度较高，区别点在于显示屏下方的局部按键排列不同，可以作为相似设计合案申请。

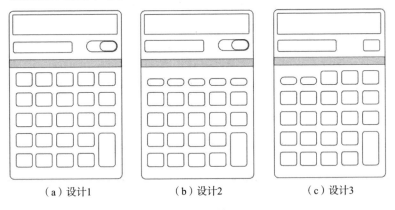

（a）设计1　　　　　　（b）设计2　　　　　　（c）设计3

图 5 - 6　计算器

2.3.3　成套产品合案申请

当申请人对常见的成套产品进行设计时，通常会形成一系列具有相同设计风格的设计方案，如果符合下列条件，可以将这些成套产品的设计合案申请：

（1）各成套产品的类别属于《国际外观设计分类表》中同一大类（详见《国际外观设计分类表》）。

（2）每件产品均具有独立的使用价值，习惯上同时出售或同时使用并具有组合使用价值。

（3）各产品的设计构思相同，设计风格统一。

如图 5-7 所示的奶酪工具套装，从左至右分别为奶酪叉、奶酪刮铲、奶酪抹刀，符合上述条件，可以合案申请。

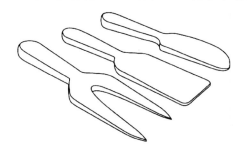

图 5-7　奶酪工具套装

此外，在成套产品合案申请时需要注意以下两点：

（1）成套产品中的各项外观设计应为产品的整体外观设计，不能是产品的局部外观设计。

（2）成套产品外观设计专利申请中不能包含某一件或者几

件产品的相似外观设计。

3. 申请的准备

申请外观设计专利，申请人应当至少提交外观设计专利请求书、外观设计图片或照片以及简要说明，视情况提交专利代理委托书、优先权证明文件等其他文件。

3.1 请求书

┌╌╌╌╌╌╌╌╌╌╌╌╌╌╌╌╌╌╌┐
⌇ 🕮 法 27.1、细则 19 ⌇
└╌╌╌╌╌╌╌╌╌╌╌╌╌╌╌╌╌╌┘

本节重点介绍外观设计专利请求书中外观设计有特别要求的填写栏，其他填写栏的注意事项参照本书第 3 章第 2.1 节。

3.1.1 "产品名称"栏

┌╌╌╌╌╌╌╌╌╌╌╌╌╌╌╌╌╌╌╌╌╌╌╌╌╌┐
⌇ 🕮【审查指南第一部分第三章第 4.1 节】⌇
└╌╌╌╌╌╌╌╌╌╌╌╌╌╌╌╌╌╌╌╌╌╌╌╌╌┘

产品名称对产品种类具有说明作用，申请人在填写产品名称时应当与图片或照片中显示的外观设计一致，通常应避免下列情形：

（1）产品名称概括不当、过于抽象上位，例如"灯""文具""乐器"等。

（2）产品名称包含描述技术效果、内部构造、产品规格、大小、规模、数量单位等的文字，例如"人体增高鞋垫""中型书柜"等。

（3）产品名称包含人名、地名、国名、单位名称等与描述产品无关的信息。

（4）产品以外国文字或者无确定的中文意义的文字命名，例如"克莱斯酒瓶"等。

【审查指南第一部分第三章第4.4.1节】

对于局部外观设计专利申请，产品名称应当写明要求保护的局部及其所在的整体产品，例如"汽车的车门""手机的摄像头"。

【审查指南第一部分第三章第4.5节】

对于包含图形用户界面的产品的外观设计专利申请，产品名称应当写明图形用户界面的具体用途和其所应用的产品，一般要有"图形用户界面"字样的关键词，例如"手机的移动支付图形用户界面"，但不能笼统地仅以"图形用户界面"名称作为产品名称。可应用于任何电子设备的图形用户界面，产品名称中要有"电子设备"字样的关键词，例如"用于电子设备的视频点播图形用户界面"。动态图形用户界面的产品名称要有"动态"字样的关键词，例如"手机的天气预报动态图形用户界面"。

3.1.2 "要求优先权声明"栏

法29、细则35
【审查指南第一部分第三章第5.2节】

外观设计专利申请人要求外国优先权或本国优先权的，应当自第一次提出专利申请之日起六个月内提出在后申请，并在请求书中填写原受理机构名称、在先申请日和在先申请号。

外观设计专利申请要求优先权的，在先申请的主题应当是发明或者实用新型专利申请附图显示的设计，或者外观设计专利申请的主题。

要求本国优先权的，如果在先申请已享有优先权，已经被授

169

予专利权或属于分案申请的，不能作为在后申请要求本国优先权
的基础；在先申请是外观设计专利申请的，在先申请自在后申请
提出之日起即视为撤回。

3.1.3 其他注意事项

外观设计专利申请为相似外观设计时，应勾选请求书"相似
外观设计"栏，并填写相似设计项数。

外观设计专利申请为成套产品时，应勾选请求书"成套产
品"栏，并填写成套产品项数。

外观设计专利申请为局部外观设计时，应勾选请求书"局部
外观设计"栏。

3.2 外观设计图片或者照片

> ☑ 法 27.2、细则 30
> 【审查指南第一部分第三章第4.2节】

3.2.1 一般要求

外观设计图片或者照片应当清楚、准确地显示申请人要求保
护的外观设计。一般而言，申请在视图制作、视图数量和视图名
称上应满足清楚表达的要求。

（1）视图制作

外观设计图片或者照片可提交绘制的视图，也可提交拍摄的
照片。

绘制视图时，应当参照我国技术制图和机械制图国家标准中
有关正投影关系、线条宽度以及剖切标记的规定绘制，并以粗细
均匀的实线表达外观设计的形状（如图5-8所示）。

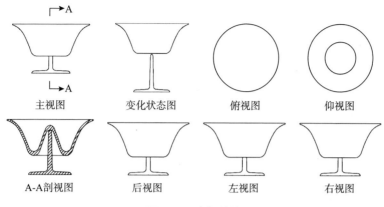

主视图　　　变化状态图　　　俯视图　　　仰视图

A-A剖视图　　后视图　　　左视图　　　右视图

图5-8　青铜编铃

视图绘制中可以使用辅助线条，例如可以用指示线表示剖切位置和方向、放大部位、透明部位等，也可以用两条平行的双点划线或自然断裂线表示细长物品的省略部分（如图5-9所示），但是，不能以阴影线、指示线、中心线、尺寸线、点划线❶等线条表达外观设计的形状。

拍摄照片时，要选择单一的背景，并确保照片清晰。通常情况下，应当按照正投影规则拍摄，避免因对焦或透视而使产品看起来变形。另外，要避免出现强光、反光、阴影、倒影等问题。照片中应当避免出现要求专利保护的外观设计以外的内容，如果必须依靠内装物或者衬托物才能清楚显示产品外观设计，应当在简要说明中写明。

---

❶　局部外观设计专利申请中，点划线可用于表达要求保护的局部与其他部分的分界线，具体请见本章第3.2.2节。

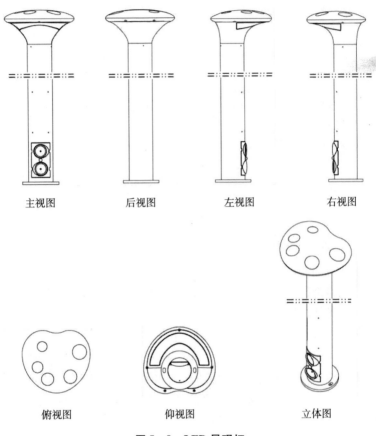

主视图　　　　　后视图　　　　　左视图　　　　　右视图

俯视图　　　　　仰视图　　　　　立体图

图 5 - 9　LED 景观灯

图片或照片中如涉及地图，该地图应符合公开地图内容表示的相关规范❶。

---

❶　相关规范包括涉及公开地图内容表示的相关法律法规和部门规章，例如自然资源部发布的《公开地图内容表示规范》。申请人可通过自然资源部网站"标准地图服务系统"（http：//bzdt. ch. mnr. gov. cn）获取绘制标准的地图，以确保所使用地图的规范性和完整性。

（2）视图数量

视图提交的数量应当满足清楚、准确地显示要求保护的产品外观设计的要求。

就立体产品而言，产品设计要点涉及六个面的，应当提交六面正投影视图；产品设计要点仅涉及一个或者几个面的，应当提交所涉及面的正投影视图，对于其他面，既可以提交正投影视图，也可以提交立体图。使用时不容易看到或者看不到的面可以省略视图，并应当在简要说明中写明省略视图的原因。

如图 5 - 10 所示沙发椅，由于产品本身体积较大，且使用时底部通常不可见，因此可以省略仰视图。

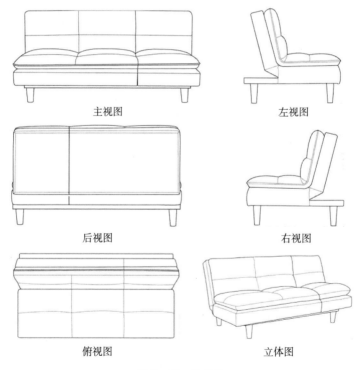

主视图　　　　　左视图

后视图　　　　　右视图

俯视图　　　　　立体图

图 5 - 10　沙发椅

　　对组装关系唯一的组件产品，应当提交组合状态产品的视图（如图 5 – 11 所示）。

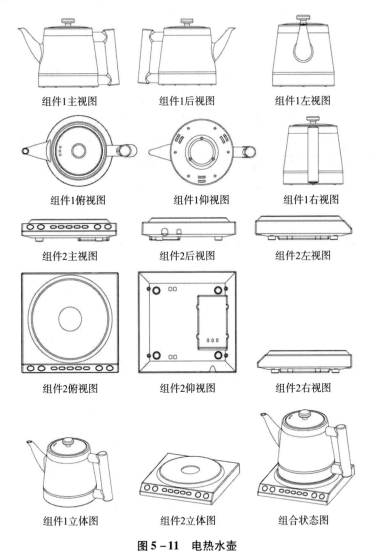

组件1主视图　　　　组件1后视图　　　　组件1左视图

组件1俯视图　　　　组件1仰视图　　　　组件1右视图

组件2主视图　　　　组件2后视图　　　　组件2左视图

组件2俯视图　　　　组件2仰视图　　　　组件2右视图

组件1立体图　　　　组件2立体图　　　　组合状态图

图 5 – 11　电热水壶

　　对无组装关系或者组装关系不唯一的组件产品，应当提交各组件的视图。

　　必要时，申请人还可以提交展开图、剖视图、剖面图、放大图或变化状态图等。

　　此外，申请人可以提交参考图，用于表明使用外观设计的产品的用途、使用方法或使用场所等（如图 5－12 所示）。

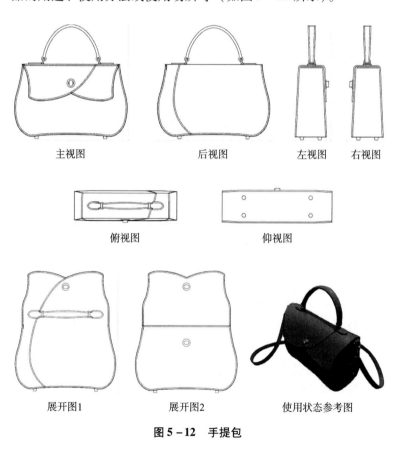

| 主视图 | 后视图 | 左视图 | 右视图 |

俯视图　　　　　　　仰视图

展开图1　　　　　展开图2　　　　　使用状态参考图

图 5－12　手提包

就平面产品的外观设计而言，产品设计要点涉及一个面的，可以仅提交该面正投影视图；产品设计要点涉及两个面的，应当提交两面正投影视图。

（3）视图名称

申请人应当正确标注每幅视图的视图名称。

立体产品的六面正投影视图的视图名称为主视图、后视图、左视图、右视图、俯视图、仰视图。平面产品的正、反两面的视图名称为主视图与后视图。

对有多种变化状态的产品的外观设计而言，应以阿拉伯数字顺序标注各变化状态视图，如变化状态图 1、变化状态图 2。

对相似外观设计、成套产品、组件产品而言，应当在视图名称前以阿拉伯数字顺序分别标注每个设计、每个套件和每个组件，如：设计 1 主视图、设计 2 主视图；如套件 1 主视图、套件 2 主视图；组件 1 主视图、组件 2 主视图。

3.2.2　局部外观设计的其他要求

> 📢 细则 30.2
> 【审查指南第一部分第三章第 4.4.2 节】

申请局部外观设计时，提交的视图应当显示出整体产品，明确区分要求保护的局部与不要求保护的部分，主要有四种表示方式：

（1）用虚线与实线相结合的方式表达，实线表示要求保护的局部，虚线表示不要求保护的部分（如图 5-13 所示）。

（2）用单一色彩半透明层覆盖遮挡不要求保护的部分（如图 5-14 所示，车头、车尾与车身下部被遮挡）。

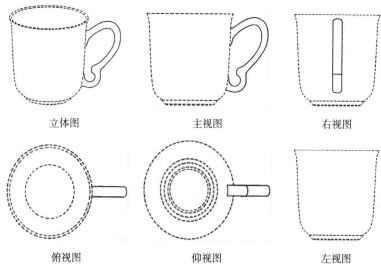

| 立体图 | 主视图 | 右视图 |
| 俯视图 | 仰视图 | 左视图 |

图 5 – 13 杯把

图 5 – 14 汽车车身的主体

（3）提交的视图应当清楚地显示要求保护的局部外观设计，并且表达局部在整体产品中的位置和比例关系。要求保护的局部包含立体形状的，应当提交能清楚显示该局部的立体图（如图 5 – 15 所示）。

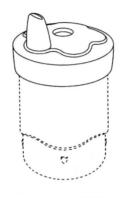

图 5 – 15　杯盖

（4）如果要求保护的局部与其他部分之间没有明确分界线，那么申请人应该用点划线来表达分界线（如图 5 – 16 所示，按摩头与手柄交界处使用点划线）。

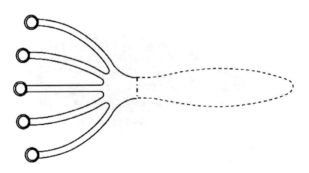

图 5 – 16　按摩器的按摩头

3.2.3　图形用户界面外观设计的其他要求

【审查指南第一部分第三章第 4.5 节】

如果图形用户界面所应用的产品载体明确，例如图形用户界面仅用于手机，且设计要点仅在于图形用户界面，申请人可以选择按照局部外观设计提交申请（如图 5 – 17 所示）。

如果图形用户界面可应用于任何电子设备，例如图形用户界面既可用于手机，也可用于便携式触屏电脑，申请人可仅提交图形用户界面的视图（如图 5 – 18 所示）。

图 5 – 17　手机的输液闹铃　　图 5 – 18　用于电子设备的输液
工具图形用户界面　　　　　　闹铃工具图形用户界面

对于涉及动态图形用户界面的产品外观设计，应当用主视图展示界面的起始状态，并以变化状态图的形式提交关键帧图像来展示界面的变化过程，所提交的视图应能唯一确定动态的变化过程。变化状态图的视图名称应按照动态变化过程的先后顺序，用阿拉伯数字顺序编号命名（如图 5 – 19 所示）。

179

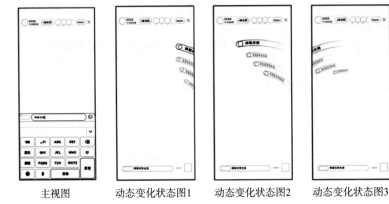

主视图　　　　动态变化状态图1　　　动态变化状态图2　　　动态变化状态图3

图 5 - 19　电子设备的流星雨弹幕动态图形用户界面

3.3　简要说明

3.3.1　一般要求

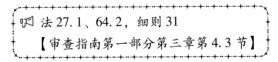

法 27.1、64.2，细则 31
【审查指南第一部分第三章第 4.3 节】

简要说明用于解释图片或照片表示的产品的外观设计，但不能使用商业性宣传用语，也不能用来说明产品的性能和内部结构。

申请人应当在简要说明中写明以下四项内容：

（1）产品名称。应当与请求书中的产品名称一致。

（2）产品用途。应当写明产品实际用途；对零部件而言，通常还应当写明其所应用的产品，必要时写明其所应用产品的用途；对具有多种用途的产品而言，应当写明所述产品的多种用途。

（3）设计要点。简要写明要求保护的外观设计的设计创新点，如设计要点在于产品形状、设计要点在于产品某个具体部位等。

（4）一幅最能表明设计要点的视图。指定一幅全面展示外观设计的视图用于出版公告。

此外，有下列情形的应当在简要说明中一并说明：

（1）请求保护色彩的情况。若外观设计专利申请请求保护色彩，则应当在简要说明中写明"请求保护的外观设计包含色彩"。

（2）外观设计专利申请为相似设计时，应指定其中一项为基本设计，如"设计 1 为基本设计"。

（3）外观设计专利申请为成套产品时，必要时应当写明各套件所对应的产品名称，例如床上用品的外观设计申请，写明"套件 1 为床单，套件 2 为枕套，……"

（4）省略视图的情况。若未提交完整的正投影视图，应当写明未提交视图的省略原因。常见的省略视图的原因有：与已提交的视图"相同"或"对称"，省略的视图使用时"不常见"或"不可见"。通常情况下，不能因"无设计要点"省略视图。

（5）花布、壁纸等平面产品，必要时应描述单元图案两方连续或者四方连续等无限定边界的情况。

（6）外观设计产品为细长物品，若视图中使用了省略画法，应当在简要说明中写明。

（7）外观设计产品由透明材料或具有特殊视觉效果的新材料制成，必要时应当写明。

（8）用虚线表示视图中图案设计的，必要时应当写明。

3.3.2　局部外观设计的其他要求

【审查指南第一部分第三章第 4.4.3 节】

外观设计申请为局部外观设计时，简要说明还应当写明：

（1）用虚线与实线相结合以外的方式表示要求保护的局部外观设计时，应当写明要求保护的局部。

（2）用点划线表示要求保护的局部与其他部分之间分界线时，必要时应当写明。

（3）必要时应当写明要求保护的局部外观设计用途，并与产品名称中体现的用途相对应。

（4）最能表明设计要点的视图中应当包含要求保护的局部外观设计。

3.3.3　图形用户界面外观设计的其他要求

【审查指南第一部分第三章第4.5节】

涉及图形用户界面的产品外观设计，简要说明还应当写明以下内容：

（1）图形用户界面的用途。应当与产品名称中表达的用途相对应。

（2）设计要点应当包含图形用户界面。对于设计要点仅在于图形用户界面或者图形用户界面局部的，应当在设计要点中写明。

（3）必要时说明图形用户界面在产品中的区域、人机交互方式以及变化过程等。

3.4　其他文件及相关手续的准备

专利代理委托书、优先权证明文件、不丧失新颖性宽限期证明文件以及其他文件的提交要求，参照本书第3章第5节。

4. 申请的提交

参照本书第3章第6节。

5. 通知书答复与申请文件修改

如果申请人提交的外观设计申请存在缺陷，导致其申请不符合《专利法》及其实施细则的相关规定，审查员将依法发出相应通知书告知申请人相关缺陷，并要求申请人在指定期限内对其申请文件进行修改或对通知书的内容进行答复。

5.1 通知书的类型

参照本书第 3 章第 7 节。

5.2 通知书的答复

申请人应使用专利局标准表格，如《意见陈述书》（表格编号 100012）、《外观设计专利请求书》（表格编号 130101）、《外观设计图片或照片》（表格编号 130001）、《外观设计简要说明》（表格编号 130002）等，针对通知书指出的缺陷进行实质性书面答复，例如陈述相应事实或理由、附具相应证明材料或者修改相应申请文件。如果申请人超出通知书中指定的期限而未答复，该专利申请将视为撤回。

5.3 申请文件的修改

法 33
【审查指南第一部分第三章第 10 节】

申请人对申请文件的修改可分为"主动修改"和"应审查员要求修改"两种。

"主动修改"是指自申请日起两个月内，申请人可通过主动提交申请文件替换页、意见陈述书等相应文件对申请文件进行修改。

"应审查员要求修改"是指收到审查员通知书后,根据通知书指出的相应缺陷进行针对性修改,参见本章第5.2节。

对申请文件进行修改时,针对已提交的申请文件应当重新提交相应文件的替换页;补交文件可直接提交,并附带意见陈述书,写明补交的文件。

对申请文件的任何修改均不能超出申请日提交的外观设计图片或者照片表示的范围。

另外,申请人超过两个月主动补正期或答复通知书时对申请文件进行的下述修改,即使消除原申请文件存在缺陷,也不允许:

(1)将整体外观设计修改为局部外观设计。

(2)将局部外观设计修改为整体外观设计。

(3)将同一整体产品中的某一局部外观设计修改为另一局部外观设计。

5.4 分案

> 📢 细则48
>
> 【审查指南第一部分第三章第9.4节】

外观设计申请若不满足单一性原则,审查员会发出审查意见通知书,申请人可以就原申请中的一项或者几项外观设计提出分案申请,但分案申请不能超出原申请表示的范围。

原申请为产品整体外观设计的,申请人不能就产品的一部分提出分案申请,例如一件外观设计申请是摩托车的外观设计,不能就摩托车的零部件或局部的外观设计提出分案申请。

原申请为产品的某个局部外观设计的,申请人不能将其整体或产品的其他局部的外观设计作为分案申请提出。

6. 授权及驳回

参见本书第 4 章第 6 节。

7. 专利权的维持和终止

参见本书第 3 章第 10 节。

第6章 PCT 国际申请

1. 概述

1.1 什么是 PCT

PCT 是《专利合作条约》（*Patent Cooperation Treaty*）的简称，是一个方便专利申请人获得专利保护的国际性条约。我国于 1994 年加入该条约，中国国家知识产权局成为受理局、国际检索单位、国际初步审查单位、指定局和选定局。

通过 PCT 途径，申请人只需以一种语言向一个受理局提交一份 PCT 国际申请（以下简称"国际申请"），该申请即相当于在所有 PCT 缔约国提交了本国申请。由受理局确定的国际申请日就相当于是在每个国家的实际申请日。一件国际申请经过一系列程序，最终由各国家或地区专利局确定是否授予专利权。

1.2 国际申请的主要程序

国际申请的程序包括国际阶段程序和国家阶段程序，如图 6－1 所示。

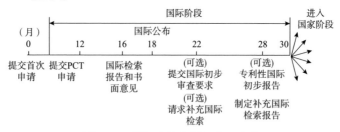

图 6－1 国际申请主要程序示意图

1.2.1　国际阶段程序

提交申请：申请人以一种语言，向一个受理局提交一份满足 PCT 形式要求的国际申请，并缴纳相关费用。

国际检索：由国际检索单位完成与国际申请相关的现有技术检索，出具国际检索报告，并对该发明的可专利性给出书面意见。

国际公布：自最早优先权日起十八个月，由世界知识产权组织国际局（以下简称"国际局"）完成对国际申请及相关文件的公布。

补充国际检索（可选程序）：依据申请人的请求，由补充国际检索单位对国际申请再次进行检索，并提供除国际检索报告中现有技术文件以外的现有技术的检索报告，即补充国际检索报告。需要注意的是，补充国际检索仅由提供该服务的补充国际检索单位完成，目前中国国家知识产权局暂不提供相关业务。

国际初步审查（可选程序）：依据申请人的要求，由国际初步审查单位对国际申请是否具有新颖性、创造性、实用性提出初步的、无约束力的意见，完成专利性国际初步报告（《PCT 条约》第Ⅱ章）。

1.2.2　国家阶段程序

指申请人若想获得某国的专利权，需在规定的期限（通常是优先权日起 30 个月）届满前，办理进入相应国家阶段的手续。国际申请将由各个国家（或地区）专利审查机构继续进行审批，并根据本国法的规则判定是否授予专利权。

1.3　基本概念

1.3.1　法律规范性文件

PCT 国际规范主要包括《专利合作条约》《专利合作条约实施细则》（以下简称《PCT 细则》），以及《专利合作条约行政规程》,对各缔约国具有法律约束力。

我国专利法律法规中有关 PCT 国际申请的特别规定包括:《专利法》第十九条、《专利法实施细则》第十一章、《专利审查指南 2023》第三部分、中国国家知识产权局就实施 PCT 条约而发布的有关公告,以及与国际局就中国国家知识产权局作为 PCT 国际检索单位和国际初步审查单位的协议等。

此外,申请人还可以参考《PCT 申请人指南》。该指南对申请人及代理人提交国际申请和办理相关手续具有指导意义,但并不具有法律约束力。《PCT 申请人指南》可以在 WIPO 网页的 PCT 专栏获得。

1.3.2 国际单位

国际局(IB):国际局是指世界知识产权组织国际局。国际局对 PCT 的实施承担中心管理的任务。

受理局(RO):受理国际申请的国家局或政府间组织。

国际检索单位(ISA):负责对国际申请进行国际检索的国家局或政府间组织。

国际初步审查单位(IPEA):负责对国际申请进行国际初步审查的国家局或政府间组织。

指定局(DO):申请人在国际申请中指定的、要求对其发明给予保护的那些缔约国称为指定国,被指定国家的国家局或加入条约的地区性专利组织的政府机关即为指定局。

选定局(EO):申请人选择了国际初步审查程序,在国际初步审查要求书中所指明的预定使用国际初步审查结果的缔约国被称为选定国,选定国的国家局即为选定局。

1.4 《巴黎公约》途径与 PCT 途径的比较

若想获得多个国家或地区的发明或实用新型专利,中国申请人向外申请主要途径有两种:

　　《巴黎公约》途径：申请人可以自优先权日起 12 个月内分别向《巴黎公约》成员国的多个国家或地区提交专利申请，并缴纳规定费用，由相应国家或地区决定是否授予专利权。

　　PCT 途径：申请人可以直接或自优先权日起 12 个月内向作为受理局的中国国家知识产权局（以下简称"中国受理局"）提交国际申请，缴纳国际阶段相关费用，完成国际检索和国际公布。再自优先权日起三十个月内向想要获得专利保护的 PCT 成员国的国家或地区专利局办理进入国家阶段的手续，由相应国家或地区决定是否授予专利权。

　　《巴黎公约》途径和 PCT 途径的比较见表 6 – 1。

表 6 – 1　《巴黎公约》途径与 PCT 途径的比较

项目	《巴黎公约》途径	PCT 途径
申请日的获得	分别向各个国家或地区提交专利申请以获得在各国的申请日	向一个受理局提交申请文件，获得的申请日所有缔约国承认
完善申请文件的机会	根据各国国家法改正或修改申请文件	（1）根据《PCT 细则》的改正：对于不得使用的词语的改正（第 9 条）、对于形式缺陷等的改正（第 26 条） （2）根据《PCT 细则》的更正：明显错误的更正（第 91 条） （3）根据 PCT 条约的修改：向国际局提出的针对权利要求书的修改（第 19 条）、针对国际初步审查进行的申请文件的修改（第 34 条），及向指定局/选定局提出的对申请文件的修改（第 28 条/第 41 条） （4）进入国家阶段后，根据各国国家法的改正或修改
准备时间	最迟自优先权日起十二个月向各国提交专利申请	最迟自优先权日起三十个月（对某些国家局来说可以更长）办理进入各个国家阶段的手续

续表

项目	《巴黎公约》途径	PCT 途径
参考信息	无	通过国际检索、补充国际检索、国际初步审查等程序获得与国际申请的可专利性相关的现有技术文献和评价报告
资金投入	各国官费、翻译费、委托费等	(1) 国际阶段费用; (2) 国家阶段费用:各国官费、翻译费、委托费等 (基于上述"参考信息",可以更加准确选择目标国,合理投入资金)

2. 国际阶段程序

2.1 提交国际申请

2.1.1 向哪里提交国际申请

> 📖 PCT 条约 10,PCT 细则 19.1(a)、19.2

在大多数情况下,国际申请可向本国/地区专利局提交。如果国家安全规定允许,也可直接向国际局提交。这两种情况下,本国/地区专利局和国际局都行使"受理局"的职责。

> 📖 PCT 条约 31(2)(a),PCT 细则 18.1、54

申请人可以根据国籍或居所所在缔约国选择受理其国际申请的受理局。如果有多个申请人,可以根据申请人的国籍或居所选择受理局。例如:一件国际申请有两个申请人甲和乙,申请人甲的国籍为中国,居所为美国,申请人乙的国籍为日本,居所为韩国,那么申请人可以选择中国国家知识产权局、美国专利商标局、日本特许厅和韩国知识产权局中之一作为该国际申请的受理局，此外，申请人还可以选择国际局作为该国际申请的受理局。

中国国家知识产权局作为受理局可接受国籍或居所为中国的申请人提交的国际申请。若有多个申请人，申请人之一的国籍或居所为中国即可。

向中国受理局提交国际申请的，可以通过电子申请、邮寄或者面交纸件申请的方式提交。对于电子申请，可登录"专利业务办理系统"提交申请文件并办理相关手续。

2.1.2　申请文件的准备

2.1.2.1　申请文件的一般要求

> 📖 PCT 条约 3（2）、7，PCT 细则 11.7，PCT 行政规程 207（a）（b）

国际申请应包括以下几部分：请求书、说明书、权利要求书、附图（在附图对理解发明是必要时）和摘要。上述内容分为三个部分，编页方式如下：

第一部分为请求书，按照第 1 页、第 2 页、第 3 页的方式编页。

第二部分为说明书、权利要求书和摘要，按照说明书、权利要求书、摘要的顺序进行编页。例如：说明书为第 1—10 页，权利要求为第 11—12 页，摘要为第 16 页。

第三部分为附图，编页格式为带斜线的两个阿拉伯数字，如：1/5、2/5……5/5，其中"1/5"表示总共 5 页中的第 1 页。

> 📖 PCT 细则 12.1（a）

国际申请的语言取决于受理局的要求，中国受理局接受中文或英文。

2.1.2.2 请求书

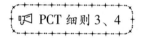

请求书中包含发明名称、申请人和发明人等著录项目信息，优先权要求，声明，文件清单等与国际申请相关的信息，申请人应当按要求填写相关信息。若使用电子形式提交国际申请，请求书将自动生成；若使用纸件方式提交国际申请，申请人应当下载并填写请求书表格（PCT/RO/101 表）。

（1）发明名称：请求书第 I 栏用于填写发明名称。发明名称应简短而明确，请求书中的发明名称应当与说明书的发明名称一致。

（2）申请人和发明人：请求书第 II 和第 III 栏用于填写申请人和发明人的信息。

对于申请人的信息，应当填写：

a. 申请人的姓名或名称。申请人是自然人的，应当按照姓在前、名在后的顺序填写姓名，且不能带有学位或头衔等其他信息，例如，张三（ZHANG, San）。申请人是法人的，应当写明其名称的正式全称，例如，科技股份有限公司（TECHNOLOGY CO., LTD.）。

b. 申请人详细地址信息，包括国家、行政区划名称、门牌号等。如果请求书中没有填写代理人或共同代表，建议在第一申请人的信息中注明联系电话和电子邮箱。

c. 申请人的国籍和居所的信息。国家的名称通常用双字母国别代码表示，例如中国为 CN。

d. 指定国信息。目前，国际申请一经提出即自动指定所有缔约国。对于国际申请，不同的指定国可以填写不同的申请人，但需要注意的是，每一个指定国都应至少填写一个申请人。例如：某件申请有 A、B、C 三个申请人，那么 A 可以是针对 a 国的申请人，B 是针对 b 国的申请人，而 C 则应是针对除 a、b 两国以外其他缔约国的申请人。

发明人姓名和地址信息的填写要求与申请人要求一致，但发明人无须提供国籍和居所信息。

PCT 请求书第 I 栏、第 II 栏及第 III 栏填写样例如图 6 - 2 及图 6 - 3 所示。

PCT	
	由 受 理 局 填 写
请 求 书	国际申请号
	国际申请日
下列签字人请求按照	受理局名称和"PCT 国际申请"
专利合作条约的规定处理本国际申请	申请人或代理人的档案号　（如果有）（限25 个字符内）

第 I 栏　　发明名称

一种用于水底安装的工程材料下沉装置

第 II 栏　　申请人　　　☐ 该人也是发明人

姓名（或名称）和地址：（姓在前，名在后；法人应填写正式全称。地址应包括邮政编码和国名。如果下面未指明居所，则本栏中指明的地址的所属国即为申请人的居所（国家名称）。）	电子邮件地址* zhang,san@163.com
	电话号码
张三 ZHANG,San 中国北京市海淀区绿林街320号100001 No.320,lvlin street, haidian district, Beijing,100001,China	传真号码
	申请人登记号

* **电子邮件授权：**填写上述电子邮件地址意味着授权受理局、国际检索单位和国际局，如果其提供此类服务，仅通过电子邮件向该地址发送通知书，除非以下方框勾选：
  ☒ 请求仅通过邮寄方式发送通知书。

国籍国：　　　　CN	居住国：　　　　CN
该人是对下列 国家的申请人：☒ 所有指定国	☐ 补充栏中注明的国家

图 6 - 2　第 I 栏和第 II 栏填写样例

第Ⅲ栏	其他申请人和/或（其他）发明人	

如果以下各小栏均未使用，请求书中不应包括此页

姓名（或名称）和地址：（姓在前，名在后；法人应填写正式全称。地址应包括邮政编码和国名。如果下面未指明居所，则本栏中指明的地址的所属国即为申请人的居所（国家名称）。） 琼斯·玛丽 JONES Mary 中国北京市海淀区绿林街320号100001 No.320,lvlin street, haidian district, Beijing,100001,China	该人是： ☐ 申请人 ☒ 申请人和发明人 ☐ 发明人（如果选择此方格 　不必填写以下诸项。）
	申请人登记号

国籍国：	US	居住国：	CN

该人是对下列 国家的申请人：	☒ 所有指定国	☐ 补充栏中注明的国家

姓名（或名称）和地址：（姓在前，名在后；法人应填写正式全称。地址应包括邮政编码和国名。如果下面未指明居所，则本栏中指明的地址的所属国即为申请人的居所（国家名称）。） 李四 LI,Si 中国北京市海淀区绿林街320号100001 No.320,lvlin street, haidian district, Beijing,100001,China	该人是： ☐ 申请人 ☐ 申请人和发明人 ☒ 发明人（如果选择此方格 　不必填写以下诸项。）
	申请人登记号

国籍国：		居住国：	

该人是对下列 国家的申请人：	☐ 所有指定国	☐ 补充栏中注明的国家

图6-3　第Ⅲ栏填写样例

（3）代理人、共同代表或通信地址：请求书第Ⅳ栏用于填写代理人、共同代表或通信地址的信息，如图6-4所示。

第Ⅳ栏	代理人或共同代表；或通信地址	

下列人员被/已被委托为代表申请人在主管国际单位办理事务的：　☒ 代理人　☐ 共同代表

姓名（或名称）和地址：（姓在前，名在后；法人应填写正式全称。地址应包括邮政编码和国名。） 北京智慧知识产权代理公司 BEIJING ZHIHUI INTELLECTUAL PROPERTY LAW FIRM 中国北京市朝阳区木兰街1号100081 No.1, mulan street, chaoyang district, beijing,100081,China	电子邮件地址* zhihuiip@163.com
	电话号码 010-84561237
	传真号码
	代理人登记号

* **电子邮件授权**：填写上述电子邮件地址意味着授权受理局、国际检索单位和国际局，如果其提供此类服务，仅通过电子邮件向该地址发送通知书，除非以下方框中勾选：
　☐ 请求仅通过邮寄方式发送通知书。

☐ **通信地址**：如果未委托/未委托过代理人或共同代表，并把上栏中的地址作为通信地址，在此方格作出标记。

图6-4　第Ⅳ栏填写样例

如果委托了代理人，那么对于中国受理局而言，该代理人应当是根据《专利法》第十八条规定的依法设立的专利代理机构。委托代理机构的，应当提交包含涉及国际阶段事务委托事宜的委托书。可以提交单独的委托书，也可以提交总委托书副本，或者仅提供总委托书的备案编号。

如果有多个申请人且未委托代理机构，可以委托其中一个申请人作为国际申请的共同代表。

在没有委托代理机构或共同代表时，通知书将会送达第一申请人的地址。如果申请人希望用一个不同于第一申请人的地址接收通知书，可以在请求书第 IV 栏中注明通信地址。

（4）国家的指定：请求书第 V 栏用于注明排除对德国、日本和韩国的指定，如图 6－5 所示。

第 V 栏	指定	

根据细则 4.9(a)，提交本请求书即为，指定在国际申请日受 PCT 约束的所有成员国，以要求获得可以获得的所有保护类型，适用情况下，要求获得地区专利和国家专利。

但是

☐　**DE**　不为国家保护**指定**德国

☒　**JP**　不为国家保护**指定**日本

☐　**KR**　不为国家保护**指定**韩国

（以上选项只可用于（不可悔改地）排除对有关国家的指定，如果本国际申请在提交时或者在根据细则 26 之二.1 的后续程序中，第 VI 栏包含有对在该有关国家提出的在先国家申请的优先权要求，以避免被要求优先权的该在先国家申请因国家法律而停止效力。）

第 VI 栏　　**优先权要求和文件**

要求下列在先申请的优先权

在先申请的申请日 (日/月/年)	在先申请的申请号	在先申请是：		
		国家申请： 国家或WTO成员	地区申请： 地区专利局	国际申请： 受 理 局
(1)　24.1月2023 (24.01.2023)	2023-062634	JP		
(2)				

图 6－5　第 V 栏填写样例

这三个国家的国家法规定，如果国际申请指定了该国并要求了该国在先国家申请的优先权，将会导致该在先国家申请的效力终止。由于目前国际申请一经提出，即自动指定所有缔约国，因此，如果申请人想要避免这些在先国家申请不必要的损失，应在此栏勾选相应国家，表示排除指定。

例如，一件国际申请要求了日本的优先权（请求书第Ⅵ栏填写了相应的优先权信息），如果申请人不希望日本的在先国家申请效力终止，那么应当在请求书第Ⅴ栏中标记日本，以表示排除对日本的指定。此时，日本将不再是该国际申请的指定国，后续该国际申请也将无法进入日本国家阶段。

（5）优先权要求：请求书第Ⅵ栏用于填写国际申请的优先权信息，如图6-6所示。

第Ⅵ栏	优先权要求和文件			
要求下列在先申请的优先权				
在先申请的申请日（日/月/年）	在先申请的申请号	在先申请是：		
		国家申请：国家或WTO成员	地区申请：地区专利局	国际申请：受理局
(1) 12.12月2022 (12.12.2022)	202216543210.X	CN		
(2)				
(3)				

☐ 其它优先权要求在补充栏中指明。

提交优先权文件

☒ 请受理局准备并向国际局传送上面指明的在先申请的证明副本（仅当提交在先申请的受理局是本国际申请的受理局）：
☒ 全部　☐ 第(1)项　☐ 第(2)项　☐ 第(3)项　☐ 其它，见补充栏

☐ 请国际局用下面指明的查询码（在适用的情况下）从数字图书馆获取上面指明的在先申请的证明副本（如果国际局可以从数字图书馆获取该在先申请）：
☐ 第(1)项　　☐ 第(2)项　　☐ 第(3)项　　☐ 其它，见补充栏
　查询码　　　　查询码　　　　查询码

图6-6　第Ⅵ栏填写样例

国际申请的优先权可以是国家申请、地区申请或者国际申请。应当写明所要求的优先权的申请日、申请号和提出该申请的

单位。

申请人还应在规定期限内（优先权日起 16 个月内）提交优先权文件副本，该副本必须为在先申请单位认证的副本。优先权文件副本的提交方式有三种：一是申请人直接将认证的副本提交至国际局，或提交受理局由其转交；二是当在先申请的单位与受理局是同一专利局时，申请人可请求受理局准备并将副本传送国际局；三是如果在先申请办理了优先权文件数字接入服务（DAS），申请人可在规定的期限内提供 DAS 码，请求国际局从数字图书馆获取优先权文件副本。对于第二种提交方式，中国受理局将收取优先权文件费。

（6）国际检索单位：请求书第Ⅶ栏用于填写国际检索单位的信息，如图 6 - 7 所示。

第 VII 栏　　　国际检索单位
国际检索单位(ISA)的选择(如果有一个以上主管国际检索单位可以进行国际检索，请填写所选择的单位，可用双字母代码表示)： ISA/CN

图 6 - 7　第Ⅶ栏填写样例

所谓主管国际检索单位，是指负责对某一受理局受理的国际申请进行国际检索的国际检索单位。申请人可以选择其主管国际检索单位之一作为本国际申请的国际检索单位。

中国受理局受理的国际申请的国际检索单位一般是中国国家知识产权局。但自 2020 年 12 月起，中国国家知识产权局与欧洲专利局开展试点，在试点范围内，若国际申请使用英文并以电子申请方式提交，且在提交时选择了欧洲专利局作为国际检索单位，该国际申请将由欧洲专利局完成国际检索。

（7）声明：申请人可以在请求书第Ⅷ栏填写声明。声明的类型有包括以下五种：发明人身份声明、有权申请和被授予专利声明、有权要求优先权声明、发明人资格声明（仅为指定美国目的）和不影响新颖性的公开或缺乏新颖性的例外的声明。声明的作用是，如果申请人在请求书表格中填写了声明，那么根据《PCT 细则》51 之二.2 的规定，指定局不应再针对相应事项要求提供证明材料，除非其有理由怀疑相关声明的真实性。也就是说，在国际阶段提交声明可以减轻申请人在不同国家的国家阶段分别提交相应证明材料负担。需要注意的是，声明应当用标准语段撰写，标准语段可参见《PCT 行政规程》第 211 - 215 段。

（8）清单：申请人应填写请求书第 IX 栏清单（如图 6 - 8 所示），以便受理局核实国际申请文件的完整性，包括组成国际申请文件的页数以及随申请文件提交的附件的份数。如果国际申请包含附图，应当指明建议与摘要一起公布的附图图号。此外，还需注明国际申请的语言。

第 IX 栏　纸件申请的清单——仅在以纸件提交申请时使用				
本国际申请包括：	页数	本国际申请**还附有**下列文件(标注下面适用的方格，并且在右栏指明每种文件的份数)		份数
(a) 请 求 书 PCT/RO/101 　　（包括任何声明页和补充页）：	5	1.☐ 费用计算页............................ ：		
(b) 说 明 书..................：	11	2.☒ 原始单独委托书................... ：		1
(c) 权 利 要 求..................：	3	3.☐ 原始总委托书....................... ：		
(d) 摘 要..................：	1	4.☐ 总委托书副本；登记号：............. ：		
(e) 附 图 （如果有）........：	6	5.☐ 在第 VI 栏中以项码　　注明的优先权文件......：		
		6.☐ 国际申请的译文（语言）：........... ：		
总 计..................：	26	7.☐ 关于微生物或其它生物材料保藏的单独说明......... ：		
(f) 说明书的序列表部分，应为符合 WIPO 标准 ST.26 的 XML 文件（请注明物理数据载体的类型和数量）：....................		8.☐ 在先检索结果副本（细则 12 之二.1(a)）............. ：		
		9.☐ 其他（具体说明）：.................. ：		
建议把**图号**为 6 的**附图**和摘要一起公布。		**提交**国际申请的**语言：中文**		

图 6 - 8　第 IX 栏填写样例

（9）申请人或专利代理机构的签字：申请人应当在请求书第 X 栏签字。如果该申请有多个申请人，应至少有一个申请人签字。如果该申请委托了专利代理机构，代理机构可代表申请人在该栏签字。对于向中国受理局提交的国际申请，可以用印章代替签字。

2.1.2.3　说明书

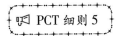

　　说明书应清楚和完整地公开发明，使本领域技术人员能实施该发明。说明书的首行应撰写发明名称，并与请求书中填写的一致。建议说明书包含六部分，每部分的标题分别为："技术领域""背景技术""发明内容""附图的简要说明""本发明的最佳实施方式"（或"本发明的实施方式"）、"工业实用性"。说明书中可包含化学或数学式和表格，但不能包含附图。

　　如果国际申请披露了核苷酸和/或氨基酸序列表，说明书应包含符合规定标准的序列表，即无论是电子申请还是纸件申请，序列表都应当以符合 WIPO 标准 ST. 26 格式的电子形式提交。序列表可以使用 WIPO 网站（www. wipo. int）提供的序列表生成软件制作。

2.1.2.4　权利要求

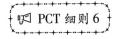

　　权利要求应当清楚而简洁，并得到说明书的充分支持，且仅涉及一项发明或者由一个总的发明构思联系在一起的一组发明。权利要求中可包含化学或数学式和表格，但不能包含附图。

2.1.2.5　摘要

摘要应当包含说明书、权利要求书和附图中所包含的公开内容的概要，并尽可能简洁（用英文或者翻译成英文后最好是50～150个词）。摘要不得包含对要求保护的发明的所谓优点、价值或者属于推测性的应用的说明。

2.1.2.6　附图

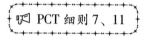

附图应包括足够多能展示所要求发明的必要的图。提交的附图应使用绘图工具以耐久的、黑色的、粗细均匀并且轮廓分明的线条和笔画绘制。附图应清晰可辨。图与图之间应该清楚地分开，但各图之间不能用线条隔开。所有附图都应尽可能地竖向放置，当附图不能竖向放置时可以横向放置，此时，附图的顶端应位于左边。

附图应采用阿拉伯数字连续编号，图号前应冠以"图"或"Fig"，图号可以为数字、字母或其组合，例如图1、Fig7A。

除了必要的个别文字，例如"水""汽""开""关"等，附图不得包含文字内容。在电路图、框图或者流程图中，可使用为理解所必不可少的几个关键词。

在附图中不能呈现所要展示的物体（例如，水晶体）时，可使用照片，但照片必须是黑白的。附图不能是彩色照片或彩色附图。

2.1.2.7　关于生物材料保藏的记载

📢 PCT 细则 13 之二

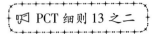

通常情况下，当发明涉及生物材料且公众不能获得时，申请人需要提供关于生物材料保藏说明。生物材料保藏的事项应包括：保藏单位的名称和地址、该单位保藏生物材料的日期、该单位给予的保藏编号。

由于一些指定局要求关于生物材料保藏说明必须包含在提交申请时的说明书中，因此，申请人应注意写明在说明书中的保藏事项是完整无误的，申请人也可以将保藏说明以单独表格（PCT/RO/134 表）的形式作为说明书的一页编入说明书中。

2.1.2.8　其他要求

📢 PCT 细则 9、11

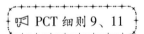

国际申请不得包含违反道德或公共秩序的内容、诽谤性语句或明显无关或不必要的内容。

2.1.3　国际阶段的费用

对于中国受理局受理的国际申请，申请人必须缴纳的费用有：

（1）国际申请费：替国际局收取的费用，以便国际局能执行其各项任务。

（2）国际申请附加费：当申请文件超过 30 页时加收的国际申请费。

（3）检索费：国际检索单位用于完成国际检索，形成国际检索报告和国际检索单位书面意见而收取的费用。

申请人应当在中国受理局收到国际申请之日起一个月内缴纳以上费用。若未在该期限内缴纳或缴足，将被通知在一个月内缴纳未缴费用和滞纳金；若仍未缴纳或缴足相关费用和滞纳金，国际申请将被视为撤回。

此外，为满足办理相关业务的要求，申请人还可能需要缴纳以下费用：

（1）优先权文件费：请求中国受理局制作在先申请文件副本的费用；

（2）优先权恢复费：办理优先权恢复手续的费用。

如未按规定缴纳以上费用的，相关业务将不予办理。

以上费用应向中国受理局缴纳，缴费方式包括：网上支付、银行汇款、在国家知识产权局业务受理大厅面缴。需要注意的是，上述费用不能通过邮局汇款或通过代办处缴纳相关费用。缴费方式及费用具体数额请参见附件 2 和 3 的相关内容。

2.2 受理局审查

2.2.1 受理局审查的主要内容

> 📢 PCT 条约 10、11（1）、14（1）（a），PCT 细则 20、26

收到国际申请后，中国受理局将作如下审查和处理：

（1）对满足本章第 2.2.2 节所述要求的申请，给予国际申请日；

（2）对申请进行形式审查，确定其是否满足 PCT 规定的对语言、形式和内容的要求；

（3）收取和处理国际申请相关费用；

（4）将申请副本以及其他相关文件传送主管国际检索单位和国际局，由其对申请进行后续处理（国际检索、国际公布等）。

2.2.2　国际申请日的获得

> 🔍 PCT 条约 11（1）、PCT 细则 20

对于中国受理局而言，当申请满足以下条件时，将获得国际申请日：

（1）申请人的国籍或居所之一为中国。

（2）申请文件是用中文或英文撰写的。

（3）至少包含必要的信息和文件，包括：关于该申请是作为国际申请提出的说明、申请人的姓名或名称、说明书、权利要求书。对于"申请是作为国际申请提出的说明"，只要使用请求书表格（PCT/RO/101 表），或通过指定的电子形式提交即满足条件。

受理局将收到完整的申请文件之日确定为国际申请日，并尽快将该申请的国际申请日和国际申请号告知申请人。

2.2.3　国家安全审查

> 🔍 PCT 条约 27、PCT 细则 22、PCT 行政规程 330

提交至中国受理局的国际申请将进行国家安全审查，即向外申请的保密审查。若国际申请不符合国家安全的规定，中国受理局将不向国际局传送该申请，同时也不会启动国际检索。

受理局将在优先权日起十三个月，最迟自优先权日起十七个月内将相关审查结论告知申请人。

2.2.4 影响国际申请日的缺陷及改正

+-+
　📖 PCT 条约 11（1）、14（1）（a），PCT 细则 20、4.18
+-+

如果国际申请不满足获得国际申请日的要求，但申请人在规定的期限内提交了改正内容并满足获得国际申请日的要求，那么提交改正内容之日将被确定为国际申请日；否则，受理局将宣布该申请不作为国际申请。对于遗漏了整个说明书或权利要求书而造成无法获得国际申请日的情形，如果国际申请要求了优先权，而遗漏的说明书或权利要求书又完全包含在在先申请中，那么申请人可以通过援引加入的方式把遗漏的说明书或权利要求书增加到国际申请中。在这种情况下，受理局将以首次收到申请文件之日确定为国际申请日。

如果国际申请满足获得国际申请日的要求，但说明书的部分内容、权利要求书的部分内容、全部附图或部分附图缺失，申请人可在规定的期限内提交遗漏部分，受理局将以收到这些遗漏部分的日期作为新的国际申请日。受理局若重新确定了国际申请日，将通知申请人，申请人可在一个月之内向受理局提出请求，放弃遗漏部分从而恢复受理局首次收到文件的日期作为国际申请日。如果国际申请要求了优先权，而这些遗漏部分又完全包含在在先申请中，申请人可以通过援引加入的方式把遗漏的部分增加到国际申请中，在这种情况下，国际申请日不会被改变。

上述改正缺陷涉及的"规定的期限"是指，如果受理局发出了提交遗漏项目或部分的通知书，自通知书发文之日起两个月；或如果受理局没有发出通知书，自受理局首次收到文件之日起两个月内。

此外，上述缺陷改正所提及的援引加入需要满足一定的条件，包括：提交国际申请时就包含了援引加入声明，以及提交国际申请时就要求了包含遗漏项目或部分的一项或多项优先权。申请人应当在规定的期限内提交援引加入请求以及遗漏的项目或部分，在遗漏部分的情况下，还需指明遗漏部分出现在在先申请中的具体位置。

2.2.5　不影响国际申请日的缺陷及改正

> 📖 PCT 条约 14（1）（a），PCT 细则 2、4、11、26

若受理局发现国际申请未经签字、缺少发明名称、缺少摘要等缺陷，将通知申请人，申请人应当在规定的期限内改正上述缺陷。此处"规定的期限"一般是通知书发文之日起两个月。

若请求书中优先权要求的在先申请信息填写有误，申请人可以在规定的期限内提交改正优先权要求的请求。申请人也可以在相同的期限内增加一项或多项优先权要求。此处"规定的期限"是指优先权日起十六个月或申请日起四个月，以后到期为准。

若请求书中的声明信息填写有误，申请人可以在规定的期限内提交改正声明的请求。申请人可以在同样的期限内增加新的声明。此处"规定的期限"是指优先权日起十六个月。

对上述缺陷的改正，申请人需要提交改正内容的替换文件，同时应附上一个信函，用来说明被替换内容与替换内容之间的不同之处。对于请求书中信息的改正，可以仅在信函中描述清楚，而不需要提交替换页。

2.3　国际检索

2.3.1　国际检索的目的和程序

> 🔖 PCT 条约 15、17、18，PCT 细则 13、40、43、43
> 之二

　　国际检索的目的在于发现相关的现有技术。主管国际检索单位对国际申请进行国际检索并制定国际检索报告（PCT/ISA/210表）和书面意见（PCT/ISA/237表）。

　　在国际检索程序中，国际检索单位将会对国际申请是否符合发明单一性进行判断。若申请不符合发明单一性的要求，国际检索单位会通知申请人缴纳附加检索费。附加检索费总额为每项附加发明的费用（数额与国际检索费相等）乘以附加发明的数目。

　　若申请人缴纳了全部附加检索费，国际检索单位将对所有的发明主题进行检索。

　　若申请人只缴纳了部分附加检索费，国际检索单位将对缴纳了附加检索费的发明主题进行检索；若申请人未缴纳附加检索费，国际检索单位将仅对申请的第一个发明主题进行检索。

　　若申请人对国际检索单位发出的不符合单一性的通知有异议，可在缴纳异议费和全部附加检索费后提出异议请求，国际检索单位将复核该申请不符合发明单一性要求的情况是否合理，并在确认异议成立的情况下退还相应的费用。

　　通常情况下，国际检索单位会在优先权日起 9 个月或收到检索本之日起 3 个月（以后到期为准）内出具国际检索报告。但如果所有权利要求的主题均为国际检索排除的主题，或所有要求保护的主题不能进行有意义的检索，国际检索单位会作出不制定国际检索报告的宣布，并作出"宣布不制定国际检索报告"通知书（PCT/ISA/203 表）。国际检索单位在完成"国际检索报告"或"宣布不制定国际检索报告"的同时，出具一份国际检索单位书面意见，对申请所要求保护的发明是否具有新颖性、创造性、实用性的问题作出初步的无约束力的意见。

2.3.2　国际检索报告和国际检索单位书面意见的利用

> 🔍 PCT 细则 43、43 之二

国际检索报告的内容主要包括：相关文献的引证、发明主题的分类、检索领域和检索数据库等。

2.4　国际公布

2.4.1　国际公布的时间

> 🔍 PCT 条约 21、PCT 细则 20.4

除非存在下述情形，国际申请将在自优先权日起 18 个月期限届满时由国际局公布：

①未获得国际申请日。

②在公布的技术准备工作完成之前，申请已被视为撤回。

③在公布的技术准备工作完成之前，申请人撤回了申请。

公布的技术准备工作通常是在公布日前 15 天完成。申请人也可以要求国际局提前公布申请，但如果在公布时国际局未收到国际检索报告，将会要求申请人直接向国际局缴纳 200 瑞士法郎的特别公布费。

2.4.2　国际公布的主要内容

国际申请国际公布的内容主要包括：扉页（包括国际申请的著录项目信息、发明名称、摘要及摘要附图）、申请文件、国际检索报告或国际检索单位关于对该国际申请不制定国际检索报告的宣布、依据《PCT 条约》第 19 条修改的权利要求（以及任何声明）、根据《PCT 细则》4.17 作出的声明、涉及生物材料保藏的信息、优先权恢复请求的相关信息、获批准的更正明显错误请求的有关信息、优先权要求视为未提出的信息等。

2.4.3　国际公布的效力

⎨ PCT 条约 29 ⎬

已公布的国际申请自国际公布之日起成为现有技术的一部分。国际公布可赋予国际申请人在指定国获得临时保护的权利，此种保护与指定国已公开的国家申请的效力相同。具体规定，申请人可参见 WIPO 网站的《PCT 申请人指南》国际阶段附件相关信息。

2.5　国际初步审查

2.5.1　什么是国际初步审查

⎨ PCT 条约 31、32、33 ⎬

国际初步审查是指由国际初步审查单位就国际申请是否具有新颖性、创造性和实用性提出的初步的、无约束力的意见，并形成专利性国际初步报告（《PCT 条约》第Ⅱ章）（PCT/IPEA/409 表）。在报告完成前，申请人可以多次修改国际申请文件，以期获得可专利性的国际初步审查结果。

2.5.2　如何提出国际初步审查要求

> 📢 PCT 条约 31、PCT 细则 54 之二

国际初步审查依申请人的要求启动。一般来说，国际初步审查单位和该申请的国际检索单位是同一个，例如，由中国国家知识产权局完成国际检索的国际申请，也交由中国国家知识产权局完成国际初步审查。

提出国际初步审查要求的期限为国际检索报告（或宣布不制定国际检索报告）之日起 3 个月或自优先权之日起 22 个月，以后到期为准。

（1）提交文件

申请人应当提交国际初步审查要求书（PCT/IPEA/401 表），并在要求书中注明国际初步审查的审查基础，即指明要求国际初步审查基于原始申请文件，或者依据《PCT 条约》第 19 条或第 34 条修改的申请文件而进行。如果要求依据《PCT 条约》第 34 条的修改进行审查，申请人还应提交说明书、权利要求书或附图的修改文件。在专利性国际初步报告（《PCT 条约》第Ⅱ章）完成之前，申请人可以多次提出修改，但前提是这些修改未超出发明公开的范围。

（2）缴纳费用

初步审查费：国际初步审查单位用于进行国际初步审查和作出专利性国际初步报告（《PCT 条约》第Ⅱ章）收取的费用；

手续费：替国际局收取，以便国际局能执行其相关任务。

申请人应当在提交国际初步审查要求书之日起一个月或者自

优先权日起二十二个月内（以后到期为准）缴纳上述费用。若未在该期限内缴纳或缴足，将被通知在一个月内缴纳未缴费用和滞纳金；若仍未缴纳或缴足相关费用和滞纳金，国际初步审查要求将被视为未提出。

对于由中国国家知识产权局作为国际初步审查单位的国际申请，上述费用应向中国国家知识产权局缴纳，缴费方式及费用具体数额参见附件 2 和 3 的相关内容。

2.5.3 国际初步审查的主要程序

（1）启动国际初步审查

> 📖 PCT 细则 20.4

一般情况下，国际初步审查单位在收到国际初步审查要求书、国际初步审查相关费用、国际检索报告及书面意见后，即启动国际初步审查。除非申请人明确表示希望推迟启动国际初步审查，并在国际初步审查要求书中进行标注。

（2）缺乏发明单一性的处理

> 📖 PCT 细则 68、70.13

在国际初步审查阶段，国际初步审查单位仅针对已进行了国际检索的发明是否存在单一性问题进行审查。如果国际初步审查单位认为国际申请不符合单一性的要求，会通知申请人在规定的期限内限制权利要求，或者缴纳国际初步审查附加费，附加费总额为每项附加发明的费用（数额与初步审查费相等）乘以附加发明的数目。

如果申请人选择对权利要求加以限制以符合发明单一性的要求，国际初步审查单位将在修改后的文件基础上进行审查。

如果申请人没有限制权利要求也未缴纳国际初步审查附加

费，国际初步审查单位将就申请中的主要发明部分作出专利性国际初步报告（《PCT 条约》第 II 章）。

如果申请人对国际初步审查单位发出的不符合单一性的通知有异议，申请人可以在缴纳附加费和异议费的同时提出异议请求，国际初步审查单位处理单一性异议的程序与国际检索单位处理单一性的异议程序相似。

（3）发送书面意见

如果国际申请要求了国际初步审查，国际检索单位的书面意见（即 PCT/ISA/237 表）通常会被国际初步审查单位用作其首次书面意见。此外，国际初步审查单位在审查过程中认为有必要时，将再次发出书面意见，主要涉及对修改后的说明书、权利要求书、附图及国际检索报告中引用的相关文件存在问题的意见。申请人可以对该意见作出书面答复，也可以通过电话、会晤等形式与国际初步审查单位审查员联系。

（4）制定专利性国际初步报告（《PCT 条约》第 II 章）

┌ ⌨ PCT 细则 70 ┐

国际初步审查单位将自优先权日起 28 个月或自启动国际初步审查之日起 6 个月（以后到期为准）完成专利性国际初步报告（《PCT 条约》第 II 章）的制定。

2.5.4　专利性国际初步报告（《PCT 条约》第 II 章）的利用

虽然专利性国际初步报告（《PCT 条约》第 II 章）对该国际申请要进入的国家局（选定局）没有约束力，但由于报告包含了关于新颖性、创造性和实用性的初步意见，为评估该申请是否能在各国授权提供了基础，因此具有重要影响力。一份肯定倾向的专利性国际初步报告（《PCT 条约》第 II 章），可能会促进国家局对该申请的审批。

2.6　国际阶段相关手续

2.6.1　改正或增加优先权

> 🔊 PCT 细则 26 之二

申请人可以向受理局或国际局提交改正或增加优先权要求，期限是自优先权日起 16 个月内，如果涉及多个优先权日的，以先届满的为准。同时，改正或增加优先权的请求的时间还应满足是在自国际申请日起 4 个月届满之前的要求。如果优先权要求的缺陷未在期限内改正，该项优先权将可能被视为未提出。

需要注意的是，如果改正或增加优先权要求的请求是在提前国际公布请求之后提出的，或者改正或增加优先权要求的请求是超过了上述期限提交的，该请求将不被接受，但申请人可以在优先权日起 30 个月内向国际局缴纳特别费，要求其公布改正或增加的优先权信息。

2.6.2　著录项目变更

> 🔊 PCT 细则 92 之二

申请人可以要求国际局记录以下信息的变更：

（1）申请人、发明人、共同代表或代理机构；

（2）申请人的姓名、居所、国籍、地址；

（3）发明人、共同代表或代理人的姓名/名称、地址；

以上变更请求不需要缴纳费用。

变更请求可以提交给国际局，或由受理局转交至国际局。需要注意的是，国际局只对自优先权日起 30 个月内收到的变更请求予以记录，因此提交至中国受理局由其转交的，应考虑变更请求是否能在规定的期限内到达国际局。

如果变更申请人的请求是由申请人本人或其委托的代理机构提出的，不需要提供证明申请人变更的转让协议等文件，但进入到国家阶段后，指定局可能要求申请人提供相关证明。如果变更申请人的请求是由新申请人提出的，需要提交申请人的书面同意、转让证明副本或其他文件证据支持变更请求。如果申请人变更请求是由新申请人委托的代理机构提出的，还应同时提交新申请人的委托书。

2.6.3　撤回

┌ ㏒ PCT 细则 90 之二 ┐

（1）撤回国际申请

申请人可以在国际阶段随时撤回国际申请。撤回申请的请求应当在优先权日起 30 个月之前到达国际局、受理局或国际初步审查单位，以便撤回生效。撤回请求需经全体申请人签字。若委托了代理机构并附具了全体申请人签字的委托书，代理机构可以代表申请人提交撤回请求。

申请人可以通过撤回国际申请来避免国际公布。这种情况下，撤回请求应在国际公布技术准备完成之前到达国际局。申请人也可以指明撤回请求仅在能够避免国际公布的情况下才生效。如果国际公布的技术准备已完成，则撤回不产生效力。

（2）撤回优先权要求

申请人也可以自优先权日起 30 个月内撤回优先权要求。如果优先权要求的撤回引起优先权日的变更，任何自原优先权日起算并尚未届满的期限，将自变更后的优先权日起计算，例如国际公布的期限（国际公布技术准备已完成的仍以原优先权日进行国际公布）、进入国家阶段的期限（进入国家阶段的期限已届满的，该期限不可延长）等。

（3）其他

申请人还可以自优先权日起 30 个月内提出撤回指定、撤回初步审查要求等请求。

2.7 国际阶段的其他问题

2.7.1 国际阶段申请文件的完善

📢 PCT 条约 19、34，PCT 细则 46、66

2.7.1.1 申请文件的修改

📢 PCT 条约 19、34

《PCT 条约》第 19 条的修改，是指申请人在收到国际检索报告之后，可以对权利要求书作出修改，修改应向国际局提出，修改的具体要求参见本章第 2.3.3 节。

《PCT 条约》第 34 条的修改，是指在国际初步审查程序中，申请人可以对说明书、权利要求书和附图作出修改，修改应向国际初步审查单位提出，修改的具体要求参见本章第 2.5.2 节。

2.7.1.2 明显错误更正

📢 PCT 细则 91

自优先权日起 26 个月内，申请人可以对国际申请文件中的明显错误提出更正请求。不同的明显错误由不同的主管单位处理和认定：请求书中的明显错误由受理局认定，说明书、权利要求书、附图中的明显错误由国际检索单位或国际初步审查单位（若启动了国际初步审查）认定。

需要注意的是，以下错误不能进行明显错误更正：国际申请存在内容遗漏的错误、摘要中的错误、依据《PCT 条约》第 19 条修改中的错误、优先权要求中优先权日期的错误。

2.7.2　向国际局办理的业务

> ⚐ PCT 条约 19，PCT 细则 48.4、26 之二.2（e）

在国际阶段，下列事务应向国际局办理：

（1）依据《PCT 条约》第 19 条对权利要求书提出的修改；

（2）请求提前国际公布；

（3）逾期提出改正或增加优先权要求的请求，请国际局公布相关请求；

（4）更正国际公布中错误的请求等。

若申请人将相关请求提交至受理局或其他国际单位，受理局和国际单位会将文件转交至国际局，此种情况下，申请人应特别注意相关文件到达国际局的时间可能因为转交程序而延后。

3. 国家阶段程序

3.1　进入国家阶段的条件

> ⚐ PCT 条约 22、24

国际申请的国家阶段是其国际阶段程序的延续。申请人须在规定的期限内办理进入国家阶段的手续，并满足该国的进入条件（具体由该国的国家法规定）。

《PCT 条约》规定申请人应不迟于优先权日起三十个月进入国家阶段，但各国可以规定一个更迟的进入期限，具体可查询

WIPO 网站提供的《PCT 申请人指南》中的各国国家阶段信息。申请人也可以在国际阶段任何时候向指定国请求提前进入国家阶段程序，但必须符合相应指定国的要求。

如果国际申请在国际阶段被申请人主动撤回或由于某种原因被视为撤回，那么国际申请在指定国的效力终止，将不能再继续国家程序。

3.2 办理进入国家阶段的手续

> 📢 PCT 条约 22

国际申请进入国家阶段应履行以下手续：

（1）缴纳国家阶段费用；

（2）若指定局要求，提交译文；

（3）若指定局还未获得国际申请副本，提交申请的认证副本；

（4）若指定局要求，提供发明人的姓名和地址。

如果未在进入国家阶段期限届满前满足以上要求，国际申请将失去国家申请的效力，国家阶段程序终止。但申请人可以请求指定局对其延误进行宽恕，保留国际申请的效力。

3.3 进入中国国家阶段

3.3.1 在中国的效力

> 📢 PCT 细则 122

对于获得了国际申请日且指定了中国的国际申请，承认其具有正规中国国家申请的效力。在国际阶段被撤回或被视为撤回，或者国际申请对中国的指定被撤回的国际申请，在中国的效力终止。

3.3.2　一般程序

国际申请进入中国国家阶段，申请人应当提交办理进入手续的文件，并缴纳相关费用。当符合进入中国国家阶段的条件时，专利局确定进入日，给予国家申请号。需要注意的是，专利局将以进入国家阶段手续最后办理之日为进入日，即以文件和费用后到者为准。

在办理进入中国国家阶段手续时，应当选择要求获得的是"发明专利"还是"实用新型专利"，两者择其一，并在进入国家阶段的书面声明（以下简称"进入声明"）中填写国际申请号。在进入中国国家阶段后，相应程序与普通的国内发明专利申请或实用新型专利申请的审查程序相同。

3.3.3　必须满足的最低要求

┌─────────────────┐
│ 📢 PCT 细则 121 │
└─────────────────┘

期限：自优先权日起三十个月，未在该期限办理进入手续的，在缴纳宽限费后，可以在自优先权日起三十二个月内办理进入手续。

费用：申请费、公布印刷费，如果是在宽限期进入的，还应包括宽限费。

文件：以中文提交的国际申请，仅提交进入声明即可。对于以外文提交的国际申请，还应提交说明书、权利要求书的中文译文。

符合进入国家阶段条件的，申请人将收到专利局发出的国际申请进入中国国家阶段通知书。

3.3.4　其他要求

进入中国国家阶段，还应当满足专利局的一些其他要求，包括：

（1）国际申请请求书中没有指明发明人的，在进入声明中应指明发明人姓名。

（2）在国际阶段申请人实体发生过变更的，必要时应提交申请人有权享有申请权的证明材料。

（3）国际申请的申请人与作为优先权基础的在先申请的申请人不是同一人，或者在提出在先申请后更改姓名的，除非国际阶段已作出过享有优先权的声明，应提供申请人有权享有优先权的证明材料。

（4）国际申请请求书中作出过关于不丧失新颖性公开的声明，应在进入声明中予以说明，并自进入日起两个月内提交有关证明文件。

3.3.5　文件的形式要求

3.3.5.1　进入声明

> 📖 PCT 细则 119、121、123

办理进入中国国家阶段手续时，应当根据希望在中国获得的保护类型，提交《国际申请进入中国国家阶段声明（发明）》（表格编号 150101）或者《国际申请进入中国国家阶段声明（实用新型）》（表格编号 150102）。进入声明应填写国际申请日、发明名称、著录项目、审查基础等信息。

国际申请日：进入声明中的国际申请日应与国际公布文本扉页上记载的一致。

发明名称：进入声明中的发明名称应与最新国际公布文本扉页中记载的一致。

国际申请以外文进行国际公布的，发明名称的译文需准确表

218

达原意。进入中国国家阶段请求修改发明名称的，应以修改申请文件的方式提出，不得将修改后的发明名称直接填写在进入声明中。

发明人：进入声明中应填写针对中国的发明人，发明人信息应与国际公布记载的一致，对于国际公布后又进行过发明人变更的，应与国际局记录的一致，即国际局传送过的《记录变更通知书》（PCT/IB/306 表）中记录的信息。在国际阶段未提供发明人信息的，应在进入声明中补充。已死亡的发明人也应填写在进入声明中。国际公布使用外文的，应当准确地将发明人姓名译成中文，发明人译名中姓和名的先后顺序应按照所属国的习惯写法书写。

申请人：进入声明中应填写针对中国的申请人，申请人信息应与国际公布记载的一致，对于国际公布后又进行过申请人变更的，应与国际局记录的一致，即国际局传送过的《记录变更通知书》中记录的信息。在国际局登记已死亡的申请人不应写入进入声明中，已死亡申请人的继承人尚未确定的除外。国际公布使用外文的，应当准确地将申请人姓名或名称译成中文，自然人的译名中姓和名的先后顺序应按照所属国的习惯写法书写，企业或其他组织的名称应使用中文正式译文的全称。

审查基础文本声明：申请人应在进入声明中"审查基础"一栏内指明国家阶段程序中审查依据的文本，即对审查基础作出声明。

《PCT 条约》第 28 条、第 41 条规定，申请人应有机会在规定的期限内，向每个指定局或选定局提出对权利要求书、说明书和附图的修改，详见本章第 3.3.6.1 节。进入中国国家阶段时，申请人可以选择在原始申请、《PCT 条约》第 19 条的修改、《PCT 条约》第 34 条的修改或《PCT 条约》第 28/41 条的修改的基础上进行国家阶段的审查。审查基础文本声明中提及国际阶段的修改且为外文的，应当自进入日起两个月内提交修改文件的译文。

3.3.5.2　原始申请的译文和附图

　　国际申请以外文提出的，在进入中国国家阶段时，需提交原始国际申请的说明书、权利要求书的译文。译文与原文明显不符的，该译文不作为确定进入日的基础。此外，还应当提交摘要的译文。有附图和摘要附图的，应当提交附图副本并指定摘要附图，附图中有文字的，应当将其替换为对应的中文文字。译文应当与国际公布文本中的内容相符，不能将任何修改的内容加入原始申请的译文中。

3.3.5.3　以中文提出的国际申请

　　以中文提出的国际申请在进入国家阶段时只需要提交进入声明。

3.3.5.4　其他文件

　　在中国内地没有经常居所或者营业所的外国申请人，单独或者作为代表人与其他申请人共同申请专利的，应委托专利代理机构办理有关事务。委托书中应写明国际申请号、申请人的原文姓名或名称以及中文译名。原文姓名或名称应与国际局记载的一致，中文译名应与进入声明中记载的一致。在中国内地有经常居所或者营业所的申请人，可以不委托代理机构。

　　此外，申请人还有可能在进入中国国家阶段时或在规定期限内提交其他相关文件，如对申请文件的修改、在先申请文件副本、享有优先权的证明、生物材料样品保藏证明、改正译文错误请求等，具体要求详见本章第 3.3.6 节。

3.3.6　特殊手续和事务

3.3.6.1　申请文件的修改

┌ ┄ ┄ ┄ ┄ ┄ ┄ ┄ ┄ ┄ ┄ ┄ ┄ ┐
┊ 🗐 PCT 条约 28、41 ┊
└ ┄ ┄ ┄ ┄ ┄ ┄ ┄ ┄ ┄ ┄ ┄ ┄ ┘

申请人可以在提出实质审查请求时以及在收到发明专利申请进入实质审查阶段通知书之日起的三个月内对申请文件主动提出修改；要求获得实用新型专利权的申请，申请人可以自进入日起两个月内对申请文件主动提出修改。

在进入中国国家阶段时，申请人如在进入声明中明确要求以按照《PCT 条约》第 28 条或第 41 条作出的修改为审查基础的，可以在提交原始申请译文的同时提交修改文件译文，该修改视为主动修改。

3.3.6.2　改正译文错误

如果译文文本与原文文本相比个别术语、句子或段落遗漏或不准确，申请人可以通过改正译文错误的形式进行更正。申请人应在规定的期限内提出改正译文错误。规定的期限是指在专利局在做好公布发明专利申请或者公告实用新型专利权的准备工作之前，或是在专利局发出"进入实质审查阶段通知书"之日起三个月内。申请人需要提交申请译文替换页，同时缴纳译文改正费。

3.3.6.3　优先权要求

申请人应当在进入声明中写明优先权事项，包括在先申请日、申请号及受理国的名称，相关信息应与国际公布文本记载的一致。在国际阶段未提供在先申请号的，应在进入声明中写明。进入中国国家阶段不允许提出新的优先权要求。

申请人未在国际阶段按规定提交在先申请文件副本的，应在进入国家阶段时或在专利局发出的办理手续补正通知书指定的期限内补交，否则优先权要求将被视为未提出。

进入声明中填写的优先权事项应与优先权文本记载的一致。如果在先申请的申请人与国际申请的申请人不一致，适用时，申请人应该在专利局发出的办理手续补正通知书指定的期限内提交享有优先权的证明文件，否则优先权要求将被视为未提出。

如果在国际阶段提出的优先权声明中某一项有书写错误，申请人可以在办理进入手续的同时或者进入日起两个月内提出改正优先权请求。对于申请人未向国际局提交过在先申请文件副本的，还应同时附上在先申请文件副本作为依据。不符合规定的，该改正请求将视为未提出。

若国际申请的国际申请日在优先权期限届满之后两个月内，在国际阶段已经由受理局批准恢复优先权的，专利局一般不再提出疑问，国际申请进入国家阶段时，申请人不需要再次办理恢复手续。在国际阶段申请人未请求恢复优先权，或者提出了恢复请求但受理局未批准，申请人有正当理由的，可以自进入日起两个月内请求恢复优先权，提交恢复优先权请求书，说明理由，并且缴纳恢复权利请求费、优先权要求费，未向国际局提交过在先申请文件副本的，同时还应当附具在先申请文件副本。未按照上述规定办理恢复手续的，该优先权要求将被视为未提出。

国际申请在国际阶段发生过《PCT 细则》第 26 条之二 . 2 的情形，由国际局或者受理局宣布过优先权要求视为未提出的，如果该被视为未提出的优先权要求的有关信息连同国际申请一起公布过，那么申请人可以自进入日起两个月内提交恢复优先权请求书，并且缴纳恢复权利请求费和优先权要求费；对于申请人未向国际局提交过在先申请文件副本的，同时还应当附具在先申请文件副本作为恢复的依据。

3.3.6.4　关于国际阶段的援引加入

对于在国际阶段存在援引加入项目或部分的国际申请，申请人在办理进入中国国家阶段手续时应当提交与援引加入相关的在先申请文件副本的中文译文，并在进入声明中正确指明援引加入的项目或部分在原始申请文件译文（或以中文提出的原始申请文件）和在先申请文件副本译文（或以中文提出的在先申请文件副本）中的位置。

申请人在国际阶段要求了援引加入项目或部分涉及的优先权，但在国家阶段认为该优先权不符合相关规定，或者受理局关于援引加入的项目或部分的审批明显存在错误的，例如，在国际阶段未按照规定提交在先申请文件副本，申请人应请求修改相对于中国的申请日以保留援引加入项目或部分，或者请求不修改相对于中国的申请日但删除援引加入项目或部分。

如果申请人请求修改相对于中国的申请日，专利局将以国际局传送的《确认援引项目或部分决定的通知书》（PCT/RO/114表）中的记载为依据，重新确定该国际申请在中国的申请日。如果因重新确定申请日而导致申请日超出优先权日起十二个月的，该项优先权要求将视为未要求，除非申请人按规定请求恢复了该优先权。

3.3.6.5　生物材料样品保藏

涉及微生物保藏的国际申请应在进入声明中写明保藏信息，包括保藏单位的名称和地址、保藏日期、保藏编号。如果保藏事项是以非表格的形式记载在国际申请原始说明书中的，在进入声明中应当指明保藏事项在说明书译文中的具体位置。

自进入日起四个月内，申请人还应当提交生物材料样品保藏证明和存活证明。

3.3.7　中国国家阶段的费用

（1）一般费用

进入中国国家阶段适用的期限届满时，申请人必须缴纳的费用有申请费、公布印刷费；如果利用宽限期，还必须缴纳宽限费。如果上述费用没有缴足，国际申请在中国的效力终止。

由中国国家知识产权局作为受理局受理并进行国际检索的国际专利申请（PCT 申请），在进入中国国家阶段时免缴申请费及申请附加费。由中国国家知识产权局作出国际检索报告或专利性国际初步报告的 PCT 申请，在进入中国国家阶段并提出实质审查请求时，免缴实质审查费。PCT 申请讲入中国国家阶段的其他收费标准依照国内部分执行。❶ 此外，如果适用的话，还要缴纳说明书附加费和权利要求附加费。核苷酸和/或氨基酸序列表作为说明书的单独部分超过 400 页的，该序列表按照 400 页计算缴纳说明书附加费。如果上述费用未缴足，申请人应在规定的期限内补缴，否则申请将视为撤回。

（2）特殊费用

办理中国国家阶段手续中时，还可能需要缴纳以下费用：

①译文改正费：应当在提出改正译文错误请求的同时缴纳。

②单一性恢复费：应当在收到"单一性恢复费通知书"规定的期限内缴纳。

进入中国国家阶段的具体费用标准请参见附件 2 相关内容。

---

❶　参见：《关于调整部分专利收费标准和减缴政策的公告》（国家知识产权局公告第 594 号）。

第7章 外观设计国际注册申请

1. 海牙体系概述

《海牙协定》是适用于工业设计领域的国际知识产权协定。基于《海牙协定》,世界知识产权组织构建了工业品外观设计国际注册体系(以下简称"海牙体系"),该体系是世界知识产权组织管理的工业产权领域国际合作三大体系之一。通过海牙体系,申请人可以向国际局提交一件外观设计国际注册申请,使用一种语言、一种货币,申请在多个缔约方寻求外观设计保护。我国是《海牙协定》的缔约方。因此,我国申请人可以使用海牙体系同时向国内外申请外观设计保护,外国申请人也可以通过海牙体系向我国申请外观设计保护。

外观设计国际注册申请的程序主要包括国际程序和缔约方主管局的程序。前者是指外观设计国际注册申请经国际局形式审查合格后,获准进行外观设计国际注册,对其进行国际公布。后者是指国际公布后,指定的缔约方主管局对外观设计国际注册进行审查:如果审查合格,相关缔约方主管局发出给予保护声明,或者在规定期限(该期限是指缔约方主管局发出驳回通知的期限,具体请见本章第3.1节)届满后自动对外观设计国际注册申请给予保护;如果审查不合格,相关缔约方主管局将向国际局发送驳回通知,由国际局通知申请人。外观设计国际注册申请的主要流程,见图7-1。

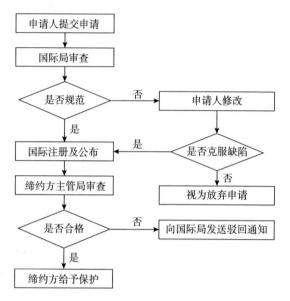

图 7 - 1　外观设计国际注册申请流程图

2. 国际程序

国际程序包括外观设计国际注册申请的提交、国际局的形式审查、国际注册的公布和管理。

2.1　申请的准备与提交

2.1.1　申请的准备

提交申请前，申请人应准备好申请表格、相关文件以及费用。外观设计国际注册申请应当使用英文、法文或西班牙文中的一种提交。

2.1.1.1 申请表格

申请表格包括 DM/1 表及其附件。DM/1 表的内容包括"必填内容""补充必填内容""非必填内容"。DM/1 表中的填写项若没有任何标注，属于"必填内容"；若标注"如适用"（if applicable），属于"补充必填内容"，即在某些情况下必须填写，例如某些缔约方有特别要求或申请人有相关请求；若标注"可选"（optional），则属于"非必填内容"。

DM/1 表的附件包括附件 I 至附件 V，申请人需根据所提交申请的具体情况选择适当的附件提交，例如，要求优先权需填写附件 V。更多表格填写的具体要求，可参考国际局官方网站（https：//www. wipo. int）提供的《海牙体系指南》。

申请人通过国际局官方网站的"eHague"电子申请界面提交申请的，可在线填写申请信息，无须下载 DM/1 表及其附件；申请人使用非"eHague"方式提交申请的❶，则需在国际局官方网站的"海牙专栏"下载最新申请表格。

2.1.1.2 图片或者照片

根据国际局的形式审查要求，图片或者照片应当满足如下条件❷：

（1）所有细节应当清晰可辨，满足公布要求；

（2）投影关系应当对应、背景单一且不含外观设计以外的其他内容；

（3）可以为线条图，但线条图不应有中心线或尺寸标注；

（4）可通过虚线或半透明涂覆的形式表示局部外观设计不

---

❶ 申请方式的说明请见本章第 2.1.2 节。

❷ 通常情况下，满足我国外观设计专利申请文件要求的图片或照片，亦满足该要求。

要求保护的部分，并在简要说明书中予以解释；

（5）包含产品使用环境及其他物体的参考图应当在简要说明书中写明不要求保护。

申请人以电子形式提交时，应当注意：

（1）图片或照片格式应当为 JPEG 或 TIFF，大小不超过 2MB；

（2）颜色可以是 RGB 模式或灰度模式；

（3）图片或照片四周留白 1~20 像素，每幅视图分辨率应为 300dpi，尺寸应不大于 1890×1890 像素；

（4）打印后尺寸应不大于 16×16 厘米，且每件外观设计至少有一张图片或者照片的尺寸不得小于 3 厘米。

申请人以纸件形式提交申请时，应当注意：

（1）图片或照片应粘贴或直接打印在单独的、白色且不透明的 A4 纸上；

（2）纸张应竖直使用，且每页纸图片或者照片的数量不得超过 25 幅；

（3）图片或照片四周应至少留出 5 毫米的空白。

此外，申请人如需了解其指定的缔约方对于外观设计充分公开的要求，可以查看国际局官方网站的《关于制作并提供复制件以预防审查局以工业品外观设计公开不充分为由进行可能驳回的指导原则》❶。

2.1.1.3　费用

申请人应当在提交申请的同时缴纳费用。外观设计国际注册申请的费用包括基本费、公布费和指定费。指定费分为标准指定费和单独指定费。审查局和政府间组织可以声明以单独指定费取

---

❶　该内容提及的"审查局"是指依职权对向其提出的工业品外观设计保护申请进行审查，以至少确定该工业品外观设计是否符合新颖性条件的局。

代标准指定费。如需了解外观设计国际注册申请费用具体数额，申请人可访问国际局官方网站的费用表。

申请人通过"eHague"提交申请的，可以使用该界面自动计算费用。申请人通过非"eHague"方式提交申请的，可以使用国际局网站提供的费用计算器自行估算提交外观设计国际注册申请的费用。

外观设计国际注册申请包含多项设计的，从第二项设计开始，每增加一项的费用远低于第一项的费用，因此设计项数越多，指定缔约方越多，费用节省越明显。同时，如本章 2.1.2.3 ①所述，如果图片或照片的页数超过一页，使用"eHague"提交申请也能明显节约费用。

2.1.1.4　其他应准备的文件

除了申请表格、图片或照片以及费用，如有必要❶，申请人还应准备设计人身份的宣誓或声明、要求优先权声明及证明文件、要求不丧失新颖性宽限期声明及证明文件和单独指定费减免要求等。

2.1.2　申请的提交

外观设计国际注册申请可以直接向国际局提交，也可以通过专利局向国际局提交。

2.1.2.1　直接向国际局提交

直接向国际局提交申请，可以通过以下方式：

（1）使用"eHague"提交

申请人可以通过国际局官方网站提供的"eHague"电子申

---

❶　根据申请人要求保护的外观设计国际注册申请的情况及其指定缔约方的法律规定确定是否有必要。

请界面提交申请。填写时应按照申请界面给出的提示填写相应内容。

（2）使用"联系海牙"提交

申请人也可以通过国际局官方网站提供的"联系海牙"（Contact Hague）上传 DM/1 表及其附件，直接向国际局提交申请。

2.1.2.2　通过专利局提交

申请人也可以选择通过专利局向国际局提交外观设计国际注册申请。通过专利局提交外观设计国际注册申请的，后续其他文件应当直接向国际局提交。

通过专利局提交外观设计国际注册申请的，符合以下条件时相应申请将传送至国际局：申请人之一在中国有经常居所或者营业所，且申请人之一选择中国作为申请人缔约方；申请使用《海牙协定》规定的正式表格（DM/1 表）；申请中至少包括外观设计图片或者照片；申请使用英文撰写；申请中包含中国内地中文通信信息；申请中不得包含违反中国法律、社会公德或者妨害公共利益的信息。

符合传送条件的，申请人将收到专利局发出的外观设计国际注册申请予以传送通知书。不符合传送条件的，申请人将收到专利局发出的外观设计国际注册申请不予传送通知书。

通过专利局提交申请，可以通过以下方式。

（1）在线提交

申请人应当首先注册成为"专利业务办理系统"用户，之后可通过"专利业务办理系统"客户端或者网页版提交 PDF 格式的 DM/1 表、图片或者照片以及其他证明文件，并填写中文信息表。如果需要提交 DM/1 表的附件 I —附件 V，相关附件可以分别作为 PDF 格式的"其他证明文件"随 DM/1 表提交。

（2）邮寄或面交

如果提交纸件，申请人应当将外观设计国际注册申请的相关文件邮寄至专利局受理处或向专利局受理窗口当面递交。专利局设立在各地的代办处暂不接收外观设计国际注册申请文件。

2.1.2.3　注意事项

① 不论是直接提交还是间接提交，通过非"eHague"方式提交的申请，国际局对于外观设计图片或者照片的第一页之后的每一页，均加收 150 瑞士法郎的公布附加费。申请人可以在每页布置多幅外观设计图片或者照片，但不应当影响外观设计图片或者照片的清晰度。

② 对于直接向国际局提交的申请，应当直接向国际局缴费，国际局仅接受瑞士法郎；通过专利局提交外观设计国际注册申请文件的，可以通过专利局向国际局缴纳外观设计国际注册申请的相关费用。

③ 国际局未提供专门的表格用于制作外观设计图片或者照片文件，申请人可以使用专利局提供的外观设计国际注册申请图片或者照片模板制作，并转换成 PDF 格式。

④ 通过专利局提交外观设计国际注册申请文件的，需准备中文信息表。中文信息表主要用于记载申请人和设计人的必要信息，也用于专利局与申请人之间的通信。

⑤ 申请时与上述文件一并提交的其他文件均可以以"其他证明文件"提交。

⑥ 外观设计国际注册申请可以是首次申请，也可作为在后申请的优先权基础。

⑦ 要求优先权的，如果缔约方主管局要求提交优先权副本，

申请人可以在申请时写明 DAS 码或以附件 V 提交（仅限指定中国、日本和韩国的申请）；申请人未在提交申请时写明 DAS 码或提交附件 V 的，可以在规定期限内直接向缔约方主管局提交。

2.2 国际局的形式审查

2.2.1 审查内容

国际局不审查外观设计国际注册申请的新颖性，仅审查其是否满足其形式要求。

国际局的形式审查包括申请人必要信息、代理人必要信息（如有代理人）、外观设计图片或照片、费用等。审查周期通常为一个月内，通过"eHague"直接提交的外观设计国际注册申请审查周期较短，以其他形式提交的外观设计国际注册申请审查周期较长。

根据海牙体系的规定，一件外观设计国际注册申请中可以包含多项不同的外观设计，但最多不能超过 100 项，且这些设计应当属于《洛迦诺国际分类表》中的同一个大类；委托代理不是强制性要求，如若委托，则只能指定一个代理人，同时国际局对代理人资格无任何限制或要求。

需要注意的是，如果外观设计国际注册申请未满足国际局的形式要求，国际局将发出通知，申请人应当自发出通知之日起三个月内修改缺陷。申请人未在三个月内修改的，该外观设计国际注册申请将被视为放弃。同时，外观设计国际注册申请存在特定的不规范情形的，如果未按期更正，还会被视为未指定相应缔约方。例如，指定美国必须提交设计人的宣誓或声明，指定罗马尼亚必须提交有关设计人身份的说明，指定中国、罗马尼亚、叙利亚和越南必须提交简要说明书，指定美国和越南必须提交权利要求书。

2.2.2　国际注册日

通常情况下，国际申请日即国际注册日。如果外观设计国际注册申请符合相关规定，申请人直接向国际局提交申请的，则国际注册日是国际局收到外观设计国际注册申请的日期。申请人通过专利局间接提交外观设计国际注册申请的，且在文件收到日起一个月内传送至国际局的，国际局以专利局实际收到日为国际注册日；晚于一个月传送至国际局的，国际局以其实际收到日为国际注册日。

如果外观设计国际注册申请存在特定的不规范情形的，外观设计国际注册申请的注册日一般是国际局收到申请人对相应不规范作出更正的日期。这些特定的不规范情形包括未使用规定的语言、无申请人信息、未提交视图以及未指定缔约方。

2.3　国际注册的公布

外观设计国际注册申请经国际局形式审查合格后，获准进行外观设计国际注册，并由国际局在国际外观设计公报上对其进行国际公布。国际注册的公布方式包括标准公布、立即公布和选定时间公布。申请人可以在提交申请时选择立即公布或选定时间公布；如果未选择，则国际局对外观设计国际注册申请进行标准公布。

2.3.1　标准公布

一般情况下，国际注册日之后十二个月国际局将公布该国际注册。该期限届满前，申请人可以请求提前公布。

2.3.2　立即公布

申请人如果要求立即公布，国际局会在完成国际注册有关准备工作后即时公布。

2.3.3　选定时间公布

申请人如果要求在选定时间公布，国际局会按照申请人选定的时间（自申请日或者优先权日起最长三十个月）进行公布。在选定的公布时间之前，申请人可以请求提前公布。

2.4　国际注册的管理

国际注册的管理包括外观设计国际注册的变更、续展、放弃、限制和无效。

2.4.1　变更

申请人要求变更的，应当向国际局提出变更请求，包括国际注册所有权变更（使用 DM/2 表格）、注册人名称或者地址变更（使用 DM/6 表格）、国际程序中代理人的委托（使用 DM/7 表格）、国际程序中代理人名称或者地址变更（使用 DM/8 表格）、国际程序中代理人委托的解除（使用 DM/9 表格）。

2.4.2　续展

国际注册的首个保护期为自国际注册日起五年，可以以五年为期进行续展（使用 DM/4 表格）❶，至少可以续展两次，直到指定的缔约方法律规定的最长保护期限届满为止。❷ 国际局会在五年期届满前六个月通知申请人国际注册到期日，申请人自行或者收到通知后完成续展的，国际局会发出续展注册证。

---

　　❶　国际注册的续展，没有规定正式的表格，但 DM/4 表格提供了续展所需要的必要信息。
　　❷　《海牙协定》要求缔约方对外观设计提供至少十五年的保护期。某些缔约方提供超出十五年的保护期，申请人可以在两次续展之后继续续展。

2.4.3　放弃

申请人要求放弃一件国际注册的全部工业品外观设计的，可以向国际局提出对部分或全部被指定的缔约方放弃国际注册的请求（使用 DM/5 表格）。

2.4.4　限制

申请人要求限制一件国际注册的部分工业品外观设计的，可以向国际局提出对部分或全部被指定的缔约方国际注册的限制请求（使用 DM/3 表格）。例如，一件外观设计国际注册申请中包含三项外观设计，申请人限制其中一项或两项外观设计，被限制的外观设计将被排除在保护范围之外，其他未被限制的设计将继续获得保护。

2.4.5　在指定缔约方的无效

外观设计国际注册在指定缔约方的无效程序，应当向缔约方主管局提出，提出无效请求的程序与在相应缔约方司法辖区内对外观设计提出无效请求的程序相同。

3. 缔约方的相关规定

外观设计国际注册申请在国际局获得注册并不表示可以在指定的缔约方获得保护。能否在指定的缔约方获得保护以及获得保护后享有哪些权利，应当依照相应缔约方的法律规定。申请人可通过了解指定缔约方相关法律法规，尤其是各缔约方作出的声明，避免出现实质性缺陷。

3.1　缔约方主管局的审查

外观设计国际注册申请公布后，各缔约方主管局依据其相关法律❶对外观设计国际注册申请进行审查，其审查结论仅在该司法辖区内有效，不影响其他被指定缔约方的审查结论。

如果外观设计国际注册申请存在实质性缺陷，则缔约方主管局将发出驳回通知。由于各缔约方司法辖区的法律不同，其驳回通知的具体理由可能不同。请注意，"驳回通知"不同于我国国家申请的"驳回决定"，申请人可以对其进行答复，克服其指出的缺陷并确保没有新的缺陷后，相应外观设计国际注册申请可以获得授权。另外，各缔约方主管局发出驳回通知的期限是自国际公布之日起六个月或十二个月内，我国的期限是后者。

如果外观设计国际注册申请满足缔约方主管局给予保护的条件，缔约方主管局将发出给予保护的声明，相应外观设计自给予保护声明中确定的时间起获得保护。如果缔约方主管局未在期限内发出给予保护声明，也未发出驳回通知，则最晚自国际公布之日起六个月或十二个月届满之日起获得保护。如果缔约方主管局发出驳回通知后撤回，则最晚自撤回之日起在该缔约方司法辖区内获得保护。

如果申请人对外观设计国际注册申请的驳回通知或驳回决定有异议，可在相应缔约方主管局启动救济程序。缔约方主管局的救济程序以各缔约方司法辖区法律规定为准。

3.2 我国的程序

外观设计国际注册申请国际公布后，专利局将对其进行审查，申请人无须办理手续来启动专利局的审查。

---

❶ 如需了解各缔约方对外观设计单一性的要求，申请人可在国际局官网查看《关于一件国际申请中包括多项外观设计以预防可能驳回的指导原则》。

3.2.1　申请日的确定

┌─────────────────────────────────┐
⎹ ▣〕细则 137
⎹ 　　【审查指南第六部分第一章第 3.1 节】
└─────────────────────────────────┘

按照《海牙协定》指定中国并已确定国际注册日的外观设计国际注册申请（以下简称"外观设计国际申请"），视为向专利局提出的外观设计专利申请，该国际注册日视为《专利法》第二十八条所称的申请日。

3.2.2　给予保护声明和驳回通知

┌─────────────────────────────────────┐
⎹ ▣〕【审查指南第六部分第二章第 3.1 节、第 3.2 节】
└─────────────────────────────────────┘

外观设计国际申请经专利局审查后没有发现驳回理由的，将由专利局作出给予保护的决定，发出给予保护声明；如果外观设计国际申请存在明显实质性缺陷的，专利局将发出驳回通知。

3.2.3　驳回通知的答复

┌─────────────────────────────────┐
⎹ ▣〕【审查指南第六部分第二章第 3.3 节】
└─────────────────────────────────┘

申请人应当在收到驳回通知后四个月内进行答复。如果申请人的答复未克服原缺陷或出现新缺陷，申请人还可能收到审查意见通知书、补正通知书或驳回决定等。对于这些通知书的答复期限和救济程序与国家申请相同。

┌─────────────────────────────────┐
⎹ ▣〕法 18、细则 3.1
⎹ 　　【审查指南第六部分第二章第 3.3 节】
└─────────────────────────────────┘

应当注意的是，与国家申请相同，在中国没有经常居所或者营业所的外国申请人在答复驳回通知时必须委托代理机构进行办理，中国申请人可以选择是否委托代理机构。申请人进行答复时应当使用中文提交陈述意见，并使用英文对申请文件进行修改，其他答复要求与国家申请要求相同。

3.2.4　优先权

法 29
【审查指南第六部分第二章第6.2节】

申请人要求优先权的，如未在提出外观设计国际申请时提交在先申请文件副本，应当自其申请国际公布之日起三个月内向专利局提交在先申请文件副本。申请人可以自行提交在先申请文件副本而无须委托代理机构。在先申请文件副本中记载的申请人与在后申请的申请人不一致的，申请人应当自其申请国际公布之日起三个月内向专利局提交相关的证明文件。申请人期满未提交在先申请文件副本，或者未提交有关证明文件，则优先权要求不成立，且不可恢复。

通过海牙体系指定中国的外观设计国际申请，无须缴纳优先权要求费。

3.2.5　不丧失新颖性宽限期

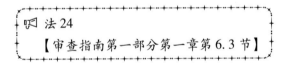

法 24
【审查指南第一部分第一章第6.3节】

指定中国的外观设计国际申请，在申请日（有优先权的，指优先权日）以前六个月内，在中国政府主办或者承认的国际展览会上首次展出的，或在规定的学术会议或者技术会议上首次发表的，申请人如果请求享有不丧失新颖性宽限期，应当在提出外观设计国际申请时声明，申请人可以在申请时使用 DM/1 表附件Ⅱ提交证明文件，或者自申请国际公布之日起两个月内向专利局提交有关证明文件。

指定中国的外观设计国际申请，在申请日（有优先权的，指优先权日）以前六个月内，在国家出现紧急状态或者非常情况时，为公共利益目的首次公开的，或他人未经申请人同意而泄露其内容的，申请人如果请求享有不丧失新颖性宽限期，可以在申请时使用 DM/1 表附件Ⅱ提交证明文件，或者在专利局指定的期限内向专利局提交证明文件。

未按规定提出声明或者未提交证明文件的，不能享有不丧失新颖性宽限期。

3.2.6　单一性

> 法 31.2
> 【审查指南第一部分第三章第 9 节】

指定中国的外观设计国际申请，应当满足单一性要求。如果以相似设计提交多项设计，应在 DM/1 表中指定基本设计。如果不满足单一性要求，外观设计国际申请可保留一项外观设计，其他外观设计可提出分案申请。

> 【审查指南第六部分第一章第 3.4 节】

针对外观设计国际申请提出的分案申请，应当在分案申请请求书中填写原申请的申请日和原申请的申请号。该原申请的申请日应当是其国际注册日，原申请的申请号填写原申请的国际注册号。该分案申请属于国家申请。

┌─────────────────────────────────┐
【审查指南第六部分第二章第5.6节】
└─────────────────────────────────┘

申请人按照审查员的审查意见提出分案申请的，最迟应当在原申请的国内公告日起两个月内提出。为加速审查进程，申请人也可以自其申请国际公布之日起两个月内，向专利局主动提出分案申请，以更早地获得保护。上述期限届满后，或者原申请已被驳回，或者原申请被视为撤回且未被恢复权利的，一般不得再提出分案申请。

涉及分案的其他规定适用本书第5章第5.4节的规定。

3.2.7 所有权变更的效力

对于指定中国的权利变更，申请人除了向国际局办理相关手续，还应当向专利局提交证明文件。证明文件是外文的，应当同时附具中文题录译文。未提交证明文件或提交证明文件经审查不合格的，专利局通知国际局该权利变更为在中国不生效。此后，申请人仍可继续向专利局提交权利变更证明文件。经审查合格的，专利局将通知国际局，国际局将登记该权利变更为在中国的生效。

3.2.8 专利代理委托

在中国没有经常居所或者营业所的外国申请人，或者作为代表人与其他申请人共同办理外观设计国际申请在专利局的程序中的事务，例如答复通知书、办理法律手续时，应当委托在中国依法设立的专利代理机构。申请人可以自行提交优先权在先申请文件副本，缴纳费用而无须委托专利代理机构。

对于在内地没有经常居所或营业所的香港、澳门或台湾地区申请人，参照上述规定办理。

3.2.9 著录项目变更

申请人可以在专利局的程序中对联系人和专利代理事项请求

办理著录项目变更手续，应当向专利局提交变更前后的联系人名称和地址信息或者专利代理信息。

3.2.10　延长期限请求

申请人可以在驳回通知以及专利局发出的通知书中指定的答复期限届满前提出延长请求。指定期限一般只允许延长一次。

3.2.11　中止请求

外观设计国际申请由于人民法院要求协助执行财产保全的中止的，应当提交中止程序请求书并附具证明文件。

3.2.12　恢复请求

因超出驳回通知中的答复期限或专利局发出的通知书中指定的答复期限，外观设计国际申请被视为撤回的，申请人可以请求恢复。

3.2.13　请求出具专利登记簿副本

外观设计国际申请在中国授权公告后，申请人可以向专利局请求出具外观设计国际申请的专利登记簿副本，作为在中国给予保护的证明。

3.2.14　请求出具专利权评价报告

外观设计国际申请的专利权人、利害关系人和被控侵权人可以请求专利局作出专利权评价报告，应当提交专利权评价报告请求书，缴纳专利权评价报告请求费。

3.2.15　费用相关手续

申请人可以以意见陈述书（关于费用）的形式向专利局提

出有关费用办理手续的相关意见。

3.3 其他缔约方的特别规定

本节涉及《海牙协定》主要缔约方主管局的特别规定。如果外观设计国际注册申请指定这些缔约方，应注意其相应要求，详细内容也可通过国际局官网了解各缔约方声明。

3.3.1 欧盟

（1）费用

欧盟知识产权局按申请中包含的设计项数收取单独指定费。

（2）申请

申请人要求享有优先权的，可不必提交优先权文件副本。

（3）审查

欧盟知识产权局对外观设计国际注册申请进行的审查通常包括对外观设计的定义、公序良俗以及国家标志等的审查。

（4）公布

欧盟知识产权局不会再次公布在欧盟生效的外观设计国际注册。

3.3.2 美国

（1）费用

美国专利商标局按申请收取单独指定费，其单独指定费由两部分组成：第一部分在申请时缴纳，第二部分应在美国法律所确定的更晚日期后缴纳。如果未在规定的时限内向美国专利商标局全额缴付第二部分单独指定费，美国专利商标局可以向国际局要求注销该国际注册。同时，不同类型的申请人应缴纳的单独指定费不同，例如申请人属于微型实体（micro entity）的，可以在

DM/1 表中提出单独指定费的费用减免请求，并以 DM/1 表的附件Ⅳ提交其微型实体认证书。不同类型申请人缴纳单独指定费的具体数额可参见美国的缔约方声明。

（2）申请

美国专利商标局要求，申请人应提交设计人的宣誓或声明。因此，申请人需在 DM/1 表填写设计人信息，并提交 DM/1 表附件 I。

（3）审查

美国专利商标局审查外观设计的新颖性和非显而易见性。

指定美国的外观设计国际申请应当满足其单一性要求，且为充分公开外观设计，申请人应写明每一张图片或照片的视图名称。同时，美国专利商标局要求外观设计国际注册申请中必须包括权利要求书，申请人应在 DM/1 表填写相应内容，具体措辞应表述为："The ornamental design for（indicate an article）as shown and described."［译为：（物品）的装饰性外观设计见图示与描述］。例如，请求保护的是杯子的外观设计，则权利要求应填写为："The ornamental design for a cup as shown and described."（译为：杯子的装饰性外观设计见图示与描述）。

如果申请人要求享有优先权，应当在授权前提交"优先权证明文件"。

（4）公布

指定美国的外观设计国际注册申请，申请人不能要求选定时间公布。❶

美国专利商标局在专利官方公报上将符合美国国内法适用要求的国际注册作为美国外观设计专利进行公告。

---

❶ 选定时间公布详见本章第 2.3.3 节。

3.3.3 英国

（1）费用

英国知识产权局按申请中包含的设计项数收取标准指定费。

（2）申请

申请人要求享有优先权的，可不必提交优先权文件副本。

（3）审查

英国知识产权局对外观设计国际注册申请进行的审查通常包括对外观设计的定义、公序良俗以及国家标志等的审查。

（4）公布

指定英国的外观设计国际申请，其公布日期不得超出申请日起十二个月。

英国知识产权局不再公布指定英国并在该国生效的国际注册。

3.3.4 日本

（1）费用

日本特许厅按申请中包含的设计项数收取单独指定费。

（2）申请

如果指定日本的外观设计国际注册申请属于"关联申请"，申请人应在 DM/1 表填写主要设计以及与主要设计相关联的设计。

申请人要求享有优先权的，可以在申请时填写 DAS 码，而不需要提交优先权副本；也可以在申请时使用 DM/1 表附件 V 直接向国际局提交优先权副本；或者在国际注册公布之日起三个月内向日本特许厅提交。向日本特许厅提交优先权副本和证明文件必须委托代理机构办理。

如果申请人在提交的外观设计国际注册申请中作出不丧失新

颖性宽限期声明，应在国际注册公布之日起三十日内向日本特许厅提交不丧失新颖性宽限期的证明文件。

（3）审查

日本特许厅审查外观设计的新颖性和创造性。

日本的法律规定，除外观设计图片或者照片外，外观设计的保护范围还应由产品名称决定，因此申请人应当使用便于明确其产品用途的文字表述产品名称。

（4）公布

日本特许厅对符合要求的国际注册作为日本外观设计进行公告❶。

3.3.5　韩国

（1）费用

韩国知识产权局按申请中包含的设计项数收取指定费。对于指定韩国的外观设计国际注册申请，以洛迦诺分类的类别确定指定费。洛迦诺分类第 01 类（食品）、02 类（服装、服饰用品和缝纫用品）、03 类（其他类未列入的旅行用品、箱包、阳伞和个人用品）、05 类（纺织品、人造或天然材料片材）、09 类（用于商品运输或装卸的包装和容器）、11 类（装饰品）和 19 类（文具、办公用品、美术用品和教学用品）的外观设计国际注册申请，适用标准指定费的第三级。其他类别的外观设计国际注册申请适用单独指定费。

（2）申请

如果指定韩国的外观设计国际注册申请属于"关联申请"，申请人应在 DM/1 表填写主要设计以及与主要设计相关联的设计。需要注意的是，属于洛迦诺分类第 32 类（图形符号、标识、

---

❶　参见：日本特许厅官方网站：https：//www.jpo.go.jp。

表面图案、纹饰、内部和外部布置）的设计不能依韩国的国内法受到外观设计保护。

申请人要求享有优先权的，可以在申请时填写 DAS 码，而不需要提交优先权副本；也可以在申请时使用 DM/1 表附件 V 直接向国际局提交优先权副本；或者在国际注册公布之日起三个月内向韩国知识产权局提交；向韩国知识产权局提交优先权副本和证明文件必须委托代理机构办理。

如果申请人在提交的外观设计国际注册申请中作出不丧失新颖性宽限期的声明，应在国际注册公布之日起三十日内向韩国知识产权局提交不丧失新颖性宽限期的证明文件。

（3）审查

韩国知识产权局审查外观设计的新颖性和创造性（洛迦诺分类第 01 类、02 类、03 类、05 类、09 类、11 类和 19 类除外）。

韩国的外观设计保护法规定，除外观设计图片或者照片，外观设计的保护范围还应由产品名称决定。因此申请人应当使用便于明确其产品用途的文字来表述产品名称。

（4）公布

韩国知识产权局不会再公布指定韩国并在该国生效的国际注册，但提供查询网址（http：//eng. kipris. or. kr）。

3.3.6 其他国家或地区

与指定美国相同，根据申请人经济状况，指定以色列、墨西哥的外观设计国际注册申请适用单独指定费，其单独指定费有不同数额的减免。同时，墨西哥的单独指定费也分为两部分：第一部分在申请时缴纳，第二部分在墨西哥法律所确定的更晚日期缴纳。

如果外观设计国际注册申请指定芬兰、加纳、匈牙利、冰岛或墨西哥，申请人应当在提交外观设计国际注册申请时指明设计人身份。如果设计人与申请人不一致，则申请人应当声明该外观设计国际注册申请已由设计人转让给申请人。

属于洛迦诺分类第 32 类"图形符号、标识、表面图案、纹饰、内部和外部布置"类的设计不能依加拿大、以色列和墨西哥的国内法受到外观设计保护。

罗马尼亚、叙利亚、越南要求外观设计国际注册申请文件中应包含简要说明书；越南要求申请文件中除简要说明书还应包含权利要求书。外观设计国际注册申请指定上述国家但是缺少简要说明书或权利要求书的，将导致其国际注册日推后。

第8章 复审、无效宣告及行政复议程序

第一部分 复审程序

1. 复审程序概述

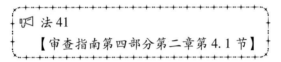

如果申请人对驳回决定不服，可以自收到通知之日起三个月内提出复审请求。

1.1 目的和性质

复审请求审查程序（以下简称"复审程序"）是因申请人对驳回决定不服而启动的救济程序，同时也是专利审批程序的延续。因此，针对申请人提出的复审请求，国家知识产权局专利局复审和无效审理部一般仅针对驳回决定所依据的理由和证据进行审查；为避免不合理地延长审批程序，也会依职权对驳回决定未提及的其他缺陷进行审查。例如，驳回决定所依据的理由是权利要求1不具备《专利法》第二十二条第三款规定的创造性。如果经审查该权利要求请求保护的明显是永动机，则在复审程序中会对该权利要求不符合《专利法》第二十二条第四款规定的缺陷进行审查。

1.2　审查原则

复审程序中普遍适用的原则包括：合法原则、公正执法原则、请求原则、依职权审查原则、听证原则和公开原则。

1.3　主要流程

复审程序的流程通常包括：提出复审请求、形式审查、前置审查、合议审查，见图 8 – 1。

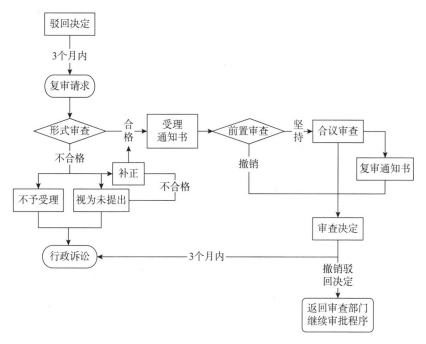

图 8 – 1　复审程序流程

2. 复审请求的提出及手续办理

复审程序依申请人的请求而启动。申请人可根据具体案情和实际需求，自行决定是否提出复审请求。

2.1 请求复审的条件

提出复审请求的主体应当是申请人。申请人数量为两个或两个以上的，应当由全部申请人共同提出复审请求。申请人在复审程序中被称为复审请求人。

提出复审请求的期限为申请人收到驳回决定之日起三个月内。

复审请求人因不可抗拒的事由或其他正当理由延误上述期限的，可以根据《专利法实施细则》第六条请求恢复权利。

2.2 请求复审的手续办理

2.2.1 自行办理和委托办理

【审查指南第四部分第二章第2.6节】

复审请求人提出复审请求及办理复审程序相关事务，可以根据《专利法》相关规定选择自行办理或委托专利代理机构代为办理。

如果复审请求人在专利申请阶段委托了一家专利代理机构并注明委托权限为办理专利申请以及在专利权有效期限内的全部专利事宜，则该委托关系在复审程序中依然有效。复审请求人委托该专利代理机构代为提出复审请求及办理复审程序相关事务的，无须重新办理委托手续；如果委托另一家专利代理机构代为提出复审请求及办理复审程序相关事务，则应当重新办理委托手续。

如果复审请求人在专利申请阶段未委托专利代理机构，在提出复审请求时或进入复审程序后委托专利代理机构代为办理的，应当办理委托手续。办理委托手续应当提交《复审程序授权委托书》（表格编号 100907）。

在复审程序中，委托关系发生变化的，应当及时向复审和无效审理部提交书面说明。

委托手续合格的，复审程序中的通知书将发送给该代理机构。因委托手续不符合相关要求而视为未委托的，复审程序后续的通知书将发送给复审请求书表格中填写的或通过其他书面方式确定的收件人。

2.2.2　复审请求文件的准备

复审请求文件至少应当包括《复审请求书》（表格编号 100901）。复审请求书应当体现复审请求人的主张，说明复审请求的理由。

除复审请求书外，复审请求文件还可能包括：

（1）如果对申请文件进行修改，则需要提交申请文件的修改替换页，参见本部分第 5.5 节。

（2）如果委托了专利代理机构且属于应当办理委托手续的情形，则需要提交复审程序授权委托书。

（3）如果陈述的意见内容较多，可制作复审请求理由页作为复审请求书表格的附件。

（4）如果提交说明复审理由的相关证明材料，可将其作为复审请求书表格的附件。

上述文件按照格式要求分为标准表格和一般文件，其中复审请求书、复审程序授权委托书应采用标准表格。

2.2.3　复审请求文件的提交

复审请求人可通过电子形式或纸件形式提交复审请求文件。其中，电子形式文件可以通过"专利业务办理系统"进行提交。纸件形式文件的提交地址见附件 3。

2.2.4 费用的缴纳

复审请求人提出复审请求需要缴纳复审费。如果需要同时办理恢复权利手续，还应缴纳恢复权利请求费。

复审费的缴费期限与提出复审请求的期限一致，即在收到驳回决定之日起三个月内缴纳复审费。复审和无效审理部不会发送缴纳复审费的通知书，复审请求人应当在规定期限内足额缴纳费用。

复审请求人可以通过网上缴费、邮局汇款或银行汇款等方式进行缴费，相关内容参见附件3。

复审费可以申请减缴，具体参见《专利收费减缴办法》相关规定。

3. 形式审查通知书的类型和答复

复审请求人提出复审请求且在规定期限内足额缴纳复审费后，复审和无效审理部将对该复审请求进行形式审查，确认复审请求的客体、复审请求人的主体资格、是否在法定期限内提出、文件形式、委托手续等是否满足受理条件，并根据审查的结论向复审请求人发出形式审查通知书。

复审程序中形式审查通知书的类型包括：复审请求受理通知书、复审请求补正通知书、复审请求视为未提出通知书和复审请求不予受理通知书。上述通知书将告知复审请求人复审请求的形式审查结论，如果未被受理会明确指出复审请求存在的缺陷，复审请求人应当按照通知书的具体指引来进行相应的处理。

同时，上述通知书会标明该复审请求的案件编号，复审请求人在提交中间文件时需要在中间文件相应位置标明该案件编号。

复审案件编号的格式为 1F×××××× （发明复审请求）、2F×××××× （实用新型复审请求）、3F×××××× （外观设计复审请求），其中×为数字 0 ~ 9 之一。

3.1　复审请求受理通知书

复审请求经形式审查符合《专利法》及其实施细则和《专利审查指南 2023》有关规定的，复审请求人将收到复审请求受理通知书。

3.2　复审请求补正通知书

复审请求经形式审查不符合《专利法》及其实施细则和《专利审查指南 2023》有关规定需要补正的，复审请求人将收到复审请求补正通知书。

复审请求人应当在复审请求补正通知书指定的期限内补正。补正时应当提交按照表格背面的注意事项填写的《复审、无效宣告程序补正书》（表格编号 100904）。需要补充文件或提交修改文件替换页的，应当作为该补正书的附件一并提交。

对于补正通知书指出的不符合复审请求形式要求或手续要求的缺陷，如果期满未补正或者在指定的期限内补正但经两次补正后仍存在同样缺陷的，该复审请求视为未提出；对于补正通知书指出的涉及委托关系或委托手续的形式缺陷，未按要求补正的，该复审请求视为未委托。

不符合复审请求形式要求或手续要求的常见缺陷包括：

（1）复审请求书未使用规定格式的表格；

（2）复审请求书中发明创造名称与专利申请时或合法变更后的名称不一致；

（3）复审请求书中复审请求人的名称与专利申请时或合法变更后的名称不一致；

（4）复审请求人不是全部申请人；

（5）共同申请未委托专利代理机构且复审请求书中没有全部申请人签章；

（6）实际提交附件的名称、页数和复审请求书附件清单中记载的不一致；

（7）复审请求书落款没有复审请求人签章，或委托专利代理机构没有专利代理机构签章；

（8）复审请求书其他填写不规范的情形。

涉及委托关系或委托手续的常见缺陷包括：

（1）委托了专利代理机构但未提交授权委托书；

（2）授权委托书未使用规定格式的表格；

（3）授权委托书中各种填写不规范的情形。

3.3　复审请求视为未提出通知书

如果未在规定的期限内缴纳或缴足复审费，或者对于不符合复审请求形式要求或手续要求的缺陷，未按要求补正的，复审请求人将收到复审请求视为未提出通知书。

如果复审请求视为未提出通知书依据的理由为如下三项中的一项，复审请求人可以按照办理恢复权利程序的相关规定办理权利恢复：

（1）未在复审请求补正通知书指定的期限内补正指出的缺陷；

（2）未在《专利法实施细则》第一百一十三条规定的期限内缴纳或者缴足复审费；

（3）未在《专利法实施细则》第一百一十三条规定的期限内缴纳或者缴足复审费，并且提出的恢复权利请求不符合《专利法实施细则》第六条或第一百一十六条第一款有关请求恢复权利的规定。

3.4　复审请求不予受理通知书

复审请求存在无法补正的缺陷导致不能被受理，复审请求人将收到复审请求不予受理通知书，不予受理的理由包括：

（1）专利申请尚未被驳回；

（2）复审请求不是针对驳回决定提出的请求，而是针对其他通知书提出的请求；

（3）复审请求人不是被驳回申请的申请人；

（4）提出复审请求的期限不符合《专利法》第四十一条第一款规定的复审请求的法定期限；

（5）提出复审请求的期限不符合《专利法》第四十一条第一款规定，并且提出的恢复权利请求不符合《专利法实施细则》第六条或者第一百一十六条第一款有关请求恢复权利的规定；

（6）复审请求人属于《专利法》第十八条第一款规定的应当委托专利代理机构的情形，但未按规定委托。

一些情况下，可以通过办理恢复权利手续或另行提出复审请求，以继续复审程序。例如，如果复审请求不予受理通知书中列明的是上述（4）项或（5）项所述的原因，则复审请求人可以参照本节第6.1节判断是否可以办理权利恢复。又如，如果复审请求不予受理通知书中列明的是上述第（6）项所述的原因，复审请求人可参照本节第2.1节判断当前阶段是否还满足请求复审的时机要求。如果符合要求，则可参照本节第2.2.1节委托专利代理机构另行提出复审请求。

4.　中间文件的提交

复审请求人可以通过电子形式或纸件形式提交《复审、无效宣告程序意见陈述书》（表格编号100902）、《复审、无效宣告程序补正书》（表格编号100904）等中间文件，提交方式参见本部分第 2.2.3 节。复审请求是电子形式提交的，建议同样采用电子形式提交中间文件。提交中间文件时应当填写该复审请求的案件编号。

中间文件按照格式要求同样分为标准表格和一般文件。标准表格包括：《复审、无效宣告程序意见陈述书》（表格编号100902）、《复审、无效宣告程序补正书》（表格编号100904）、《复审程序恢复权利请求书》（表格编号100905）、《复审程序延长期限请求书》（表格编号100906）、《复审请求口头审理通知书回执》（表格编号100903）、《复审、无效宣告程序优先审查请求书》（表格编号100908）❶ 等。

5. 合议审查

5.1　合议审查程序

对于形式审查合格的复审请求，复审和无效审理部可以成立合议组对其进行审查。

5.2　合议组的组成及回避申请

合议审查的复审请求案件由三人或五人组成的合议组负责审查，其中包括组长一人、主审员一人、参审员一或三人。当事人发现合议组成员有《专利法实施细则》第四十二条规定情形之一的，有权请求其回避。

当事人请求合议组成员回避的，应当以书面方式提出，并且说明理由，必要时附具有关证据。提出回避请求后，当事人将收到复审和无效审理部以书面方式作出的关于回避请求的处理决定。若有正当理由，被请求回避的合议组成员将退出审理，并重

---

❶　复审、无效宣告程序中的优先审查依照《专利优先审查管理办法》（国家知识产权局令第 76 号）的相关规定。

新成立合议组；若无正当理由，回避请求将被驳回。

本节中合议审查的相关内容适用于独任审查。

5.3　审查方式

在复审程序中，复审和无效审理部将根据案情采取书面审理、口头审理或者书面审理与口头审理相结合的方式进行审查。

5.3.1　书面审理

合议组通常以书面方式进行审理。复审请求人以书面方式提交意见或修改申请文件，并会收到合议组以书面形式作出的审查意见或审查结果。

5.3.2　口头审理

口头审理包括线下审理、线上审理以及线下与线上审理相结合等方式。在复审程序中，复审请求人如果需要向合议组口头说明事实、陈述理由或者需要实物演示，可以以书面方式提出口头审理的请求。是否进行口头审理由合议组决定。

5.3.2.1　口头审理的通知

复审请求人接收口头审理通知的形式包括电子专利申请系统接收，或者邮寄、传真、电子邮件、电话、短信等方式接收。口头审理的日期和地点一经确定一般不再改动。

口头审理通知书指定的答复期限一般不超过七日，复审请求人应当在指定期限内提交回执明确表示是否参加口头审理，逾期未提交回执的，视为不参加口头审理，复审请求人实际出席口头审理的除外。回执中应当有复审请求人的签名或者盖章。表示参加口头审理的，应当写明参加口头审理人员的姓名。要求委派出具过证言的证人就其证言出庭作证的，应当在回执中声明，并且写明该证人的姓名、工作单位（或者职业）和要证明的事实。

参加口头审理的人必须持有个人身份证明，受委托的人还应当有当事人的委托证明。参加口头审理的人员总数不得超过四人，回执中写明的参加口头审理人员不足四人的，可以在口头审理开始前指定其他人参加口头审理。多人参加口头审理的，应当指定其中之一作为第一发言人进行主要发言。复审请求人委托专利代理机构代理的，该机构应当指派专利代理师参加口头审理。

📢 细则 67.1

口头审理通知书中已经告知该申请不符合《专利法》及其实施细则有关规定的具体事实、理由和证据的，复审请求人可以选择参加口头审理进行口头答辩，或者在指定期限内进行书面意见陈述，该指定期限通常为收到口头审理通知书之日起一个月。如果复审请求人既未出席口头审理，也未在指定期限内进行书面意见陈述，复审请求将视为撤回。

5.3.2.2　口头审理的进行

口头审理通常公开进行，但根据国家法律、法规等规定需要保密的除外。

参加口头审理的复审请求人及其代理人应当携带身份证明原件、复印件，代理人还应当携带授权委托书；专利代理师参加口头审理的，应当出示执业备案证明，供身份查验和资格确认。

口头审理开始后，复审请求人应当在合议组的主持下发表意见，包括介绍出席口头审理的人员并指定第一发言人、是否请求审案人员回避、是否请证人作证和请求演示物证、表达与复审请求理由和证据相关的意见。复审请求人可以当庭提交修改文本，修改文本应当符合《专利法》及其实施细则和《专利审查指南2023》的有关规定并以修改替换页的形式提交。

合议组在口头审理调查后可能就有关问题发表倾向性意见，或者将其认为申请不符合《专利法》及其实施细则和《专利审查指南 2023》有关规定的具体事实、理由和证据告知复审请求人，复审请求人可以就此发表意见。

5.3.2.3　口头审理的中止、终止

有下列情形之一的，口头审理可能中止，继续进行口头审理的日期将在必要时予以确定：

（1）复审请求人请求审案人员回避的。

（2）需要对发明创造进一步演示的。

（3）合议组认为必要的其他情形。

对于事实已经调查清楚、可以作出审查决定的案件，口头审理终止，且审查决定的结论可能会当场宣布。

5.3.2.4　复审请求人中途退庭

在口头审理过程中，复审请求人未经许可不得退庭。复审请求人未经许可而中途退庭的，或者因妨碍口头审理进行而被责令退庭的，其已经陈述的内容及其中途退庭或者被责令退庭的事实将记入笔录，并由其或者合议组签字确认。

5.3.2.5　证人出庭作证

出具过证言并在口头审理通知书回执中写明的证人可以就其证言出庭作证。复审请求人在口头审理中提出证人出庭作证请求的，是否准许将根据案件的具体情况决定。

证人出庭作证时，应当出示证明其身份的证件，并如实进行陈述。出庭作证的证人不得旁听案件的审理。证人应当对合议组提出的问题作出明确回答。

5.3.2.6　口头审理记录

【审查指南第四部分第四章第 11 节】

口头审理的内容会通过笔录、录音或者录像等方式进行记录。采用笔录方式记录的，在重要的审理事项记录完毕后或者在口头审理终止时，笔录将交由复审请求人阅读。复审请求人有权请求更正笔录的差错。笔录核实无误后，复审请求人应当签字。

5.3.2.7　旁听

口头审理允许旁听，旁听者无发言权；未经批准，不得拍照、录音和录像，也不得向参加口头审理的复审请求人传递有关信息。必要时，旁听者将被要求办理旁听手续。

5.3.2.8　复审请求人的权利和义务

【审查指南第四部分第四章第 13 节】

复审请求人可以通过口头审理通知书或者合议组告知等途径，了解其在复审程序中的权利和义务。

（1）复审请求人的权利

复审请求人有权请求审案人员回避；有权在口头审理中请出具过证言的证人就其证言出庭作证和请求演示物证；有权撤回复审请求；有权提交修改文件。

（2）复审请求人的义务

复审请求人应当遵守口头审理规则，维护口头审理的秩序；发言时应当征得合议组同意；发言仅限于合议组指定的与审理案件有关的范围；对自己提出的主张有举证责任；口头审理期间，未经许可不得中途退庭。

5.4　复审通知书及答复

5.4.1　复审通知书

当复审请求有下列情形之一的，复审请求人会收到合议组发出的复审通知书：

（1）复审决定将驳回复审请求；

（2）需要复审请求人依照《专利法》及其实施细则和《专利审查指南2023》有关规定修改申请文件，才有可能撤销驳回决定；

（3）需要复审请求人进一步提供证据或者对有关问题予以说明；

（4）需要引入驳回决定未提出的理由或者证据。

5.4.2　答复复审通知书

收到合议组发出的复审通知书后，复审请求人应当针对通知书的意见或指出的缺陷在指定的期限内进行答复。

5.4.2.1　答复内容

复审请求人的答复可以是意见陈述书，也可以包括经修改的申请文件（替换页和/或补正书）。复审请求人在其答复中对复审通知书中的审查意见提出反对意见或者对申请文件进行修改时，应当详细陈述其理由，或者对修改内容是否符合相关规定以及如何克服复审通知书中指出的缺陷予以说明。

例如，复审请求人在修改后的权利要求中补入新的技术特征以克服创造性缺陷时，应当在其意见陈述书中指出该技术特征可以依据原申请文件的哪些内容得到或直接、毫无疑义地确定，并具体说明修改后的权利要求具备创造性的理由。

5.4.2.2　答复期限和方式

针对合议组发出的复审通知书，复审请求人应当在收到该通知书之日起一个月内针对通知书指出的缺陷以书面的方式进行答复；若未在复审通知书指定的期限内进行书面答复，其复审请求视为撤回。

需要注意，合议组收到复审请求人的答复之后即会开始后续的审查程序。在后续审查程序的通知书或者决定已经发出后，复审请求人对前次复审意见再次提交的答复即使在原答复期限内，合议组也不予考虑。

5.4.2.3　提交方式

复审请求人答复复审通知书时，应当提交复审、无效宣告程序意见陈述书或补正书。复审请求人提交无具体答复内容的意见陈述书的，视为对复审通知书中的审查意见无反对意见。

复审请求人的答复应当提交给复审和无效审理部。直接提交给合议组成员的答复文件或征询意见的信件不视为正式答复，不具备法律效力。

5.5　申请文件的修改

5.5.1　修改时机

在提出复审请求、答复复审通知书（包括复审请求口头审理通知书）或者参加口头审理时，复审请求人可以对申请文件进行修改。

5.5.2　修改方式

复审请求人在对申请文件进行修改时，应当按照规定格式提交修改文件。具体包括以下两种方式：

提交修改文件替换页和修改对照表。这种方式适用于修改内容较多的说明书、权利要求书以及所有作了修改的附图。建议复审请求人在提交修改文件替换页的同时提交修改前后的对照明细表。

提交修改文件替换页和修改的对照页。这种方式适用于修改内容较少的说明书和权利要求书。复审请求人在提交修改文件替换页的同时应当提交包含修订标记的修改对照页。

5.5.3　修改内容

复审请求人对申请文件的修改应当符合《专利法》第三十三条和《专利法实施细则》第六十六条的规定。

符合《专利法实施细则》第六十六条的规定是指，复审请求人对申请文件的修改应当仅限于消除驳回决定或者合议组指出的缺陷。下列情形通常视为不符合上述规定：

（1）修改后的权利要求相对于驳回决定针对的权利要求扩大了保护范围；

（2）将与驳回决定针对的权利要求所限定的技术方案缺乏单一性的技术方案作为修改后的权利要求；

（3）改变权利要求的类型或者增加权利要求；

（4）针对驳回决定指出的缺陷未涉及的权利要求或者说明书进行修改，但修改明显文字错误，或者修改与驳回决定所指出缺陷性质相同的缺陷的情形除外。

修改文本中不符合《专利法实施细则》第六十六条规定的内容一般不会被合议组接受。复审请求人如被告知该修改文本或修改文本中的部分内容不被接受，应当提交符合规定的文本。

5.6 复审请求审查决定

复审请求经过审查，复审请求人会收到复审请求审查决定（以下简称"复审决定"）。复审决定分为下列三种类型：

（1）复审请求不成立，驳回复审请求；

（2）复审请求成立，撤销驳回决定；

（3）申请文件经复审请求人修改，克服了驳回决定所指出的缺陷，在修改文本的基础上撤销驳回决定。

对于上述第（2）和（3）项中情形，该申请会继续进行审批程序。

6. 恢复权利和延长期限

6.1 恢复权利

复审请求人因为不可抗拒的事由或其他正当理由耽误《专利法》或其实施细则规定的期限或者专利局指定的期限，导致其权利丧失的，可以根据相关规定请求恢复权利。

因耽误期限导致权利丧失的，有三种较为常见的情形：耽误了提出复审请求的规定期限；未在规定的期限内缴纳或缴足复审费；耽误了通知书指定的答复期限。

因不可抗拒的事由（例如由于地震等自然灾害导致邮路、网络中断等）请求恢复权利的，应当自障碍消除之日起两个月内且自所耽误的期限届满之日起两年内提出恢复权利请求，说明理由，必要时提交受不可抗拒事由影响的相关证明。

因其他正当理由（如工作安排疏漏等）请求恢复权利的，相应的手续办理见表 8 – 1。

表 8-1　复审程序中因其他正当理由请求恢复权利的手续办理

情形	办理恢复权利手续的期限	费用缴纳	文件提交
耽误了提出复审请求的规定期限	复审请求期限届满之日（即收到驳回决定之日起三个月届满日）起两个月内	恢复权利请求费及复审费	《复审程序恢复权利请求书》（表格编号100905）和《复审请求书》（表格编号100901）
在规定的期限内提出了复审请求，但未缴纳或缴足复审费	在收到复审请求视为未提出通知书之日起两个月内	恢复权利请求费及复审费	《复审程序恢复权利请求书》（表格编号10905）
耽误了通知书指定的答复期限	在收到复审请求视为未提出通知书或复审程序结案通知书之日起两个月内	恢复权利请求费	《复审程序恢复权利请求书》（表格编号100905），同时提交对未及时答复的复审请求补正通知书或复审通知书的答复文件。该申请将在一个新的复审案件编号下恢复复审程序的审理

6.2　延长期限

复审请求人可以请求延长复审请求补正通知书或复审通知书中指定的答复期限。

请求延长期限的，应当在通知书指定的答复期限届满前提交《复审程序延长期限请求书》（表格编号100906），说明理由并缴纳延长期限请求费，延长期限请求费以月计算。

延长的期限不足一个月的，以一个月计算。延长的期限不得超过两个月。对同一通知书中指定的期限一般只允许延长一次。

延长期限请求不符合规定的，复审请求人会被告知不予延长期限的理由。符合规定的，复审请求人会被告知延长期限后的届满日，答复期限将以新的届满日为准。

7. 复审程序的中止、终止

7.1 复审程序的中止

细则 103、104、105

当地方知识产权管理部门或者人民法院受理了专利申请权权属纠纷，或者人民法院裁定对专利申请权采取财产保全措施时，权属纠纷的当事人或者采取财产保全措施的人民法院可以请求中止该申请的复审程序。根据专利局的审批结果，该申请的复审程序可能被中止。

请求中止的手续、条件，中止的期限及中止程序的结束等，参见本书第 9 章第 2.3 节。

7.2 复审程序的终止

复审程序在以下情形下终止：

（1）复审请求因期满未答复而被视为撤回；

（2）在作出复审决定前，复审请求人撤回专利申请或复审请求；

（3）已受理的复审请求因不符合受理条件而被驳回请求；

（4）复审和无效审理部对复审请求已作出审查决定。

8. 救济途径

复审请求人不服复审请求审查决定的，可以根据《专利法》第四十一条第二款的规定，在收到决定之日起三个月内向北京知识产权法院起诉。

第二部分　无效宣告程序

1. 无效宣告程序概述

1.1　目的和性质

　　任何单位或者个人认为已授权公告的专利不符合《专利法》有关规定的，可以向复审和无效审理部提起无效宣告请求，请求宣告该专利权无效。

　　无效宣告程序通常为请求人和专利权人双方当事人参加的程序。

1.2　审查原则

　　复审程序遵循的合法原则、公正执法原则、请求原则、依职权审查原则、听证原则和公开原则同样适用于无效宣告程序。

　　其中，请求原则是指无效宣告程序基于当事人的请求而启动。请求人在无效宣告请求审查决定作出前撤回其请求的，其启动的审查程序终止；但复审和无效审理部认为根据已进行的审查工作能够作出宣告专利权无效或者部分无效的决定的除外。请求人在审查决定的结论已宣布或者书面决定已经发出之后撤回请求的，不影响审查决定的有效性。

　　除以上六项原则外，无效宣告程序还遵循一事不再理原则、当事人处置原则和保密原则。

1.2.1　一事不再理原则

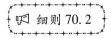

　　对已作出审查决定的无效宣告案件涉及的专利权，以同样的

理由和证据再次提出无效宣告请求的，不予受理和审理。

如果再次提出的无效宣告请求的理由（以下简称"无效宣告理由"）或者证据因时限等原因未被在先的无效宣告请求审查决定所考虑，则该请求不属于上述不予受理和审理的情形。

例如，在先无效宣告请求审查决定已经认定涉案专利权利要求 1 相对于两篇对比文件结合具备《专利法》第二十二条第三款规定的创造性，在后无效宣告请求中请求人仍然主张上述理由，但未提交新的对比文件，并使用相同的对比文件内容和结合方式，属于一事不再理的情形。请求人未提交新的对比文件，但主张使用在先无效宣告请求审查决定中未涉及的对比文件其他实施例，或者提交了新的对比文件，并主张使用新的对比文件结合方式，通常不属于一事不再理的情形。

1.2.2　当事人处置原则

请求人可以放弃全部或者部分无效宣告请求的范围、理由及证据。对于请求人放弃的无效宣告请求的范围、理由和证据，合议组通常不再审查。

在无效宣告程序中，当事人有权自行与对方和解。

在无效宣告程序中，专利权人针对请求人提出的无效宣告请求主动缩小专利权保护范围且相应的修改文本已被合议组接受的，视为专利权人承认大于该保护范围的权利要求自始不符合《专利法》及其实施细则的有关规定，并且承认请求人对该权利要求的无效宣告请求，从而免去请求人对宣告该权利要求无效这一主张的举证责任。

在无效宣告程序中，专利权人声明放弃权利要求或者外观设计的，视为专利权人承认该项权利要求或者外观设计自始不符合《专利法》及其实施细则的有关规定，并且承认请求人对该项权利要求或者外观设计的无效宣告请求，从而免去请求人对宣告该项权利要求或者外观设计无效这一主张的举证责任。专利权人放弃专利权不妨碍他人合法权益和公共利益的，由无效宣告审查决定对该权利处分行为予以确认。

1.2.3 保密原则

在作出审查决定之前，合议组的成员不得私自将自己、其他合议组成员、负责审批的部门负责人对该案件的观点明示或者暗示给任何一方当事人。

为了保证公正执法和保密，合议组成员原则上不得与一方当事人会晤。

1.3 主要流程

无效宣告程序的流程通常包括提出无效宣告请求、形式审查、合议审查，见图 8 - 2。

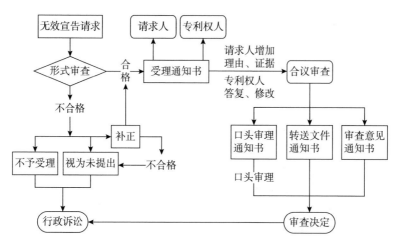

图 8 - 2 无效宣告程序流程图

2. 无效宣告请求的提出及手续办理

2.1 请求无效宣告的条件

2.1.1 请求无效宣告的客体

请求人提出无效宣告请求前，应当核实拟请求宣告无效专利的状态：首先，该专利应当已被授予专利权且完成授权公告程序。其次，该专利可以是当前有效的专利权，也可以是已经终止或放弃（自申请日起放弃的除外）的专利权，还可以是被宣告部分无效后维持有效的专利权。针对已被无效宣告请求审查决定宣告无效的专利权，不能提出无效宣告请求，除非该决定被人民法院的生效判决撤销。

请求人可登录"中国及多国专利审查信息查询"平台（https://cpquery.cnipa.gov.cn/）查询该专利（申请）的法律状态来核实权利状态，或通过专利登记簿副本来核实权利状态。

2.1.2 请求无效宣告的主体

在无效宣告程序中，提出无效宣告请求的主体被称为无效宣告请求人（以下简称"请求人"），该主体应当满足如下条件：

（1）具备民事诉讼主体资格的个人或者单位。

（2）以授予专利权的外观设计与他人在申请日以前已经取得的合法权利相冲突为理由请求宣告外观设计专利权无效的，请求人应当为在先权利人或者利害关系人。其中，利害关系人是指有权根据相关法律规定就侵犯在先权利的纠纷向人民法院起诉或者请求相关行政管理部门处理的人。

（3）专利权人在符合以下条件时才能针对自己的专利权提起无效宣告请求：一是只能主张宣告部分专利权无效，二是所提交的证据属于公开出版物。当专利权为共有权利时，所有专利权人应当共同作为请求人。

（4）通常情况下一件无效宣告请求的请求人仅限一个，不允许多个请求人共同提出一件无效宣告请求，但属于专利权人针对其共有专利权提出的情形除外。

2.1.3　无效宣告请求范围以及理由和证据

（1）提出无效宣告请求时应当在无效宣告请求书中明确无效宣告请求范围。未明确的，复审和无效审理部在形式审查阶段将向请求人发送补正通知书；未按要求补正的，无效宣告请求视为未提出。

（2）无效宣告理由仅限于《专利法实施细则》第六十九条第二款规定的理由，并且应当以《专利法》及其实施细则中有关的条、款、项作为独立的理由提出；超出法定理由的，该无效宣告请求不予受理。

（3）无效宣告请求理由和证据与复审和无效审理部针对同一专利权已作出的在先无效宣告请求审查决定相同的，该无效宣告请求不予受理，但所述理由或者证据因时限等原因未被在先决定考虑的情形除外。

（4）以授予专利权的外观设计与他人在申请日以前已经取得的合法权利相冲突为理由请求宣告外观设计专利权无效的，应当提交证明权利冲突的证据，未提交的，该无效宣告请求不予受理。

（5）提出无效宣告请求时应当在无效宣告请求书中具体说明无效宣告理由，提交有证据的，应当结合提交的所有证据具体说明。对于发明或者实用新型专利需要进行技术方案对比的，应当具体描述涉案专利和对比文件中相关的技术方案，并进行比较分析；对于外观设计专利需要进行对比的，应当具体描述涉案专利和对比文件中相关的图片或者照片表示的产品外观设计，并进行比较分析。例如，请求人针对《专利法》第二十二条第三款的无效宣告理由提交多篇对比文件的，应当指明与请求宣告无效的专利最接近的对比文件以及单独对比还是结合对比的对比方式，具体描述涉案专利和对比文件的技术方案，并进行具体比较分析。如果是结合对比，存在两种或者两种以上结合方式的，应当首先将最主要的结合方式进行比较分析。未明确最主要结合方式的，则默认第一组对比文件的结合方式为最主要结合方式。对于不同的独立权利要求，可以分别指明最接近的对比文件。再如，请求人针对《专利法》第二十三条第二款的无效宣告理由提交多篇对比设计主张组合对比的，应当明确组合方式是拼合还是替换，指明对比设计中用于组合的具体设计特征，说明是否存在组合手法的启示，具体描述涉案专利与对比设计的相同点和区别点，就相同点和区别点对整体视觉效果的影响进行比较分析。存在两种或者两种以上组合方式的，应当明确最主要的组合方式，并首先对最主要的组合方式进行比较分析。对于相似设计或成套产品，可以分别明确最主要的组合方式。未明确最主要组合方式的，则默认第一组对比设计的组合方式为最主要组合方式。

请求人未具体说明无效宣告理由的，或者提交有证据但未结合提交的所有证据具体说明无效宣告理由的，或者未指明每项理由所依据的证据的，该无效宣告请求不予受理。

2.2 无效宣告程序的手续办理

2.2.1 自行办理和委托专利代理机构办理

📖【审查指南第四部分第三章第3.6节、第一部分第一章第6.1节】

（1）是否委托代理机构

当事人办理无效宣告程序相关事务，可以根据《专利法》

相关规定选择自行办理或委托专利代理机构代为办理。

如果请求人属于应当委托代理机构的情形而未按规定进行委托的，该无效宣告请求将不予受理；如果专利权人属于应当代理机构的情形未按规定进行委托的，专利权人提交的文件视为未提交，专利权人不能参加口头审理，复审和无效审理部向专利权人发出的通知书、决定书将采取公告的方式送达。

除上述情形，当事人可以自行办理无效宣告程序相关事务，也可以委托专利代理机构办理。

（2）委托手续的办理

专利代理机构的受委托权限应当仅限于办理无效宣告程序有关事务，当事人应当使用《专利权无效宣告程序授权委托书》（表格编号 101003）办理委托手续。委托关系发生变化的，当事人应当及时向复审和无效审理部提交书面说明。

请求人委托专利代理机构办理无效宣告程序中全部事务的，应当在提出无效宣告请求的同时提交专利权无效宣告程序授权委托书。请求人在提出无效宣告请求之后委托专利代理机构办理无效宣告程序后续事务的，应当及时提交专利权无效宣告程序授权委托书，并在委托书中填写该无效宣告请求的案件编号。

专利权人委托专利代理机构办理无效宣告程序有关事务的，无论该机构是否为专利申请阶段受全程委托的代理机构，均应当向复审和无效审理部提交专利权无效宣告程序授权委托书，并在委托书中填写该无效宣告请求的案件编号。

（3）专利代理师的指定

当事人委托专利代理机构的，应当在授权委托书中指定一至两名专利代理师，并对代理师的受委托权限予以声明。当事人可授予专利代理师一般代理或特别代理权限。特别代理包括下列四项权限：①专利权人的代理师代为承认请求人的无效宣告请求；②专利权人的代理师代为修改权利要求书；③代理师代为和解；

④请求人的代理师代为撤回无效宣告请求。当事人授予代理师特别代理权限的，应当在"委托书代理权限"一栏中逐一写明特别授权的具体事项；未写明具体事项的，视为一般代理权限。

（4）通知书的发送

当事人委托专利代理机构办理无效宣告程序有关事务的，无效宣告程序的通知书及文件将发送至委托手续合格的专利代理机构。请求人未委托专利代理机构的，无效宣告程序的通知书及文件将发送至请求人在无效宣告请求书表格中填写的，或者通过其他书面方式确定的收件人地址；请求人委托专利代理机构办理无效宣告程序全部事务且委托手续合格的，无效宣告程序中的通知书将发送至该代理机构。请求人提出无效宣告请求之后委托专利代理机构办理后续事务且委托手续合格的，与后续事务相关的通知书将发送至该代理机构。专利权人未委托专利代理机构的，无效宣告程序的通知书及文件将发送至专利权人在专利申请阶段留存的联系人地址，或者通过意见陈述书等书面方式确定的收件人。

专利代理委托手续未按要求补正的，视为未委托，后续通知书将按照当事人未委托专利代理机构的情形发送。

2.2.2 委托公民代理

当事人可以委托公民代理，公民代理应当为当事人的近亲属、工作人员或者有关社会团体推荐的公民，代理权限仅限于在口头审理中陈述意见和接收当庭转送的文件。

委托公民代理参加口头审理的，委托手续参照委托专利代理机构的相关规定办理。代理人为当事人近亲属的，应当提交户口簿、结婚证、出生证明、收养证明、公安机关证明、居（村）委会证明、生效裁判文书或者人事档案等与委托人身份有关系的证明。代理人为当事人工作人员的，应当提交劳动合同、社保缴费记录、工资支付记录等足以证明与委托人有合法人事关系的证明材料；当事人为机关事业单位的，应当提交单位出具的载明该工作人员的职务、工作期限的书面证明。

律师参与专利权无效宣告程序口头审理的，还应按照国家知识产权局《关于无效宣告程序口头审理有关事项的通知》以及中华全国律师协会《中华全国律师协会关于律师参与专利权无效宣告程序口头审理有关事项的通知》的要求办理相关手续。

2.2.3　无效宣告程序文件的准备

请求人提出无效宣告请求应当向复审和无效审理部提交无效宣告请求文件，无效宣告请求文件至少包括无效宣告请求书和请求人的主体资格证明。无效宣告请求书应当体现请求人的主张，明确无效宣告请求的范围，具体说明无效宣告理由。请求人的主体资格证明应当足以证明请求人满足本节第 2.1.2 小节中的条件。请求人还可以根据具体情况准备其他文件，例如，用于证明无效宣告理由所涉及事实的相关证据，所述证据是外文的，同时应当提交相关内容的中文译文。委托专利代理机构的，应当提交委托手续文件，如无效宣告程序授权委托书等。

无效宣告请求文件按照格式要求分为标准表格和一般文件。其中，标准表格包括：《专利权无效宣告请求书》（表格编号101001）、《复审、无效宣告程序优先审查请求书》❶（表格编号100908）、《专利权无效宣告程序授权委托书》（表格编号101003）等。当事人通过纸件形式提交上述文件，应当从国家知识产权局网站下载标准表格，并按照表格背面的"注意事项"进行规范填写并签章。当事人通过电子形式提交上述文件，应当使用"专利业务办理系统"中预置的对应表格模板进行填写

---

❶　复审、无效宣告程序中的优先审查依照《专利优先审查管理办法》（国家知识产权局令第 76 号）的相关规定。

提交。

除标准表格外的一般文件，如果采用纸件形式提交，应当按照《专利审查指南 2023》第五部分第一章的相关规定制作；如果采用电子形式提交，应当按照电子申请文件的相关规范进行制作。

2.2.4 无效宣告程序文件的提交

当事人可通过电子形式或纸件形式提交无效宣告程序文件。其中，电子形式文件可以通过"专利业务办理系统"进行提交。纸件形式文件的提交地址见附件 3。

2.2.5 费用的缴纳

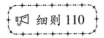
细则 110

请求人应当在提出无效宣告请求之日起一个月内缴纳无效宣告请求费。复审和无效审理部不会发送缴纳无效宣告请求费的通知书，请求人应当在规定期限内足额缴纳费用。

请求人可以通过网上缴费、邮局汇款或银行汇款等方式进行缴费，相关内容参见附件 2 和附件 3。

无效宣告请求费不能申请减缴。

2.2.6 权属纠纷当事人参加无效宣告程序

当事人提出中止程序请求，但专利权无效宣告程序未中止审理的，专利权权属纠纷的当事人可以请求参加无效宣告程序。

专利权权属纠纷的当事人请求参加无效宣告程序的，应当向复审和无效审理部提交《因权属纠纷事由参加无效宣告程序请求书》（表格编号 101006），以及权属纠纷已被人民法院或者地方知识产权管理部门受理的证明文件，文件制作要求及提交方式可参见本部分第 2.2.3 节和第 2.2.4 节。经形式审查后，复审和无效审理部将向该权属纠纷的当事人发出是否准予参加无效宣告程序的通知书。

权属纠纷当事人被准予参加无效宣告程序的，可以在无效宣告程序中提出意见，供合议审查时参考。无效宣告请求审查决定作出后，被准予参加无效宣告程序的权属纠纷当事人将收到无效宣告请求审查决定。权属纠纷当事人在无效宣告程序中办理相关事务的手续规定，参见本部分第 2.2.1 小节。

3. 形式审查通知书的类型和答复

请求人提交无效宣告请求且在规定期限内足额缴纳无效宣告请求费后，复审和无效审理部将对该无效宣告请求进行形式审查，确认无效宣告请求的客体，请求人的主体资格，无效宣告请求范围以及理由和证据、文件形式、委托手续等是否满足受理条件，并根据审查的结论向请求人发出形式审查通知书。

无效宣告程序中形式审查通知书的类型包括：无效宣告请求受理通知书、无效宣告请求补正通知书、无效宣告请求视为未提出通知书以及无效宣告请求不予受理通知书。上述通知书将告知请求人无效宣告请求的形式审查结论。如果未被受理会明确指出无效宣告请求存在的缺陷，请求人应当按照通知书的具体指引来进行相应的处理。

同时，上述通知书会标明该无效宣告请求的案件编号，当事人在提交中间文件时应当在中间文件相应位置标明该案件编号。

无效宣告请求的案件编号格式为 4W×××××× （发明专利无效宣告请求）、5W×××××× （实用新型专利无效宣告请求）、6W×××××× （外观设计专利无效宣告请求），其中 × 为数字 0~9 之一。

3.1　无效宣告请求受理通知书

无效宣告请求经形式审查符合《专利法》及其实施细则和《专利审查指南2023》有关规定的，请求人和专利权人将收到无效宣告请求受理通知书。

专利权人在收到无效宣告请求受理通知书的同时会收到无效宣告请求书和附件的副本，并可以在通知书指定的期限内针对无效宣告理由和证据进行答复，必要时可以提交反证。专利权人进行答复的，应当提交复审无效宣告程序意见陈述书，提交反证的，应当结合反证具体说明。

3.2　无效宣告请求补正通知书

如果无效宣告请求经形式审查不符合《专利法》及其实施细则和《专利审查指南2023》有关规定需要补正的，请求人将收到无效宣告请求补正通知书。请求人应当针对通知书指出的缺陷，在指定的期限内提交补正文件。补正时应当提交按照表格背面的注意事项填写的《复审、无效宣告程序补正书》（表格编号100904）。需要补充文件或提交修改文件替换页的，应当作为该补正书的附件一并提交。

对于补正通知书指出的不符合无效宣告请求的形式要求或手续要求的形式缺陷，如果期满未补正或者在指定期限内补正但经两次补正后仍存在同样缺陷的，该无效宣告请求视为未提出；对于补正通知书指出的形式缺陷涉及委托关系或委托手续的，如果未按要求补正，该无效宣告请求视为未委托。

不符合无效宣告请求的形式要求或手续要求的常见缺陷包括：

（1）请求人未提交证明其民事诉讼主体资格的证明文件或证明文件不清晰；

（2）无效宣告请求书未使用国家知识产权局制定的标准表格；

（3）无效宣告请求书中请求人的签章与请求人名称不一致；

（4）无效宣告请求书中专利权人或者发明创造名称与专利申请时或者经合法变更后的不一致；

（5）无效宣告请求书没有请求人的签章，或者委托专利代理机构但没有专利代理机构的签章；

（6）无效宣告请求书附件清单与实际提交的附件不一致；

（7）请求人委托了专利代理机构，但未在无效宣告请求书中填写该代理机构的名称、代码以及专利代理师姓名和资格证号；

（8）请求人委托了代理机构，但该代理机构没有专利代理资质；

（9）无效宣告请求书中未明确无效宣告请求的范围；

（10）无效宣告请求书中其他填写不规范情形。

涉及委托关系或委托手续的常见缺陷包括：

（1）请求人委托专利代理机构但未提交授权委托书；

（2）授权委托书未使用规定格式的表格；

（3）授权委托书中委托人的签章与委托人名称不一致；

（4）授权委托书中未明确代理权限或者未指定专利代理师；

（5）请求人和专利权人委托了相同的专利代理机构；

（6）授权委托书中各种填写不规范的情形。

以上仅列举了形式审查中常见的缺陷，无效宣告请求补正通知书中还可能指出其他需补正的缺陷。

3.3　无效宣告请求视为未提出通知书

请求人收到无效宣告请求视为未提出通知书的情形包括：

（1）请求人未在补正通知书指定期限内补正；

（2）请求人在指定期限内补正但经两次补正后仍存在同样

缺陷;

（3）请求人在提出无效宣告请求之日起一个月内未缴纳或者未缴足无效宣告请求费。

收到无效宣告请求视为未提出通知书后，请求人坚持主张涉案专利无效的，可以另行提出无效宣告请求。

3.4　无效宣告请求不予受理通知书

无效宣告请求存在无法补正的缺陷导致不能被受理，请求人将收到无效宣告请求不予受理通知书，不予受理的理由包括：

（1）无效宣告请求针对的不是已经公告授权的专利；

（2）请求宣告无效的范围已被在先无效宣告审查决定宣告无效；

（3）请求人不具备民事诉讼主体资格；

（4）无效宣告理由不属于《专利法实施细则》第六十九条第二款规定的理由；

（5）专利权人针对其专利权提出无效宣告请求且请求宣告专利权全部无效，所提交的证据不是公开出版物或者请求人不是共有专利权的所有专利权人；

（6）请求人未具体说明无效宣告理由，或者虽提交证据，但未结合提交的所有证据具体说明无效宣告理由，或者未指明每项理由所依据的证据；

（7）以授予专利权的外观设计与他人在申请日以前已经取得的合法权利相冲突为理由请求宣告外观设计专利权无效，但请求人不能证明其是在先权利人或者利害关系人，或者未提交证明权利冲突的证据；

（8）多个请求人共同提出一件无效宣告请求，但属于所有专利权人针对其共有的专利权提出的除外；

（9）对已作出审查决定的无效宣告案件涉及的专利权，以同样的理由和证据再次提出无效宣告请求的，不予受理，但所述理由或者证据因时限等原因未被所述决定考虑的除外；

（10）请求人属于《专利法》第十八条第一款所规定的应当委托专利代理机构的情形，但未按规定委托。

收到无效宣告请求不予受理通知书后，请求人坚持主张涉案专利无效的，可以另行提出无效宣告请求。

4. 中间文件的提交

无效宣告请求人在提出无效宣告请求后，以及专利权人在无效宣告程序中可以通过电子形式或纸件形式提交复审无效宣告程序意见陈述书，以及复审无效宣告程序补正书等中间文件，提交方式参见本部分第 2.2.4 节。采用电子形式提交无效宣告程序文件的，建议后续提交文件时同样采用电子形式。提交中间文件时应当填写该无效宣告请求的案件编号。

中间文件按照格式要求同样分为标准表格和一般文件。标准表格包括：《复审、无效宣告程序意见陈述书》（表格编号100902）、《复审、无效宣告程序补正书》（表格编号100904）、《无效宣告请求口头审理通知书回执》（表格编号101002）、《复审、无效宣告程序优先审查请求书》（表格编号100908）等。

5. 合议审查

5.1　合议审查程序

形式审查合格的无效宣告请求，复审和无效审理部可以成立合议组对其进行审查。

5.2　合议组的组成与回避申请

参见本章第一部分第 5.2 节。

5.3 审查范围

🖐【审查指南第四部分第三章第4.1节】

在无效宣告程序中，合议组不承担全面审查专利有效性的义务，通常仅针对当事人提出的无效宣告请求的范围、理由和提交的证据进行审查，必要时会对专利权存在其他明显违反《专利法》及其实施细则有关规定的情形进行依职权审查。

请求人在提出无效宣告请求时没有具体说明的无效宣告理由以及没有用于具体说明相关无效宣告理由的证据，且在提出无效宣告请求之日起一个月内也未补充具体说明的，该理由及证据不纳入审查范围。

请求人增加的无效宣告理由或者补充证据未按本部分第5.4节、第5.6节相关内容的，该理由及证据不纳入审查范围。例如，请求人提出权利要求1相对于对比文件的结合不具备创造性的主张，仅简单罗列对比文件中公开的实施例，未具体比较分析并说明对比文件存在相互结合的技术启示，可能被纳入未具体说明无效理由的情形而不予审理。

5.4 无效宣告理由的增加

请求人可以在提出无效宣告请求之日起一个月内增加无效宣告理由，增加理由的，应当具体说明，必要时应当提交相关证据；在该期限内没有具体说明无效宣告理由的，或者提交有证据但未结合提交的所有证据具体说明无效宣告理由的，或者未指明每项理由所依据的证据的，该无效宣告理由不予考虑。

请求人在提出无效宣告请求之日起一个月后增加无效宣告理由的，一般不予考虑，但下列情形除外：

（1）针对专利权人以删除以外的方式修改的权利要求，在指定期限内针对修改内容增加无效宣告理由，并在该期限内对所增加的无效宣告理由具体说明的；

例如，专利权人修改权利要求时，将从属权利要求的特征 A 补充至独立权利要求中。请求人如果认为该修改导致修改后的独立权利要求保护范围不清楚，不符合《专利法》第二十六条第四款的规定，可以增加相应的无效宣告理由。

（2）请求人对明显与提交的证据不相对应的无效宣告理由进行变更的。

5.5 专利文件的修改

5.5.1 修改原则

发明或者实用新型专利文件的修改仅限于权利要求书，且应当针对无效宣告理由或者合议组指出的缺陷进行修改，其原则是：

（1）不得改变原权利要求的主题名称。

（2）与授权的权利要求相比，不得扩大原专利的保护范围。

（3）不得超出原说明书和权利要求书记载的范围。

（4）一般不得增加未包含在授权的权利要求书中的技术特征。

外观设计专利的专利权人不得修改其专利文件。

5.5.2 修改方式

在满足上述修改原则的前提下，修改权利要求书的具体方式一般限于权利要求的删除、技术方案的删除、权利要求的进一步限定、明显错误的修正。

权利要求的删除是指从权利要求书中去掉某项或者某些项权利要求，例如独立权利要求或者从属权利要求。

技术方案的删除是指从同一权利要求中并列的两种以上技术

方案中删除一种或者一种以上技术方案。

权利要求的进一步限定是指在权利要求中补入其他权利要求中记载的一个或者多个技术特征，以缩小保护范围。

5.5.3 修改方式的限制

在审查决定作出之前，专利权人可以删除权利要求或者权利要求中包括的技术方案。

仅在下列三种情形的答复期限内，专利权人可以以删除以外的方式修改权利要求书：

（1）针对无效宣告请求书。

（2）针对请求人增加的无效宣告理由或者补充的证据。

（3）针对合议组引入的请求人未提及的无效宣告理由或者证据。

5.6 证据相关问题

无效宣告程序中有关证据的各种问题，适用《专利审查指南2023》的规定；没有规定的，可参照人民法院民事诉讼中的相关规定。

当事人对自己提出的无效宣告请求所依据的事实或者反驳对方无效宣告请求所依据的事实有责任提供证据加以证明。无法确定举证责任承担时，合议组将根据公平原则和诚实信用原则，综合当事人的举证能力以及待证事实发生的盖然性等因素确定。没有证据或者证据不足以证明当事人的事实主张的，由负有举证责任的当事人承担不利后果。

5.6.1 请求人举证

请求人可以在提出无效宣告请求之日提交证据，或者在提出无效宣告请求之日起一个月内补充证据，并结合所提交的证据具体说明相关的无效宣告理由。未具体说明的证据将不予考虑。

请求人在提出无效宣告请求之日起一个月后补充证据的，一般不予考虑，但下列情形除外：

（1）针对专利权人提交的反证，请求人在指定期限内补充证据，并在该期限内结合该证据具体说明相关无效宣告理由的。

（2）在口头审理辩论终结前提交技术词典、技术手册和教科书等所属技术领域中的公知常识性证据或者用于完善证据法定形式的公证文书、原件等证据，并在该期限内结合该证据具体说明相关无效宣告理由的。

请求人提交的证据是外文的，提交其中文译文的期限适用该证据的举证期限。

5.6.2　专利权人举证

专利权人应当在指定的答复期限内提交证据，但对于技术词典、技术手册和教科书等所属技术领域中的公知常识性证据或者用于完善证据法定形式的公证文书、原件等证据，可以在口头审理辩论终结前补充。

专利权人提交或者补充证据的，应当在上述期限内对提交或者补充的证据具体说明。

专利权人提交的证据是外文的，提交其中文译文的期限适用该证据的举证期限。

专利权人提交或者补充证据不符合上述期限规定或者未在上述期限内对所提交或者补充的证据具体说明的，该证据不予考虑。

5.6.3　延期举证

对于有证据表明因无法克服的困难在上述举证期限内不能提交的证据，当事人可以在所述期限内书面请求延期提交，并提交相关证据或说明具体理由。

5.6.4 证据的提交

5.6.4.1 外文证据的提交

当事人提交外文证据的，应当提交中文译文；未在举证期限内提交中文译文的，该外文证据视为未提交。

当事人应当以书面方式提交中文译文；未以书面方式提交中文译文的，该中文译文视为未提交。

当事人可以仅提交外文证据的部分中文译文。该外文证据中没有提交中文译文的部分，不作为证据使用。但当事人应合议组的要求补充提交该外文证据其他部分的中文译文的除外。

对方当事人对中文译文内容有异议的，应当在指定的期限内对有异议的部分提交中文译文。没有提交中文译文的，视为无异议。

对中文译文出现异议时，双方当事人就异议部分达成一致意见的，以双方最终认可的中文译文为准。双方当事人未能就异议部分达成一致意见的，必要时，可由复审和无效审理部委托翻译。双方当事人就委托翻译达成协议的，可由复审和无效审理部委托双方当事人认可的翻译单位进行全文、所使用部分或者有异议部分的翻译。双方当事人就委托翻译达不成协议的，将由复审和无效审理部指定专业翻译单位进行翻译，所需翻译费用由双方当事人各承担 50%；拒绝指定或者支付翻译费用的，视为其承认对方当事人提交的中文译文正确。

5.6.4.2 域外证据及我国香港、澳门、台湾地区形成的证据的证明手续

域外证据是指在中华人民共和国领域外形成的证据，该证据应当经所在国公证机关予以证明，或者履行中华人民共和国与该

所在国订立的有关条约中规定的证明手续。当事人提供的证据是在我国香港、澳门、台湾地区形成的，应当履行相关的证明手续。

但是在以下几种情况下，对上述两类证据，当事人可以在无效宣告程序中不办理相关的证明手续：

（1）该证据是能够从除香港、澳门、台湾地区的国内公共渠道获得的，如从专利局获得的国外专利文件，或者从公共图书馆获得的国外文献资料。

（2）对方当事人认可该证据的真实性的。

（3）该证据已为生效的人民法院裁判、行政机关决定或仲裁机构裁决所确认的。

（4）有其他证据足以证明该证据真实性的。

5.6.4.3　物证的提交

当事人应当在举证期限内提交物证，并提交足以反映该物证客观情况的照片和文字说明，具体说明依据该物证所要证明的事实。

当事人确有正当理由不能在举证期限内提交物证的，应当在举证期限内书面请求延期提交，但仍应当在上述期限内提交足以反映该物证客观情况的照片和文字说明，具体说明依据该物证所要证明的事实。当事人最迟在口头审理辩论终结前提交该物证。

对于经公证机关公证封存的物证，当事人在举证期限内可以仅提交公证文书而不提交该物证，但最迟在口头审理辩论终结前提交该物证。

5.6.4.4　证人证言

当事人可以以书面等方式提交证人证言，并可以申请出具过证言的证人出席口头审理作证。证人应当陈述其亲历的具体事实，根据其经历所作的判断、推测或者评论，不能作为认定案件事实的依据。证人与案件的利害关系，证人的智力状况、品德、知识、经验、法律意识和专业技能等可以作为证人证言认定与否的综合考量因素。

未能出席口头审理作证的证人所出具的书面证言不能单独作为认定案件事实的依据，但证人确有困难不能出席口头审理作证的除外。

5.6.4.5 公知常识

主张某技术手段是本领域公知常识的当事人，对其主张承担举证责任。当事人应当举证证明或者充分说明该技术手段是本领域公知常识。举证证明的，可以提交教科书或者技术词典、技术手册等工具书。

5.6.4.6 公证文书

当事人将公证文书作为证据提交时，有效公证文书所证明的事实，应当作为认定事实的依据，但有相反证据足以推翻公证证明的除外。

如果公证文书在形式上存在严重缺陷，例如缺少公证人员签章，则该公证文书不能作为认定案件事实的依据。

如果公证文书的结论明显缺乏依据或者公证文书的内容存在自相矛盾之处，则相应部分的内容不能作为认定案件事实的依据。例如，公证文书仅根据证人的陈述而得出证人陈述内容具有真实性的结论，则该公证文书的结论不能作为认定案件事实的依据。

5.6.4.7 互联网证据平台

当事人可以使用"专利业务办理系统"中的互联网证据平台进行存证，存证后应当通过纸件或电子形式提交足以支持其理由的必要证据，例如反映当事人所主张事实的存证内容；仅提交"存证编号"的，将依据《专利法实施细则》第六十五条第一款和《专利审查指南 2023》的相关规定，视为未提交必要的证据。

5.6.5　复审和无效审理部对证据的调查收集

复审和无效审理部一般不主动调查收集审查案件需要的证据。当事人及其代理人确因客观原因不能自行收集证据的，应当在举证期限内提出申请，复审和无效审理部认为确有必要时，可以调查收集。应当事人的申请对证据进行调查收集的，所需费用由提出申请的当事人或者复审和无效审理部承担。

5.6.6　质证

当事人有权对证据进行质证，质证时应当围绕证据的关联性、合法性、真实性，针对证据证明力有无以及证明力大小质疑、说明和辩驳。

提交证据的当事人应当明确证据与案件事实之间的证明关系，不具有关联性的证据将被排除。

当事人可以从以下方面对证据的合法性进行质证：

（1）证据是否符合法定形式；

（2）证据的取得是否符合法律、法规的规定；

（3）是否有影响证据效力的其他违法情形。

当事人可以从以下方面对证据的真实性进行质证：

（1）证据是否为原件、原物，复印件、复制品与原件、原物是否相符；

（2）提供证据的人与当事人是否有利害关系；

（3）发现证据时的客观环境；

（4）证据形成的原因和方式；

(5) 证据的内容；

(6) 影响证据真实性的其他因素。

5.6.7　证据的认定

【审查指南第四部分第八章第 4.3.2 节】

对于一方当事人提出的证据，另一方当事人认可或者提出的相反证据不足以反驳的，其证明力可以确认。

对于一方当事人提出的证据，另一方当事人有异议并提出反驳证据，对方当事人对反驳证据认可的，反驳证据的证明力可以确认。

双方当事人对同一事实分别举出相反的证据，但都没有足够的依据否定对方证据的，如果一方提供证据的证明力明显大于另一方提供证据的证明力，则证明力较大的证据可以确认。

因证据的证明力无法判断导致争议事实难以认定的，将依据举证责任分配的规则进行判定。

有关当事人对另一方当事人提交证据的认可和对另一方当事人陈述事实的承认，所带来的法律后果参照《专利审查指南2023》第四部分第八章第 4.3.2 节的规定。

5.6.8　其他

公众能够浏览互联网信息的最早时间为该互联网信息的公开时间，一般以互联网信息的发布时间为准。当事人不认可该时间的，可以具体说明或者举证证明。例如，可以就互联网信息修改和发布机制进行举证以支持其主张。

申请日后（含申请日）形成的记载有使用公开或者口头公开内容的书证，或者其他形式的证据可以用来证明专利在申请日前使用公开或者口头公开。形成于专利公开前（含公开日）的证据的证明力一般大于形成于专利公开后的证据的证明力。

5.6.9　当事人提交的样品等不作为证据的物品的处理

在无效宣告程序中，当事人在提交样品等不作为证据的物品时，有权以书面方式请求在其案件审结后取走该物品。对于当事人提出的取走物品的请求，复审和无效审理部将根据案件审查以及后续程序的需要决定何时允许取走。允许当事人取走的，当事人将收到通知，并且应当在收到通知之日起三个月内取走该物品。期满未取走的，或者在提交物品时未提出取走请求的，复审和无效审理部有权处置该物品。

5.7　审查方式

5.7.1　合议审查方式的选择

在无效宣告程序中，复审和无效审理部将根据案情采取口头审理、书面审理或者口头审理与书面审理相结合的方式进行审查。

针对不同专利权的无效宣告案件、部分或者全部当事人相同且案件事实相互关联的案件，当事人可以提出合并口头审理的书面请求，复审和无效审理部可以依据当事人的请求或者自行决定进行合并口头审理。针对一项专利权的多个无效宣告案件，通常将进行合并口头审理。

5.7.2　文件的转送

在无效宣告程序中，复审和无效审理部将根据案件审查需要将有关文件转送有关当事人。指定答复期限的，该答复期限一般为一个月。当事人如果收到转送文件，应当在指定期限内答复；期满未答复的，视为当事人已得知转送文件中所涉及的事实、理由和证据，并且未提出反对意见。

5.7.3 口头审理

┌╌╌╌╌╌╌╌╌╌╌╌┐
┆ 🗨 细则 74 ┆
└╌╌╌╌╌╌╌╌╌╌╌┘

口头审理包括线下审理、线上审理以及线下与线上审理相结合等方式。在无效宣告程序中，有关当事人可以以书面方式提出进行口头审理的请求，并且说明理由，所依据的理由包括：当事人一方要求同对方口头质证和辩论；需要向合议组口头说明事实；需要实物演示；需要请出具过证言的证人出庭作证。

5.7.3.1 口头审理的通知

当事人接收口头审理通知的形式包括"专利业务办理系统"接收，或者邮寄、传真、电子邮件、电话、短信等方式接收。口头审理的日期和地点一经确定一般不再改动。

口头审理通知指定的答复期限一般不超过七日，当事人应当在该指定期限内提交回执明确表示是否参加口头审理，逾期未答复的，视为不参加口头审理，当事人实际出席口头审理的除外。请求人期满未提交回执，并且不参加口头审理的，其无效宣告请求视为撤回，但复审和无效审理部认为根据已进行的审查工作能够作出宣告专利权无效或者部分无效的决定的除外。专利权人不参加口头审理的，可以缺席审理。由于当事人原因未按期举行口头审理的，复审和无效审理部可以直接作出审查决定。

回执中应当有当事人的签名或者盖章。表示参加口头审理的，应当写明参加口头审理人员的姓名。要求委派出具过证言的证人就其证言出庭作证的，应当在回执中声明，并且写明该证人的姓名、工作单位（或者职业）和要证明的事实。

参加口头审理的人必须持有个人身份证明，受委托人还应当有当事人的委托证明。每方参加口头审理的人员总数不得超过四人，回执中写明的参加口头审理人员不足四人的，可以在口头审理开始前指定其他人参加口头审理。一方有多人参加口头审理的，应当指定其中之一作为第一发言人进行主要发言。当事人委托专利代理机构代理的，该机构应当指派专利代理师参加口头审理。

5.7.3.2　口头审理的进行

口头审理通常公开进行，但根据国家法律、法规等规定需要保密的除外。

参加口头审理的当事人及其代理人应当携带身份证明原件、复印件，代理人还应当携带授权委托书；专利代理师参加口头审理的，应当出示执业备案证明，供身份查验和资格确认。

口头审理开始后，当事人应当在合议组的主持下发表意见，包括介绍出席口头审理的人员并指定第一发言人、是否对对方出席人员资格有异议、是否请求审案人员回避、是否请证人作证和请求演示物证、表达与无效宣告理由和证据相关的意见。请求人可以请求撤回无效宣告请求，放弃无效宣告请求的部分理由及相应证据，缩小无效宣告请求的范围，或者表达和解愿望；专利权人可以声明缩小专利保护范围，放弃部分或全部权利要求，或者表达和解愿望。

当事人当庭增加理由或者补充证据并予以考虑的，首次得知所述理由或者收到所述证据的对方当事人有选择当庭口头答辩或者庭后书面答辩的权利。

5.7.3.3 口头审理的中止、终止

有下列情形之一的，口头审理可能中止，继续进行口头审理的日期将在必要时予以确定：

(1) 当事人请求审案人员回避的。

(2) 因和解需要协商的。

(3) 需要对发明创造进一步演示的。

(4) 合议组认为必要的其他情形。

对于事实已经调查清楚、可以作出审查决定的案件，口头审理终止，且审查决定的结论可能会当场宣布。

5.7.3.4 当事人的缺席

有当事人未出席口头审理的，只要一方当事人的出庭符合规定，口头审理将按照规定的程序进行。

5.7.3.5 当事人中途退庭

在口头审理过程中，当事人未经许可不得退庭。当事人未经许可而中途退庭的，或者因妨碍口头审理进行而被责令退庭的，口头审理可以缺席进行。该当事人已经陈述的内容及其中途退庭或者被责令退庭的事实将记入笔录，并由当事人或者合议组签字确认。

5.7.3.6 证人出庭作证

出具过证言并在口头审理通知书回执中写明的证人可以就其证言出庭作证。当事人在口头审理中可以提出证人出庭作证请求，是否准许将根据案件的具体情况决定。

证人出庭作证时，应当出示证明其身份的证件，并如实进行陈述。出庭作证的证人不得旁听案件的审理。证人在接受询问时，其他证人不得在场，但需要证人对质的除外。在双方当事人

参加的口头审理中，双方当事人可以对证人进行交叉提问。证人应当对合议组提出的问题作出明确回答，对于当事人提出的与案件无关的问题可以不回答。

5.7.3.7　口头审理记录

口头审理的内容会通过笔录、录音或者录像等方式进行记录。采用笔录方式记录的，在重要的审理事项记录完毕后或者在口头审理终止时，笔录将交由当事人阅读。当事人有权请求更正笔录的差错。笔录核实无误后，当事人应当签字。

5.7.3.8　旁听

口头审理允许旁听，旁听者无发言权；未经批准，不得拍照、录音和录像，也不得向参加口头审理的当事人传递有关信息。必要时，旁听者将被要求办理旁听手续。

5.7.3.9　当事人的权利和义务

当事人可以通过口头审理通知书或者合议组告知等途径，了解无效宣告程序中当事人的权利和义务。

（1）当事人的权利

当事人有权请求审案人员回避；有权与对方当事人和解；有权在口头审理中请出具过证言的证人就其证言出庭作证和请求演示物证；有权进行辩论。请求人有权请求撤回无效宣告请求，放弃无效宣告请求的部分理由及相应证据，以及缩小无效宣告请求的范围；专利权人有权放弃部分或全部权利要求及其提交的有关证据。

（2）当事人的义务

当事人应当遵守口头审理规则，维护口头审理的秩序；发言时应当征得合议组同意，任何一方当事人不得打断另一方当事人的发言；辩论中应当摆事实、讲道理；发言和辩论仅限于合议组指定的与审理案件有关的范围；当事人对自己提出的主张有举证责任，反驳对方主张的，应当说明理由；口头审理期间，未经许可不得中途退庭。

5.7.4　书面审理

当事人收到无效宣告请求审查通知书的，应当在指定期限内答复，该指定期限一般为一个月。期满未答复的，视为当事人已得知通知书中所涉及的事实、理由和证据，并且未提出反对意见。

5.8　无效宣告程序的中止

当地方知识产权管理部门或者人民法院受理了专利权权属纠纷，或者人民法院裁定对专利权采取财产保全措施时，权属纠纷的当事人或者采取财产保全措施的人民法院可以请求中止该专利权的无效宣告程序。根据专利局的审批结果，该专利权的无效宣告程序可能被中止。

请求中止的手续、条件、中止的期限及中止程序的结束等，参见本书第 9 章第 2.3 节。

5.9　无效宣告程序的终止

请求人在合议组对无效宣告请求作出审查决定之前，撤回其无效宣告请求的，无效宣告程序终止，但合议组认为根据已进行的审查工作能够作出宣告专利权无效或者部分无效的决定的除外。

请求人未在指定的期限内答复口头审理通知书，并且不参加口头审理，其无效宣告请求被视为撤回的，无效宣告程序终止，但合议组认为根据已进行的审查工作能够作出宣告专利权无效或者部分无效的决定的除外。

已受理的无效宣告请求因不符合受理条件而被驳回请求的，

无效宣告程序终止。

复审和无效审理部对无效宣告请求已作出审查决定的，无效宣告程序终止。

6. 针对无效宣告请求案件的其他说明

6.1 涉及药品专利纠纷早期解决机制的无效宣告请求案件

涉及药品专利纠纷早期解决机制的无效宣告请求案件，是指《专利法》第七十六条所述药品上市许可申请人（又称"仿制药申请人"），作为无效宣告请求人，针对中国上市药品专利信息登记平台收录的被仿制药相关专利权提出无效宣告请求的案件。

仿制药申请人根据药品专利纠纷早期解决机制有关规定提出第四类声明后提出无效宣告请求的，应当在无效宣告请求书中对案件涉及药品专利纠纷早期解决机制的情况作出明确标注，即涉案专利为中国上市药品专利信息登记平台上登记的专利权，请求人为相应药品的仿制药申请人，且已经提出第四类声明，并附具仿制药注册申请受理通知书和第四类声明文件的副本等相关证明文件。

仿制药申请人提出无效宣告请求后，又根据药品专利纠纷早期解决机制有关规定提出第四类声明的，应当及时提交表明该无效宣告请求案件涉及药品专利纠纷早期解决机制的相关证据，进行口头审理的案件最迟在口头审理辩论终结前提交，不进行口头审理的案件最迟在无效宣告决定作出前提交。

专利权人就涉案专利已经根据药品专利纠纷早期解决机制有关规定提起了相关诉讼或者行政裁决，也应当及时将相关诉讼或行政裁决信息告知合议组。

请求人未在规定期限内提供证据表明其提出的无效宣告请求涉及药品专利纠纷早期解决机制的，不适用《专利审查指南2023》第四部分第三章第9节的规定。

6.2　涉及外观设计专利的无效宣告请求案件

外观设计专利无效宣告请求的审查标准具体参照《专利审查指南 2023》第四部分第五章的规定。当无效宣告理由涉及《专利法》第二十三条时，当事人应当注意以下内容。

6.2.1　根据《专利法》第二十三条第一、二款的判断

6.2.1.1　判断主体

外观设计专利是否符合《专利法》第二十三条第一、二款的规定，应当基于一般消费者的知识水平和认知能力进行判断。一般消费者是指一种假设的"人"，既不等同于日常生活中的普通消费者，也不应将其简单地对应于某一类具体人群，《专利审查指南 2023》第四部分第五章第 4 节对一般消费者有明确定义。请求人主张现有设计或其特征的组合时，应当基于一般消费者的知识水平和认知能力，明确可以用于组合的设计特征，判断是否存在组合的启示；在组合成立的情况下，将其与涉案专利进行对比，判断二者整体视觉效果是否具有明显区别。

例如，涉案专利请求保护一种梳妆台的产品外观设计，包括台面主体、梳妆镜、矮柜和支脚。请求人通过检索获得四篇外观设计专利（以下简称"对比设计 1 至 4"），分别公开了不同设计风格的梳妆台产品，如果主张以对比设计 2 的梳妆镜、对比设计 3 的矮柜、对比设计 4 的支脚替换对比设计 1 相应位置的部件，则需要考虑：从不同设计风格的产品中选取设计特征进行组合，是基于一般消费者的知识水平和认知能力，还是设计人员的知识水平和认知能力；设计特征组合后，是否还需要对各个设计特征的外形作过多的修饰、过渡或者大幅的改变，这种变化程度是否超出了一般消费者的能力范围。

298

6.2.1.2　整体观察、综合判断

整体观察、综合判断是《专利法》第二十三条第一、二款的判断原则，是指以一般消费者为判断主体，整体观察涉案专利与对比设计，确定两者的相同点和区别点，判断其对整体视觉效果的影响，综合得出结论。例如，当判断涉案专利与对比设计是否具有明显区别时，如果两者的相同点对整体视觉效果的影响明显大于区别点，则涉案专利相对于对比设计不具有明显区别；反之，具有明显区别。

当事人可以通过积极举证的方式，说明相同点或区别点对整体视觉效果的影响力，例如，对现有设计状况进行举证。涉案专利请求保护一种汽车的产品外观设计，对比设计公开了一种汽车的产品外观设计，二者的相同点在于三维立体构型相同，区别点在于包括汽车格栅、前大灯、防撞条在内的汽车前脸的设计不同。请求人可以对现有设计状况进行举证，说明两者的相同点在涉案专利的现有设计中很少出现，两者的区别点在现有设计中较为常见。专利权人也可以对现有设计状况进行举证，说明两者的相同点在现有设计中较为常见，两者的区别点是涉案专利的创新性设计。

6.2.1.3　现有设计中存在的启示

根据《专利法》第二十三条第二款的规定，请求人可以主张将涉案专利与一项现有设计单独对比，或者与两项以上现有设计及其特征的组合进行对比。

主张涉案专利是由不同种类产品现有设计转用得到的，请求人应当就该具体的转用手法在相同或者相近种类产品的现有设计中存在启示进行举证，属于《专利审查指南 2023》第四部分第五章第 6.2.2 节规定的明显存在转用手法启示情形的，请求人免除相应举证责任。主张涉案专利是由现有设计或者现有设计特征

299

组合得到的，请求人应当就该具体的组合手法在相同或者相近种类产品的现有设计中存在启示进行举证，属于《专利审查指南2023》第四部分第五章第6.2.3节规定的明显存在组合手法启示情形的，请求人免除相应举证责任。

例如，涉案专利请求保护一种床架的产品外观设计，所述床架包含两端带有立柱的床头板；对比设计1公开了一种床架的产品外观设计，所述床头板也包含两端带有立柱的床头板；对比设计2公开了一种没有立柱设计的床头板。

如果请求人主张用对比设计2的床头板替换对比设计1的床头板整体，该组合方式为相应零部件的替换，属于明显存在组合手法启示的情形，无须举证。

如果请求人主张用对比设计2的床头板替换对比设计1的床头板中不包含立柱的中间部分的设计，因其不属于通常所理解的零部件的拼合或者替换方式，请求人对现有设计中是否存在该组合手法的启示应予举证。

6.2.2 根据《专利法》第二十三条第三款的判断

请求人可以主张涉案专利与他人在申请日（有优先权的，指优先权日）之前已经取得的合法权利相冲突，是否相冲突的判断标准原则上适用在先权利的侵权判定标准。请求人主张权利冲突的，应当就请求人的主体资格、在先权利客体进行举证，必要时还应当提交其他能够证明涉案专利与在先权利相冲突的证据。专利权人可以提交反证。

例如，请求人主张涉案专利与商标权相冲突的，应当举证请求人是该商标权的权利人或者利害关系人，该商标权已于涉案专利权申请日（有优先权的，指优先权日）前取得且于涉案专利申请日仍然有效。

又如，请求人主张涉案专利与著作权相冲突的，应当举证请求人是该著作权的权利人或者利害关系人，该著作权已于涉案专利权申请日（有优先权的，指优先权日）前取得且于涉案专利申请日仍然有效，专利权人与该著作权所保护的作品存在接触的可能性（免于举证的情形除外）。专利权人可以提交反证，必要时还可以就涉案专利与在先著作权对比的相同点进行举证，证明其并非在先著作权独创性部分。

6.3　涉及实用新型专利的无效宣告请求案件

有关实用新型专利保护的客体参见本书第 4 章第 2.1 节。

在实用新型专利新颖性和创造性的审查中，会考虑其技术方案中的所有技术特征，包括材料特征和方法特征。

实用新型专利新颖性的要求与发明专利相同，参见本书第 3 章第 1.3.2 节。

实用新型的创造性，是指与现有技术相比，该实用新型具有实质性特点和进步。针对实用新型专利，可以从以下两个方面来考虑现有技术中是否存在技术启示：

一是现有技术的领域。一般着重于考虑该实用新型专利所属的技术领域。但是现有技术中给出明确的启示，例如现有技术中有明确的记载，促使本领域的技术人员到相近或者相关的技术领域寻找有关技术手段的，可以考虑其相近或者相关的技术领域。

二是现有技术的数量。一般情况下引用一项或者两项现有技术评价其创造性，对于由现有技术通过"简单的叠加"而形成的实用新型专利，可以根据情况引用多项现有技术评价其创造性。

6.4　涉及同样的发明创造的无效宣告请求案件

同样的发明创造，对于发明和实用新型而言，是指要求保护的发明或者实用新型相同，有关判断原则参照《专利审查指南2023》第二部分第三章第 6.1 节的规定；对于外观设计而言，是指要求保护的产品外观设计相同或者实质相同，所述相同或者实质相同的判断参照《专利审查指南 2023》第四部分第五章的规定；发明与外观设计专利权，或者实用新型与外观设计专利权不构成同样的发明创造。

6.4.1　专利权人相同

如果属于同一专利权人的具有相同申请日（有优先权的，指优先权日）和不同授权公告日的两项专利权确属同样的发明创造，请求人依据《专利法》第九条第一款提起无效宣告请求，应当请求宣告其中授权在后的专利权无效，请求宣告其中授权在前的专利权无效的，该理由不能成立。如果上述两项专利权为同一专利权人同日（仅指申请日）申请的一项实用新型专利权和一项发明专利权，专利权人在申请时根据《专利法实施细则》第四十七条第二款的规定作出过说明，且发明专利权授予时实用新型专利权尚未终止，在此情形下，专利权人可以通过放弃授权在前的实用新型专利权以保留被请求宣告无效的发明专利权。

如果属于同一专利权人的具有相同申请日（有优先权的，指优先权日）和相同授权公告日的两项专利权确属同样的发明创造，请求人依据《专利法》第九条第一款提起无效宣告请求，可以请求宣告其中一项专利权无效。请求人仅针对其中一项专利权提出无效宣告请求的，该专利权将被宣告无效。两项专利权均被提出无效宣告请求的，专利权人会得到合议组关于这两项专利权构成同样的发明创造并要求其选择仅保留其中一项专利权的告知，专利权人可以选择仅保留其中一项专利权，未进行选择的，两项专利权均将被宣告无效。

6.4.2　专利权人不同

如果属于不同专利权人的两项具有相同申请日（有优先权的，指优先权日）的专利权确属同样的发明创造，请求人依据《专利法》第九条第一款提起无效宣告请求，可以分别请求宣告这两项专利权无效。

两项专利权均被提出无效宣告请求的，两专利权人会得到合议组关于这两项专利权构成同样的发明创造并要求其协商选择仅保留其中一项专利权的告知。两专利权人可以协商并共同书面声明仅保留其中一项专利权，另一项专利权将被宣告无效，协商不成未进行选择的，两项专利权均将被宣告无效。

请求人仅针对其中一项专利权提出无效宣告请求的，专利权人可以请求宣告另外一项专利权无效，并与另一专利权人协商选择仅保留其中一项专利权。专利权人未请求宣告另一项专利权无效的，该专利权将被宣告无效。

7. 救济程序

当事人不服无效宣告请求审查决定的，可以根据《专利法》第四十六条第二款的规定，在收到决定之日起三个月内向北京知识产权法院起诉。

第三部分　行政复议

1. 引言

1.1　行政复议概述

本部分所述的行政复议，是指涉及专利和集成电路布图设计审查的行政复议，即公民、法人或者其他组织认为国家知识产权局作出的有关专利申请、专利权、集成电路布图设计登记申请、集成电路布图设计专有权的行政行为侵犯其合法权益，可以根据《中华人民共和国行政复议法》等有关规定向国家知识产权局提出复查该行政行为的申请，国家知识产权局对申请行政复议的行政行为的合法性和适当性进行审查，并作出行政复议决定。

1.2 行政复议流程

行政复议的主要流程包括：申请行政复议，受理审查，审理，作出行政复议决定，救济和行政复议的中止、终止等。流程见图8－3。

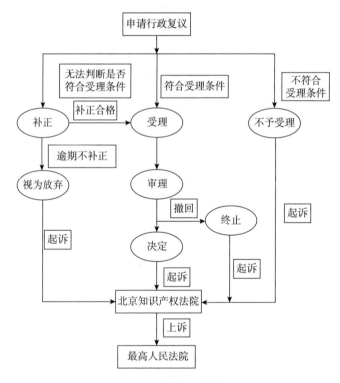

图8－3 行政复议流程

2. 申请行政复议前的相关工作

2.1　可以申请行政复议的情形

有下列情形之一的，公民、法人或者其他组织可以依法申请行政复议：

（1）对国家知识产权局作出的有关专利申请、专利权的行政行为，包括在专利复审程序、宣告专利权无效程序中作出的行政行为不服；

（2）对国家知识产权局作出的有关集成电路布图设计登记申请、集成电路布图设计专有权的行政行为，包括在集成电路布图设计复审程序、集成电路布图设计登记撤销程序中作出的行政行为不服；

（3）申请国家知识产权局履行保护人身权利、财产权利等合法权益的法定职责，国家知识产权局拒绝履行、未依法履行或者不予答复；

（4）认为国家知识产权局作出的其他有关专利申请、专利权、集成电路布图设计登记申请、集成电路布图设计专有权的行政行为侵犯其合法权益。

例如，公民、法人或者其他组织对国家知识产权局作出的退款审批通知书、收费减缴审批通知书、分案申请视为未提出通知书、手续合格通知书、视为未要求优先权通知书、视为撤回通知书、专利权终止通知书、恢复权利请求审批通知书、国际申请不能进入中国国家阶段通知书、专利权期限补偿审批决定、药品专利权期限补偿审批决定、复审请求不予受理通知书、无效宣告请求不予受理通知书等通知书或决定不服的，可以依法向国家知识产权局申请行政复议。

> 行政复议法 72.1

复议申请人在申请行政复议时可以一并提出行政赔偿请求。

> 📖 行政复议法 13.1

公民、法人或者其他组织认为国家知识产权局的行政行为所依据的规范性文件不合法，在对行政行为申请行政复议时，可以一并向国家知识产权局提出对该规范性文件的附带审查申请。

2.2 不属于行政复议范围的情形

有下列情形之一的，不属于行政复议范围：

（1）对国家知识产权局作出的驳回专利申请的决定、专利复审请求审查决定、专利权无效宣告请求审查决定、专利强制许可使用费的裁决、关于是否予以公告专利开放许可声明的决定不服；

（2）专利权人，因相关专利存在侵权纠纷或者已经提出相关药品注册申请的利害关系人以外的公民、法人或者其他组织对国家知识产权局作出的关于是否给予专利权期限补偿的决定不服；

（3）对国家知识产权局作出的驳回集成电路布图设计登记申请的决定、集成电路布图设计复审决定、撤销集成电路布图设计登记的决定、集成电路布图设计非自愿许可报酬的裁决不服；

（4）对国家知识产权局作出的未对公民、法人或者其他组织权利义务产生实际影响的告知性行为不服；

（5）对国家知识产权局作为国际申请的受理局、国际检索单位和国际初步审查单位所作决定不服；

（6）其他依法不能申请行政复议的情形。

例如，专利权评价报告不是行政决定，因此，公民、法人或者其他组织对专利权评价报告不服的，不能申请行政复议。

又如，补正通知书和审查意见通知书属于国家知识产权局为履行专利审查职能而作出的过程性行为，对当事人的权利义务尚未产生实际影响，因此，公民、法人或者其他组织对补正通知书或审查意见通知书不服的，不能申请行政复议，而应当在通知书指定的期限内补正或答复。

2.3　行政复议前置范围

> 🖳 行政复议法 23.1

复议申请人认为国家知识产权局存在未履行有关专利申请、专利权、集成电路布图设计登记申请、集成电路布图设计专有权的法定职责情形，应当先向国家知识产权局申请行政复议，对行政复议决定不服的，可以再依法向人民法院提起行政诉讼。

2.4　行政复议申请人和第三人

2.4.1　行政复议申请人

> 🖳 行政复议法 14

国家知识产权局作出的行政行为的相对人以及其他与该行政行为有利害关系的公民、法人或者其他组织，有权向国家知识产权局申请行政复议。

有权申请行政复议的公民死亡的，其近亲属可以申请行政复议。有权申请行政复议的公民为无民事行为能力人或者限制民事行为能力人的，其法定代理人可以代为申请行政复议。有权申请行政复议的法人或者其他组织终止的，其权利义务承受人可以申请行政复议。

行政复议法 15

同一行政复议案件申请人人数众多的，可以由申请人推选代表人参加行政复议。

代表人参加行政复议的行为对其所代表的复议申请人发生效力，但代表人变更行政复议请求、撤回行政复议申请、承认第三人请求的，应当经被代表的复议申请人同意。

2.4.2　第三人

行政复议法 16

行政复议期间，国家知识产权局认为复议申请人以外的公民、法人或者其他组织同被申请行政复议的行政行为或者行政复议案件处理结果有利害关系的，可以通知其作为第三人参加行政复议。

行政复议期间，复议申请人以外的同被申请行政复议的行政行为或者行政复议案件处理结果有利害关系的公民、法人或者其他组织，可以向国家知识产权局申请作为第三人参加行政复议。

第三人不参加行政复议，不影响行政复议案件的审理。

2.5　委托

行政复议法 17

复议申请人、第三人可以委托一至二名律师、基层法律服务工作者或者其他代理人代为参加行政复议。

复议申请人、第三人变更或者解除代理人权限的，应当书面告知国家知识产权局，无须办理著录项目变更手续。

2.6　行政复议申请期限

2.6.1　一般情形

┌─────────────────────────────┐
│ 📖 行政复议法20.1、细则4.5 │
└─────────────────────────────┘

复议申请人认为国家知识产权局的行政行为侵犯其合法权益的，可以自知道或者应当知道该行政行为之日起六十日内提出行政复议申请。

国家知识产权局邮寄的通知或者决定，自该通知或者决定发出之日起满十五日，推定为复议申请人收到该通知或者决定之日。复议申请人可以自推定收到该通知或者决定之日起六十日内提出行政复议申请。

┌─────────────────────────────┐
│ 📖 行政复议法实施条例16.1 │
└─────────────────────────────┘

复议申请人依法申请国家知识产权局履行法定职责，国家知识产权局未履行的，有履行期限规定的，复议申请人可以自履行期限届满之日起六十日内提出行政复议申请；没有履行期限规定的，复议申请人可以自国家知识产权局收到申请之日起一百二十日内提出行政复议申请。

2.6.2　特殊情形

如果国家知识产权局邮寄的通知或者决定未在自发出之日起十五日内送达，复议申请人可以自实际收到该通知或者决定之日起六十日内提出行政复议申请。如果该通知或者决定未送达，复议申请人可以自知道或者应当知道该通知或者决定内容之日起六十日内提出行政复议申请。

> 💡 行政复议法 20.2、20.3

因不可抗力或者其他正当理由耽误法定申请期限的，申请期限自障碍消除之日起继续计算。

国家知识产权局作出行政行为时，未告知公民、法人或者其他组织申请行政复议的权利、行政复议机关和申请期限的，申请期限自公民、法人或者其他组织知道或者应当知道申请行政复议的权利、行政复议机关和申请期限之日起计算，但是自知道或者应当知道行政行为内容之日起最长不得超过一年。行政复议申请自行政行为作出之日起超过五年的，国家知识产权局不予受理。

2.7　行政复议申请文件

行政复议申请文件包括复议申请人在提出行政复议申请时提交的行政复议申请书和授权委托书、身份证明材料、证据材料等其他复议申请文件。

2.7.1　行政复议申请书

复议申请人可以在国家知识产权局官方网站下载《行政复议申请书》（表格编号 101101），也可以自行制作行政复议申请书。行政复议申请书可以手写或者打印。

> 💡 行政复议法实施条例 19

行政复议申请书应当载明下列事项：

（1）复议申请人的基本情况，包括公民的姓名、性别、年龄、身份证号码、工作单位、邮政编码、通信地址、联系电话；法人或者其他组织的名称、住所、邮政编码和法定代表人或者主要负责人的姓名、职务、通信地址、联系电话。复议申请人是法人或者其他组织且未委托代理人的，应当载明联系人的姓名、邮政编码、通信地址、联系电话。复议申请人委托专利代理机构的，应当载明专利代理机构的名称、机构代码、通信地址和代理师的姓名、执业证号、联系电话。

（2）被申请人的名称，即国家知识产权局。

（3）被申请行政复议的行政行为。如果该行政行为是以通知或者决定的形式作出的，则应当载明该通知或者决定的名称。

（4）具体的行政复议请求。

（5）申请行政复议的主要事实和理由。

（6）全体复议申请人的签名或者盖章。复议申请人委托代理人的，应当由被委托人签字或者盖章。

（7）申请行政复议的日期。

2.7.2　其他复议申请文件

📖 行政复议法 17.2、44.2

复议申请人是公民的，应当附具身份证等个人身份证明材料的复印件；复议申请人是法人或者其他组织的，应当附具工商登记等组织身份证明材料的复印件。

复议申请人、第三人委托代理人的，应当提交授权委托书、委托人及被委托人的身份证明文件。授权委托书应当由委托人和被委托人签名或盖章，并载明委托事项（代为办理专利行政复议事务）、权限和期限。

复议申请人、第三人、代理人可以在国家知识产权局网站下载《专利代理委托书》（表格编号 100007），在第 4 项"其他"中填写"代为办理申请号或专利号为××××的行政复议事务"，也可以自行制作授权委托书，在正文部分载明委托事项（代为办理行政复议事务）、权限和期限。

复议申请人提出行政复议申请的，可以附具必要的证据。行政复议证据包括书证、物证、视听资料、电子数据、证人证言、当事人的陈述、鉴定意见和勘验笔录、现场笔录。

有下列情形之一的，复议申请人应当提供证据：

（1）认为国家知识产权局不履行法定职责的，提供曾经要求国家知识产权局履行法定职责的证据，但是国家知识产权局应当依职权主动履行法定职责或者复议申请人因正当理由不能提供的除外；

（2）提出行政赔偿请求的，提供受行政行为侵害而造成损害的证据，但是因国家知识产权局原因导致复议申请人无法举证的，由国家知识产权局承担举证责任；

（3）复议申请人是除行政行为相对人以外的其他利害关系人的，应当进行必要说明并提供相应证据以证明其与被申请行政复议的行政行为有利害关系；

（4）法律、法规规定需要申请人提供证据的其他情形。

3. 提出行政复议申请

3.1 提交行政复议申请文件

复议申请人可以以纸件形式或者电子形式提交行政复议申请文件。

复议申请人以电子形式提交行政复议申请文件的，应当按照规定的文件格式、数据标准、操作规范和传输方式通过"专利业务办理系统"提交。以纸件形式提交行政复议申请文件的，提交地址参见附件 3。

3.2 提交其他文件

在行政复议期间，复议申请人可以以纸件形式或者电子形式提交《意见陈述书（关于行政复议）》（表格编号：101103）、补正书、撤回行政复议申请声明等其他文件。复议申请人可以在国家知识产权局网站下载《意见陈述书（关于行政复议）》。补正书、撤回行政复议申请声明等其他文件无标准格式，复议申请人可以自行制作。

复议申请人以纸件形式提交其他文件的，补正书、撤回行政复议申请声明等其他文件可以单独提交，也可以作为《意见陈述书（关于行政复议）》的附件提交。

复议申请人以电子形式提交其他文件的，补正书、撤回行政复议申请声明等其他文件应当作为《意见陈述书（关于行政复议）》的附件提交。

其他文件的提交方式适用本部分第3.1节的规定。

3.3　费用

> 📖 行政复议法87

复议申请人申请行政复议，无须缴纳任何费用。

4. 行政复议程序

4.1　行政复议受理

4.1.1　受理条件

> 📖 行政复议法30.1

行政复议申请符合下列规定的，国家知识产权局应当予以受理：

（1）有明确的复议申请人且复议申请人与被申请行政复议的行政行为有利害关系；

313

（2）国家知识产权局是符合规定的被申请人；

（3）有具体的行政复议请求和理由；

（4）在法定申请期限内提出；

（5）属于本部分第 2.1 节列明的行政复议范围；

（6）属于国家知识产权局的管辖范围；

（7）国家知识产权局未受理过该复议申请人就同一行政行为提出的行政复议申请，且人民法院未受理过该复议申请人就同一行政行为提起的行政诉讼。

4.1.2 受理审查

（1）受理

行政复议申请符合受理条件的，国家知识产权局应当予以受理并启动行政复议审理程序。

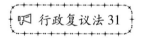

行政复议法 29

国家知识产权局已经依法受理行政复议申请的，复议申请人在行政复议期间不得向人民法院提起行政诉讼。公民、法人或者其他组织向人民法院提起行政诉讼，人民法院已经依法受理的，不得申请行政复议。

（2）不予受理

行政复议申请不符合受理条件的，国家知识产权局应当决定不予受理，发出行政复议申请不予受理通知书。复议申请人不服行政复议申请不予受理通知书的，可以自收到该通知书之日起十五日内依法向北京知识产权法院提起行政诉讼。

（3）补正

行政复议法 31

行政复议申请材料不齐全或者表述不清楚，无法判断行政复议申请是否符合受理条件的，国家知识产权局应当发出行政复议申请补正通知书，通知复议申请人补正。

行政复议申请文件常见的缺陷包括：

① 一件行政复议申请针对多个行政行为提出；

② 行政复议申请书中载明的复议申请人的姓名或者名称与落款处的签名或者盖章不一致；

③ 复议申请人是公民的，未提交身份证等个人身份证明材料的复印件；

④ 复议申请人是法人或者其他组织的，未提交工商登记等组织身份证明材料的复印件；

⑤ 复议申请人委托代理人的，未提交授权委托书；或行政复议申请书未经代理人签名或者盖章；或授权委托书未经复议申请人和代理人双方签名或者盖章；或授权委托书中未载明"代为办理专利行政复议事务"等相关内容。

复议申请人应当自收到行政复议申请补正通知书之日起十日内提交补正材料。无正当理由逾期不补正的，视为复议申请人放弃行政复议申请。复议申请人不服行政复议申请视为放弃通知书的，可以自收到该通知书之日起十五日内依法向北京知识产权法院提起行政诉讼。

（4）驳回

　┌┄┄┄┄┄┄┄┄┄┄┄┄┄┐
　┆ 🗐 行政复议法 33 ┆
　└┄┄┄┄┄┄┄┄┄┄┄┄┄┘

国家知识产权局受理行政复议申请后，发现该行政复议申请不符合受理条件的，应当发出驳回行政复议申请通知书。

　┌┄┄┄┄┄┄┄┄┄┄┄┄┄┐
　┆ 🗐 行政复议法 69 ┆
　└┄┄┄┄┄┄┄┄┄┄┄┄┄┘

国家知识产权局受理复议申请人认为其不履行法定职责的行政复议申请后，发现没有相应法定职责或者在受理前已经履行法定职责的，应当发出驳回行政复议申请通知书。

复议申请人不服驳回行政复议申请通知书的，可以自收到该通知书之日起十五日内依法向北京知识产权法院提起行政诉讼。

4.2　行政复议审理

（1）申请停止执行

> 叫 行政复议法 42

行政复议期间行政行为不停止执行。但是，复议申请人、第三人申请停止执行，国家知识产权局认为其要求合理，决定停止执行的，行政行为停止执行，并向复议申请人和第三人发出行政复议案件停止执行通知书。

（2）表达意见和请求听证

> 叫 行政复议法 49、50、51

适用普通程序审理的行政复议案件，复议申请人、第三人可以当面或者通过互联网、电话等方式向国家知识产权局表达意见。

复议申请人也可以向国家知识产权局请求听证。复议申请人无正当理由拒不参加听证的，视为放弃听证权利。

（3）查阅复制

> 叫 行政复议法 47

行政复议期间，复议申请人、第三人及其委托代理人可以依法查阅、复制有关单位、部门提出的书面答复，作出行政行为的证据、依据和其他有关材料，但涉及国家秘密、商业秘密、个人隐私或者可能危及国家安全、公共安全、社会稳定的情形除外。

（4）鉴定

┌─────────────────────────┐
⤷ 行政复议法实施条例 37
└─────────────────────────┘

行政复议期间涉及专门事项需要鉴定的，复议申请人、第三人可以自行委托鉴定机构进行鉴定，也可以申请国家知识产权局委托鉴定机构进行鉴定。鉴定费用由复议申请人、第三人承担。鉴定所用时间不计入行政复议审理期限。

（5）请求调解

┌────────────────────────────────┐
⤷ 行政复议法 5、行政复议法实施条例 50
└────────────────────────────────┘

复议申请人可以请求国家知识产权局按照自愿、合法的原则进行调解。行政复议调解书经双方当事人签字，即具有法律效力。

（6）达成和解

┌─────────────────────────┐
⤷ 行政复议法 74
└─────────────────────────┘

在行政复议决定作出前，复议申请人、第三人可以和国家知识产权局自愿达成和解，和解内容不得损害国家利益、社会公共利益和他人合法权益，不得违反法律、法规的强制性规定。达成和解后，由复议申请人向国家知识产权局撤回行政复议申请。

（7）撤回行政复议申请

┌─────────────────────────┐
⤷ 行政复议法 41、74
└─────────────────────────┘

行政复议决定作出前，复议申请人可以撤回行政复议申请。国家知识产权局准予撤回，决定终止行政复议，并发出行政复议案件终止通知书。复议申请人对行政复议案件终止通知书不服的，可以自收到该通知书之日起十五日内法向北京知识产权法院提起行政诉讼。

国家知识产权局准予撤回行政复议申请、决定终止行政复议的，复议申请人不得再以同一事实和理由提出行政复议申请。但是，复议申请人能够证明撤回行政复议申请违背其真实意愿的除外。

4.3 行政复议决定的救济

> 📖 行政复议法 10、26

复议申请人对行政复议决定不服的，可以自收到行政复议决定书之日起十五日内依法向北京知识产权法院提起行政诉讼；也可以向国务院申请裁决。国家知识产权局逾期不作决定的，复议申请人可以在复议期满之日起十五日内向北京知识产权法院提起行政诉讼。

第9章 专利事务手续办理相关事宜

1. 专利费用

向专利局申请专利和办理部分手续时，需要按照相关规定缴纳专利费用。

1.1 专利费用的种类及缴纳期限

1.1.1 国家申请

```
📢 细则 110—116
```

国家申请的专利费用主要包括以下几种：

（1）申请费、申请附加费、公布印刷费、优先权要求费；

（2）发明专利申请实质审查费、复审费；

（3）年费；

（4）恢复权利请求费、延长期限请求费；

（5）著录事项变更费、专利权评价报告请求费、无效宣告请求费、专利文件副本证明费。

专利费用种类及收费标准，由国家发展和改革委员会（以下简称"发展改革委"）、财政部会同国家知识产权局按照职责分工规定，当事人应及时关注国家知识产权局网站上发布的公告和通知。发明、实用新型、外观设计收费标准分别参见附件2中的附表2－1、附表2－2、附表2－3。

1.1.2　国际申请

按照《专利合作条约》（PCT）提出的国际申请，费用包括 PCT 国际阶段的费用和国家阶段的费用。

1.1.2 1　PCT 申请国际阶段

国际申请费、国际申请附加费和手续费由国际局收取，其收费标准和减缴规定参照《PCT 细则》执行，PCT 申请国际阶段费用减缴的具体内容见本章第 1.3.2 节。

向国家知识产权局提交的 PCT 国际申请由国家知识产权局代国际局收取国际申请费、国际申请附加费和手续费，收取的费用币种为人民币，具体数额根据世界知识产权组织公布。申请人也可在国家知识产权局网站专利合作条约专栏进行查询。目前 PCT 申请国际阶段部分执行的费用标准参见附件 2 的附表 2 - 4。

1.1.2.2　进入国家阶段的 PCT 申请

> 📢 细则 120、121、127、131

PCT 申请进入中国国家阶段（国家知识产权局作为指定局、选定局）缴纳的费用包括申请费、申请附加费、公布印刷费、优先权要求费、宽限费、发明专利申请实质审查费、译文改正费、单一性恢复费、优先权恢复费。进入国家阶段其他收费按照国内标准执行，具体参见附件 2 的附表 2 - 5。

1.1.3　外观设计国际注册申请

国际局收取的外观设计国际注册申请费用收费标准依照《〈海牙协定〉1999 年文本和 1960 年文本共同实施细则》执行，具体可查询世界知识产权组织官方网站海牙专栏。指定中国的外观设计国际注册申请国家程序的收费标准依照国内标准执行。

外观设计国际注册申请的国际程序相关费用应当直接向国际局缴纳。通过专利局提交外观设计国际注册申请文件的，可以通过专利局向国际局转交国际申请的基本费、公布费、附加费、第一期单独指定费等。国际局以其账户收到费用的日期为缴费日。国际程序中费用相关事宜，由当事人直接与国际局联系。

向国际局缴费的方式有从在国际局开设的往来账户中支取、通过瑞士邮政账户或向任何指定的国际局银行账户缴纳、通过国际局提供的在线缴费系统缴纳❶。

通过专利局缴纳国际申请相关费用的，当事人应当以传送编号为依据，通过网上缴费或直接向专利局当面缴纳相关费用。缴纳费用时应注明正确的传送编号以及缴纳的费用名称。不符合上述规定的，视为未办理缴费手续。

外观设计国际注册申请经国际局公布之后，当事人向专利局缴纳国家程序相关费用的，应当以国家申请号或者国际注册号缴费。外观设计国际注册申请的费用标准参见附件2的表2-6。

1.2　专利费用的缴纳

1.2.1　应缴费用的查询途径

为便于正确缴纳相关费用，缴费人可以事先查询确认应缴纳费用的种类、金额和期限。专利局为缴费人提供了以下三种应缴费用的查询途径：

（1）登录"专利业务办理系统"查询：进入"专利缴费服务"模块，也可以进入"专利审查信息查询"模块，查询应缴/已缴费用等信息。

（2）电话查询：缴费人可拨打专利局对外咨询电话查询应

---

❶　申请人可登录国际局网站了解缴费方式详细信息。

缴费用，查询时应提供申请号或专利号。

（3）现场查询：缴费人可到国家知识产权局业务受理大厅及各地方专利代办处查询。

1.2.2 支付及结算方式

> 📢 细则 111.1
> 【审查指南第五部分第二章第 2 节、第 7 节】

当事人可以通过网上缴费、银行汇款、邮局汇款及面交等多种方式缴费。不同缴费方式、缴费日的确定、暂存款业务及专利缴费票据领取方式见附件 3。

1.3 专利收费的减缴

> 📢 细则 117
> 【审查指南第五部分第二章第 3 节】

符合《专利收费减缴办法》（财税〔2016〕78 号）和《关于调整专利收费减缴条件和商标注册收费标准的公告》（国家知识产权局公告第 316 号）有关条件的专利申请人或专利权人，可以请求专利费用的减缴。

1.3.1 国家申请专利收费的减缴

1.3.1.1 可以减缴的费用种类

发明、实用新型及外观设计专利可以请求减缴的费用包括：

（1）申请费（不包括公布印刷费、申请附加费）；

（2）发明专利申请实质审查费；

（3）复审费；

（4）年费（自授予专利权当年起十年的年费、开放许可实施期间的年费）。

（5）外观设计国际申请单独指定费（第一期和第二期）。

1.3.1.2　符合减缴条件的专利申请人（或者专利权人）

申请人（或专利权人）符合下列条件之一的，可以向专利局请求减缴上述收费：

（1）个人：上年度月均收入低于 5000 元（年 6 万元）；

（2）企业：上年度企业应纳税所得额低于 100 万元；

（3）事业单位、社会团体、非营利性科研机构；

（4）专利处于开放许可实施期间的专利权人。

两个或者两个以上的个人或者单位为共同专利申请人（或共有专利权人）的，应当分别符合上述减缴条件。

1.3.1.3　减缴比例

申请人（或专利权人）为个人或者单位的，减缴比例为85%。两个或者两个以上的个人或者单位为共同专利申请人（或共有专利权人）的，减缴比例为 70%。

对专利开放许可实施期间的专利年费减免 15%。同时适用其他专利收费减免政策的，可以选择最优惠的政策，但不得重复。

1.3.1.4　收费减缴的手续

符合减缴条件的申请人（或专利权人）线上办理费减备案且审批合格后，可提出费用减缴请求，费用减缴请求审批通过后，其相应费种可享受相应的费用减缴比例。收费减缴手续如图 9 – 1 所示。

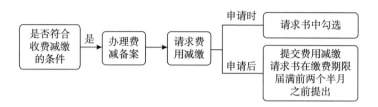

图9-1 收费减缴手续的办理流程图

办理专利开放许可实施合同备案的，可视为提出年费减缴请求，无须办理专利费减备案手续。

专利收费减缴请求手续应当由申请人（或专利权人）或者其代表人办理；已委托专利代理机构的，应当由专利代理机构办理。

（1）办理费减备案

符合费用减缴条件的申请人（或者专利权人）请求减缴专利收费的，应当先通过"专利业务办理系统"填写备案信息并上传证明文件，经审核合格后可以提出收费减缴请求。其中，需要的备案材料如下：

个人：应当在办理费减备案手续时如实填写本人上年度收入情况，同时提交所在单位出具的年度收入证明；无固定工作的，提交户籍所在地或者经常居住地县级民政部门或者乡镇人民政府（街道办事处）出具的关于其经济困难情况证明。

企业：应当在办理费减备案手续时如实填写经济困难情况，同时提交上年度企业所得税年度纳税申报表复印件。在汇算清缴期内，企业提交上上年度企业所得税年度纳税申报表复印件。

事业单位、社会团体、非营利性科研机构：应当在办理费减备案手续时提交法人证明材料复印件。

（2）提出减缴请求

费减备案合格后，申请人在提出专利申请时请求费减的，需要在请求书中勾选"全体申请人请求费用减缴且已完成费用减缴资格备案"；申请人（或专利权人）在申请日后请求收费减缴的，则需提交《费用减缴请求书》（表格编号 100008），无须再提交相关证明材料。

申请人（或专利权人）只能请求减缴应当缴纳但尚未到期的费用，并且应当在有关费用缴纳期限届满日的两个半月之前提出费用减缴请求。

1.3.2　PCT 国际申请费用的减缴

1.3.2.1　PCT 申请国际阶段费用的减缴

满足以下条件时，国际申请费、国际申请附加费和手续费可以享有一定程度的减缴。

（1）由申请人所属国家决定的减缴

申请人所属国家在国际局享受费减国家名录中的，申请人提交 PCT 国际申请的国际申请费、国际申请附加费和手续费均可以享受 90% 的减缴。国籍和居所都是中国的自然人可享受上述费用减缴。具体国家名录可登录国际局网站查询。

需要注意的是，当有多个申请人时，所有申请人都必须符合费减标准。另外，享受费用减缴的条件只与申请人的国籍和居所有关，而与该人是否是 PCT 缔约国的申请人无关。也就是说，即使在申请人中有一个或几个申请人来自非 PCT 缔约国，只要所有申请人都符合费减标准，就可以享受相关费用的减缴。

（2）电子申请费用减缴

PCT 国际申请使用 PDF 电子格式提交时国际申请费减缴 200 瑞士法郎。

PCT 国际申请使用 XML 电子格式提交时国际申请费减缴 300 瑞士法郎。

需要注意的是，当同时符合上述（1）（2）两种国际申请费减缴时，应先计算（2）再计算（1）。例如，申请人是中国的自然人，使用 PDF 格式提交电子申请，则国际申请费应该是先用 PDF 格式电子申请减缴 200 瑞士法郎，然后再因中国自然人属性减缴 90%，最后应缴纳（1330 瑞士法郎 - 200 瑞士法郎）× 10% = 113 瑞士法郎，具体应缴纳的人民币数额参见国家知识产权局网站专利合作条约专栏。

PCT 国际阶段的费用减缴属于自动适用，申请人无须提出费用减缴请求。

1.3.2.2　PCT 申请进入国家阶段费用的减缴

由专利局作为受理局受理并进行国际检索的 PCT 申请在进入中国国家阶段时免缴申请费及申请附加费。

由专利局作出国际检索报告或专利性国际初步报告的 PCT 申请，在进入中国国家阶段并提出实质审查请求时，免缴实质审查费。

PCT 申请进入中国国家阶段的其他收费标准依照国内部分执行。

1.4　退款

> 📢 细则 111.3
> 【审查指南第五部分第二章第 4.2 节】

多缴、重缴、错缴专利费用的，当事人可以自缴费日起三年内，向国务院专利行政部门提出退款请求。对于进入实质审查阶段的发明专利申请，在第一次审查意见通知书答复期限届满前主动申请撤回的，可以请求退还 50% 的发明专利申请实质审查费，已提交答复意见的除外。

符合发展改革委、财政部及国家知识产权局发布的公告和通知的有关规定的，当事人可以提出退款请求。

1.4.1　无号或错号退款

费用通过邮局或银行汇付时，未写明申请号/专利号，也未按专利局的要求补充缴费信息的，费用原路退回。费用退回的，视为未办理缴费手续。

1.4.2　多缴、错缴、重缴退款

（1）请求人

退款请求人应当是该款项的缴款人，缴款人以专利局开具的收费票据上记载的票据抬头为准。申请人（或专利权人）、专利代理机构作为非缴款人请求退款的，应当声明是受缴款人委托办理退款手续。

（2）提交文件要求

请求退款应当按表格填写要求提交《意见陈述书（关于费用）》（表格编号 100011），准确提供退款信息并附具相应证明，例如国家知识产权局收费电子票据或收费收据复印件、邮局或银行出具的汇款凭证等。提供邮局或银行的证明应当是原件，不能提供原件的，应当提供经出具部门加盖公章确认的或经公证的复印件。

（3）退款的处理

经核实可以退款的，将按照退款请求中注明的收款人信息予以退款。

退款请求处理完成后，专利局发出退款审批通知书。经核实不予退款的，退款审批通知书中说明不予退款的理由。

如申请人（或专利权人）需要获取缴费凭证的，可以通过《意见陈述书》（表格编号 100012）等方式写明具体要求。

1.4.3　退款不成功的情形及处理

因原汇款信息不清、退款请求人提供的退款信息不准确、邮局退款逾期未兑付等原因导致退款不成功的，款项将暂存在专利局账户。对暂存在专利局账户的款项，缴费人可以登录"专利业务办理系统"，提供汇款凭证或退款审批通知书，填写准确的缴费信息再次办理缴费手续，上述情形以缴费人办理上述手续之日为缴费日；缴费人也可提供准确的退款路径办理退款手续。上述请求应当自汇款之日起三年内提出。

1.5　专利缴费特殊情形的处理

> 📢 细则 111.2
>
> 【审查指南第五部分第二章第 2 节、第 6 节】

1.5.1　银行或邮局汇款汇出日有异议的情形

缴费人通过银行或邮局汇付缴纳专利费用的，如果对银行或邮局实际汇出日有异议，或因银行或邮局责任造成必要缴费信息遗失导致款项被退回的，缴费人可通过书面形式陈述意见并提供加盖公章的银行或邮局汇款凭证等相关证明文件。专利局核实情况属实证明材料齐全的，可予以重新确定缴费日。费用退回的，当事人应当重新缴纳已被退回的款项。

1.5.2　费用种类的转换

对于同一专利申请/专利缴纳费用时，费用种类填写错误的，缴纳该款项的当事人可以在转换后费用的缴纳期限内提出转换费用种类请求并附具相应证明，经专利局确认后可以对费用种类进行转换。不同申请号/专利号之间的费用不能转换。

2. 期限及相关权利救济手续

2.1　期限

2.1.1　期限的种类

┌────────────────────────────────┐
│ 呼【审查指南第五部分第七章第 1 节】│
└────────────────────────────────┘

2.1.1.1　法定期限

　　法定期限是指《专利法》及其实施细则规定的各种期限，例如，发明专利申请的实质审查请求期限、申请人办理登记手续的期限。

2.1.1.2　指定期限

　　指定期限是指审查员在根据《专利法》及其实施细则作出的各种通知中，规定申请人（或专利权人）、其他当事人作出答复或者进行某种行为的期限。

　　专利局根据不同的通知书类型选择适当的指定期限，给予申请人适当的答复或办理相关手续的时间。例如，在发明专利申请的实质审查程序中，申请人答复第一次审查意见通知书的期限为四个月。对于较为简单的行为，也可以给予一个月或更短的期限。

2.1.2　期限的计算

┌────────────────────────────────┐
│ 呼【审查指南第五部分第七章第 2 节】│
└────────────────────────────────┘

　　各种期限均自期限起算日确定。大部分法定期限是自申请日、优先权日、授权公告日等固定日期起计算的。全部指定期限和部分法定期限自通知和决定的送达日起计算。

期限起算日加上法定或者指定的期限即为期限的届满日。相应的行为应当在期限届满日之前、最迟在届满日当天完成。

计算期限时，期限开始的当日不计算在期限内，自下一日开始计算。期限以年或者月计算的，以其最后一月的相应日（与起算日相对应的日期）为期限届满日；该月无相应日的，以该月最后一日为期限届满日。

期限届满日是法定休假日或者移用周休息日的，以法定休假日或者移用周休息日后的第一个工作日为期限届满日，该第一个工作日为周休息日的，期限届满日顺延至周一。

需要注意的是，专利权期限的计算依据《专利法》第四十二条的规定，自申请日起计算。

专利审批流程中法定期限的计算说明示例见表 9 - 1。

表 9 - 1　法定期限的计算说明示例表

	适用情形示例	期限起算日	期限届满日	期限计算示例
以固定日期起算的法定期限	专利权期限	申请日	发明专利权（不涉及专利权期限补偿）：依据《专利法》第四十二条的规定，发明专利权期限为二十年，实用新型专利权期限为十年，外观设计专利权为十五年	一件实用新型专利的申请日是 1999 年 9 月 6 日，其专利权期满届满日为 2009 年 9 月 5 日（遇节假日不顺延）

续表

	适用情形示例	期限起算日	期限届满日	期限计算示例
以固定日期起算的法定期限	优先权期限	优先权日（有多项优先权的，指最早优先权日）	发明及实用新型优先权期限：优先权日＋十二个月（根据《专利法实施细则》第三十六条规定的优先权恢复除外）外观设计优先权期限：优先权日＋六个月	一件发明专利申请的优先权日为2023年12月6日，优先权期限届满日为2024年12月6日
	发明专利申请请求实质审查的期限	申请日（有优先权的，指优先权日）	申请日（有优先权的，指优先权日）＋三年	一件发明专利申请的申请日为2020年2月29日，未要求优先权，其实质审查请求期限届满日为2023年2月28日
以通知或决定的送达日起算的法定期限	办理登记手续的期限	办理登记手续通知书送达申请人之日	办理登记手续通知书送达申请人之日＋两个月	审查员通过电子形式于2024年1月25日发出的办理登记手续通知书，其推定送达日是2024年1月25日，办理登记手续的期限届满日是2024年3月25日

专利审批流程中指定期限的计算说明示例见表 9 – 2。

表 9 – 2　指定期限的计算说明示例表

	适用情形	期限起算日	期限届满日	示例
指定期限	通过电子形式送达的通知和决定	送达日：进入当事人认可的电子系统（即"专利业务办理系统"）的日期	送达日 + 指定的期限	专利局以电子形式于2024年3月15日发出补正通知书，通知书的指定期限为两个月，期限届满日为5月15日
	通过邮寄、直接送交的通知和决定	自发文日起满十五日推定为当事人收到通知和决定之日，即推定为送达日。对于通过邮寄的通知和决定，当事人提供证据能够证明实际收到文件的日期的，以实际收到日为准。该实际收到日为送达日	送达日 + 指定的期限	专利局于2024年3月15日通过邮寄发出的补正通知书，推定的送达日为2024年3月30日，其期限届满日为2024年5月30日

2.1.3　期限的延长

┌─────────────────────────────┐
│ 🔲 细则 6.4、75、116.2 │
│ 【审查指南第五部分第七章第4节】 │
└─────────────────────────────┘

当事人因正当理由不能在期限内进行或者完成某一行为或者程序时，可以请求延长期限。

2.1.3.1　可以请求延长的期限种类

可以请求延长的期限仅限于指定期限。例如，针对审查员发出的补正通知书、第一次审查意见通知书相对应的期限为指定期限。但在无效宣告程序中，复审和无效审理部门指定的期限不得延长。

2.1.3.2　请求延长期限的手续

延长期限请求：请求延长期限的，应当在期限届满前提交延长期限请求书，说明理由，并缴纳延长期限请求费。

延长期限费用：延长期限请求费以月计算，延长的期限不足一个月的，以一个月计算。

注意事项：当事人应当在通知书的答复期限内提交延长期限请求书及足额缴纳延长期限请求费。逾期提交延长期限请求书或逾期缴纳延长期限请求费的，该延长期限请求视为未提出。

2.2　权利的恢复

> 📖 细则6
> 【审查指南第五部分第七章第6节】

2.2.1　权利恢复的适用范围

当事人因不可抗拒事由或者其他正当理由耽误期限而丧失权利之后，可以请求恢复其权利。不丧失新颖性的宽限期、优先权期限、专利权期限和侵权诉讼时效这四种期限被耽误而造成的权利丧失，不能请求恢复权利，根据《专利法实施细则》第三十六条规定恢复优先权的除外。

2.2.2　恢复权利手续的办理

根据《专利法实施细则》第六条第一款，当事人以不可抗拒事由请求恢复权利的，如果障碍已经消除，则应当在障碍消除之日起的两个月内且自被延误的期限届满之日起两年内，办理恢复权利的手续。应当提交恢复权利请求书，说明耽误期限的理由，并附具不可抗拒事由有关的证明材料。根据《专利法实施细则》第六条第二款，当事人以其他正当理由请求恢复权利的，应当自收到丧失相关权利的处分决定之日起的两个月内办理恢复权利手续，应当提交恢复权利请求书，说明耽误期限的理由，并缴纳恢复权利请求费。

当事人耽误期限导致专利申请权（或专利权）丧失的，还应当一并办理的其他手续，如表9-3所示。

表9-3　请求恢复专利申请权（或专利权）时
应当办理的其他手续一览表

专利申请权或专利权丧失的常见情形	权利丧失的常见原因	需要一并办理的其他手续
视为撤回	未在规定的期限内缴纳或缴足申请费	缴纳申请费通知书或者收费减缴审批通知书注明的费用
	未在规定的期限内答复审查意见通知书或补正通知书	提交针对补正通知书或审查意见通知书的答复文件
	未在规定的期限内提交合格的实质审查请求书或者未缴纳或缴足实质审查费	提交合格的实质审查请求书并缴足发明专利申请实质审查费
未缴年费专利权终止	未在规定的期限内缴纳或缴足年费及滞纳金	缴纳足额的专利年费及年费滞纳金，请求恢复权利时已进入下一专利年度的，应同时缴足下一年度的年费
视为放弃取得专利权	未在规定的期限内办理授权登记手续	缴纳办理登记手续通知书中注明的授权当年的年费

恢复权利请求书可以以纸件形式面交、寄交，以及以电子文件形式提交。当事人以纸件方式提交的，应当在恢复权利请求书上写明申请号或专利号，并按照规定签字或盖章。对于以上各种情形的恢复权利请求符合规定或经补正后符合规定的，专利局准予恢复权利，专利局发出恢复权利请求审批通知书。

2.3　中止

> 🔖 细则 103、104、105
> 【审查指南第五部分第七章第 7.2～7.5 节】

中止的范围是指：

① 暂停专利申请的初步审查、实质审查、复审、授予专利权程序和专利权无效宣告程序（是否暂停专利权无效宣告程序由专利局根据相关规定作出决定）；

② 暂停视为撤回专利申请、视为放弃取得专利权、未缴年费终止专利权等程序；

③ 暂停办理撤回专利申请、放弃专利权、变更申请人（或专利权人）的姓名或者名称、转移专利申请权（或专利权）、专利权质押登记等手续。

中止请求批准前已进入公布或者公告准备的，该程序不受中止的影响。

2.3.1　因权属纠纷请求中止的手续

当事人因专利申请权或者专利权的归属发生纠纷，已请求管理专利工作的部门调解或者向人民法院起诉的，可以向专利局请求中止有关程序。

（1）提交材料

① 提交中止程序请求书；

② 需说明理由，可通过意见陈述书或其他证明文件等方式说明提出中止程序请求的理由。

③ 附具证明文件，即地方知识产权管理部门或者人民法院的写明专利申请号（或专利号）的、有关该专利申请权（或专利权）权属纠纷的受理文件。

④ 请求人委托专利代理机构办理中止程序请求的，应当同时递交专利代理委托书，并注明委托权限。

（2）提交方式

中止程序请求书和有关文件可以通过面交、寄交或以电子文件形式提交。

（3）办理结果

中止请求手续符合规定的，专利局向权属纠纷的双方当事人发出中止程序审批通知书，并告知中止期限的起止日期。

中止请求手续不符合规定的，专利局向请求人发出视为未提出通知书。

因中止程序请求书或证明文件存在形式缺陷需要补正的，专利局发出办理手续补正通知书，中止程序请求人应当在通知书指定的一个月期限内补正其缺陷。

（4）中止的期限

对于专利申请权（或专利权）权属纠纷的当事人提出的中止请求，中止期限一般不得超过一年，即自中止请求之日起满一年的，该中止程序结束。

（5）中止的延长

有关专利申请权（或专利权）权属纠纷在中止期限一年内未能结案，需要继续中止程序的，请求人应当在中止期满前请求延长中止期限，并提交权属纠纷受理部门出具的说明尚未结案原因的证明文件。中止程序可以延长一次，延长的期限不得超过六个月。

（6）中止的结束

中止期限届满，专利局自行恢复有关程序，并向权属纠纷的双方当事人发出中止程序结束通知书。

对于尚在中止期限内的专利申请（或专利），地方知识产权管理部门作出的处理决定或者人民法院作出的判决产生法律效力之后（涉及权利人变更的，在办理著录项目变更手续之后），专利局应当结束中止程序。

2.3.2 其他需要中止程序的情形

（1）因人民法院要求协助执行财产保全的中止程序

人民法院因审理民事案件的需要，要求对相关当事人的专利申请权（或专利权）采取保全措施的，专利局在收到写明申请号或者专利号的民事裁定书及协助执行通知书之日中止被保全的专利申请权或者专利权的有关程序。

中止期限以法院传送的相关文书内容为准。中止期限届满时，人民法院没有裁定继续采取保全措施的，专利局自行恢复有关程序，发出中止程序结束通知书，通知人民法院和申请人（或专利权人）。

（2）因公安机关等部门要求协助执行财产保全的中止程序

公安机关等部门因办理案件的需要，要求对相关当事人的专利申请权（或专利权）采取查封措施的，专利局在收到写明申请号（或专利号）的协助查封通知书之日中止被查封的专利申请权（或专利权）的有关程序。

中止期限以相关部门传送的文书内容为准。中止期限届满时，相关部门没有继续采取查封措施的，专利局自行恢复有关程序，发出中止程序结束通知书，通知相关机关和申请人（或专利权人）。

2.4 专利权期限补偿

2.4.1 根据《专利法》第四十二条第二款的专利权期限补偿

> 📖 法 42.2，细则 77、78、79、84
> 【审查指南第五部分第九章第 2 节】

2.4.1.1 补偿条件

自发明专利申请日起满四年，且自实质审查请求之日起满三年后授予发明专利权的，专利权人可向专利局提出请求，就发明专利在授权过程中的不合理延迟给予专利权期限补偿，但由申请人引起的不合理延迟除外。

同一申请人同日对同样的发明创造既申请实用新型专利又申请发明专利，依照《专利法实施细则》第四十七条第四款的规定取得发明专利权的，该发明专利权期限不予补偿。

2.4.1.2 补偿请求的手续

（1）请求人

专利权期限补偿请求应当由专利权人提出。

未委托专利代理机构的，专利权期限补偿请求由专利权人办理；专利权属于多个专利权人共有的，由代表人办理；委托专利代理机构的，专利权期限补偿请求由代理机构办理。

（2）提出时机

自专利授权公告之日起三个月内。

（3）关于文件及费用

提交专利权期限及药品专利权期限补偿请求书，并且缴纳专利权期限补偿请求费。

2.4.1.3 补偿期限的确定

给予专利权期限补偿的，补偿期限按照发明专利在授权过程中不合理延迟的实际天数计算。补偿期限的计算公式为：

发明专利权补偿期限 = （$D_{授权之日}$ − $D_{满四满三之日}$）− $T_{合理}$ − $T_{不合理（申请人）}$

其中，$D_{授权之日}$是指公告授予专利权之日。

$D_{满四满三之日}$是指自发明专利申请日起满四年且自实质审查请求之日起满三年之日，以较晚日期为准；对于国际申请和分案申请，是指自国际申请进入中国国家阶段的日期或分案申请递交日起满四年且实质审查请求之日起满三年之日，以较晚日期为准。

$T_{合理}$是指合理延迟的天数，以下情形引起的延迟属于授权过程中的合理延迟：涉及修改专利申请文件后被授予专利权的复审程序、因权属纠纷或者协助执行人民法院保全裁定而中止有关程序的、涉及行政诉讼程序的。

$T_{不合理（申请人）}$是指由申请人引起的不合理延迟的天数。由申请人引起的不合理延迟时间示例如表9-4所示。

其中，"实质审查请求之日"是指申请人提出实质审查请求并足额缴纳发明专利申请实质审查费之日。发明专利申请的实质审查请求之日早于公布之日的，应当自该公布日起计算。

表9-4 申请人引起的不合理延迟时间示例表

引起延迟的原因	延迟时间
请求延长指定期限，未在指定期限内答复专利局发出的通知	期限届满日起至实际提交答复之日止
申请延迟审查	实际延迟审查的时间
援引加入	根据《专利法实施细则》第四十五条引起的延迟时间

续表

引起延迟的原因	延迟时间
请求恢复权利	从原期限届满日起至同意恢复的恢复权利请求审批通知书发文日止。能证明该延迟是由专利局造成的除外
自优先权日起三十个月内办理进入中国国家阶段手续的国际申请，申请人未要求提前处理	进入中国国家阶段之日起至自优先权日起满三十个月之日止

2.4.1.4 审查与通知

专利权期限补偿请求符合期限补偿条件的，专利局作出给予专利权期限补偿的审批决定，告知期限补偿的天数。

专利局经审查后认为专利权期限补偿请求不符合期限补偿条件的，给予请求人陈述意见或补正的机会。对于此后仍然不符合期限补偿条件的，专利局作出不予专利权期限补偿的审批决定。

2.4.1.5 登记与公告

专利权期限补偿的有关事项在专利登记簿上登记，并在专利公报上公告。

专利权期限补偿公布的项目包括：主分类号、专利号、申请日、授权公告日、原专利权期限届满日、现专利权期限届满日。

2.4.1.6 关于费用

专利权人应当在发明专利权二十年的期限届满前缴纳专利权期限补偿期年费，计算补偿期年费时将补偿天数按年取整，不足一年的无须缴纳专利权期限补偿期年费。

【示例】一件发明专利，申请日：2017 年 5 月 22 日，实质审查请求之日：2018 年 12 月 7 日，授权公告日：2022 年 6 月 7 日，实质审查请求之日起三年晚于申请之日起四年，实质审查请求之日起三年至授权公告日的间隔天数为 182 天，合理延迟天数为 0，申请人引起的不合理延迟天数为 32 天，专利权期限补偿天数 = 182 − 0 − 32 = 150 天。本案由于补偿期天数不足一年，无须缴纳补偿期年费。

2.4.2　根据《专利法》第四十二条第三款的专利权期限补偿

> 🔖 法 42.3，细则 80、81、82、83、84
> 【审查指南第五部分第九章第 3 节】

对于国务院药品监督管理部门批准上市的创新药和符合规定的改良型新药，专利权人可请求专利局对符合条件的发明专利给予药品专利权期限补偿，以弥补在专利权有效期内该新药上市审评审批占用的时间。

2.4.2.1　补偿条件

请求药品专利权期限补偿应当满足以下条件：

（1）请求补偿的专利授权公告日应当早于药品上市许可申请获得批准之日；

（2）提出补偿请求时，该专利权处于有效状态；

（3）该专利尚未获得过药品专利权期限补偿；

（4）请求补偿专利的权利要求包括了获得上市许可的新药相关技术方案；

（5）一个药品同时存在多项专利的，专利权人只能请求对其中一项专利给予药品专利权期限补偿；

（6）一项专利同时涉及多个药品的，只能对一个药品就该专利提出药品专利权期限补偿请求。

【示例】一个药品 a_1 涉及多项专利 b_1，b_2，……，b_n，该药品专利权人只能就其中一项专利（如 b_1）请求获得期限补偿。

【示例】

一项专利如 b_2 涵盖一种以上的药品（如不同权利要求涉及不同化合物的组合配方 a_1，a_2，……，a_n），并且这些药品均获得国务院药品监督管理部门的上市许可，就该专利 b_2 专利权人也只能选择其中一种药品（如 a_2）请求获得期限补偿。

2.4.2.2 可给予期限补偿的"新药"的范围

针对创新药（1 类）和部分改良型新药给予期限补偿。可以给予期限补偿的改良型新药限于以下五个类别：

① 化学药品第 2.1 类中对已知活性成分成酯，或者对已知活性成分成盐的药品；

② 化学药品第 2.4 类，即含有已知活性成分的新适应证的药品；

③ 预防用生物制品第 2.2 类中对疫苗菌毒种改进的疫苗；

④ 治疗用生物制品第 2.2 类中增加新适应证的生物制品；

⑤ 中药第 2.3 类，即增加功能主治的中药。

除上述其余类别的改良型新药不能获得药品专利权期限补偿，例如，化学药品中含有已知活性成分的新剂型（第 2.2 类）、含有已知活性成分的新复方制剂（第 2.3 类）并不能获得药品专利权期限补偿。新药的类别以国家药品监督管理局颁发的药品注册证书中的记载为准。

针对符合规定的"新药"，对于其中药物活性物质的产品发明专利、制备方法发明专利或者医药用途发明专利，可以给予药品专利权期限补偿。

2.4.2.3 补偿请求的手续

（1）请求人

药品专利权期限补偿请求应当由专利权人提出。专利权人与

药品上市许可持有人不一致的，专利权人应当征得药品上市许可
持有人书面同意。

未委托专利代理机构的，药品专利权期限补偿请求由专利权
人办理；专利权属于多个专利权人共有的，由代表人办理；委托
专利代理机构的，药品专利权期限补偿请求由专利代理机构
办理。

（2）提出时机

自药品在中国获得上市许可之日起三个月内向专利局提出；
对于获得附条件上市许可的药品，应当自在中国获得正式上市许
可之日起三个月内向专利局提出。

（3）关于文件及费用

提交专利权期限及药品专利权期限补偿请求书，以及证明材
料，并且缴纳专利权期限补偿请求费。

2.4.2.4　证明材料

提出药品专利权期限补偿请求时，请求人还应当提交如下
材料：

① 专利权人与药品上市许可持有人不一致的，应当提交药
品上市许可持有人的书面同意书等材料；

② 用于确定药品专利期限补偿期间专利保护范围的相关技
术资料，例如请求对制备方法专利进行期限补偿的，应当提交国
务院药品监督管理部门核准的药品生产工艺资料；

③ 专利局要求的其他证明材料。

请求人应当在请求中说明药品名称、药品注册分类、批准
的适应证和请求给予期限补偿的专利号，指定与获得上市许可
药品相关的权利要求，结合证明材料具体说明指定权利要求是
否包括新药相关技术方案的理由。根据获准上市的新药以及请
求补偿的专利权利要求类型的不同，需要提交的证明材料也可

能不同。例如，如果请求对制备方法专利进行期限补偿，通常还需要提交国务院药品监督管理部门核准的药品生产工艺资料；有时，可能还需提交药品申请上市技术审评报告，通用技术文档中说明函，原料药基本信息及生产章节、剂型及产品组成和处方组成等。

2.4.2.5　指定权利要求是否包括新药相关技术方案的判断

新药相关技术方案应当以国务院药品监督管理部门批准的新药的结构、组成及其含量，批准的生产工艺和适应证为准。指定权利要求未包括获得上市许可的新药相关技术方案的，不予期限补偿。

2.4.2.6　补偿期限的确定

药品专利权期限补偿补偿期限的计算公式为：

药品专利权补偿期限 $= D_{药品上市许可之日} - D_{申请日} - 5$ （$\leqslant 5$ 年）

总有效专利权期限 $= (D_{20年期满之日} - D_{药品上市许可之日}) +$ 发明专利权补偿期限 $+$ 药品专利权补偿期限 （$\leqslant 14$ 年）

2.4.2.7　审查与通知

药品专利权期限补偿请求符合期限补偿条件的，专利局作出给予药品专利权期限补偿的审批决定，告知期限补偿的天数。

药品专利权期限补偿请求不符合期限补偿条件的，专利局给予请求人陈述意见或补正的机会。对于此后仍然不符合期限补偿条件的，专利局作出不予药品专利权期限补偿的审批决定。

需要注意的是，作出药品专利权期限补偿决定前，需要先确定请求药品专利权期限补偿专利的专利权期限补偿时间。

2.4.2.8 登记与公告

药品专利权期限补偿的有关事项在专利登记簿上登记，并在专利公报上公告。

药品专利权期限补偿公布的项目包括：主分类号、专利号、申请日、授权公告日、药品名称及经批准的适应证、原专利权期限届满日、现专利权期限届满日。

2.4.2.9 关于费用

专利权人应当在发明专利权二十年期限届满前缴纳专利权期限补偿期年费。计算补偿期年费时将补偿天数按年取整，不足一年的，无须缴纳专利权期限补偿期年费。

3. 通知书及专利证书

3.1 通知和决定

┌─────────────────────────┐
│ 🔍【审查指南第五部分第六章】│
└─────────────────────────┘

3.1.1 通知和决定的产生

在专利申请的审批程序、复审程序、无效宣告程序以及《专利法》及其实施细则规定的其他程序中，申请人将收到各种通知和决定，例如专利申请受理通知书、审查意见通知书、补正通知书、手续合格通知书、发明专利申请初步审查合格通知书、授予发明专利权通知书、办理登记手续通知书、专利权终止通知书、驳回决定、复审决定书、无效宣告请求审查决定等。

通知和决定中一般包括收件人信息、著录项目、通知或者决定的内容、署名、国家知识产权局相应业务用章、发文日期等。

3.1.2　通知和决定的送达

3.1.2.1　收件人

一般情况下，当事人委托专利代理机构的，通知和决定发给该专利代理机构，通知和决定的收件人为指定的专利代理师。专利代理师有两个的，收件人为该两名专利代理师。当事人未委托专利代理机构的，通知和决定的收件人为请求书中填写的联系人。若请求书中未填写联系人的，收件人为当事人；当事人有两个以上时，请求书中另有声明指定非第一署名当事人为代表人的，收件人为该代表人；除此之外，收件人为请求书中第一署名当事人。

关于复审、无效宣告、行政复议、中止保全等程序，以及当事人办理著录项目变更、请求专利权评价报告、专利流程服务等业务，对通知和决定的收件人另有说明的，按其确定收件人。

3.1.2.2　送达方式

通知和决定的送达方式包括电子形式、邮寄、直接送交和公告送达。

一般情况下，当事人通过专利业务办理系统以电子形式提交专利申请或办理相关业务的，通知和决定以电子形式送达当事人，当事人应当通过专利业务办理系统接收通知和决定。

当事人以纸件形式提交专利申请或办理相关业务的，通知和决定以纸件形式通过邮寄或直接送交方式送达当事人。经专利局同意，专利代理机构或当事人本人可在专利局指定的时间和地点接收通知和决定，当面接收时，应当办理签收手续；除此之外，通知和决定通过邮局挂号信邮寄送交当事人。

专利局发出的通知和决定如因送交地址不清或存在其他原因无法邮寄的，在《专利公报》上通过公告方式送达当事人。

特殊情况下，对通知和决定送达方式另有说明的，按其确定送达方式。

3.1.2.3 送达日

以电子形式送达的通知和决定，以进入专利业务办理系统的日期为送达日。一般情况下，通知和决定的发文日即进入专利业务办理系统的日期。

以邮寄方式送达的通知和决定，自通知和决定发文日起满十五日推定为通知和决定的送达日。

以直接送交方式送达的通知和决定，以交付日为送达日。

通过公告送达的通知和决定，自公告之日起满一个月视为通知和决定已经送达。当事人看到公告后可向专利局提供详细地址，请求邮寄相关文件，但仍以自公告之日起满一个月为送达日。

如当事人对电子形式或邮寄方式送达的通知和决定的送达日有异议，可提交意见陈述书说明情况，并提供相关证据。经审查情况属实的，以实际进入专利业务办理系统的日期或邮寄信件的实际收到日为送达日。

3.1.2.4 退信

专利局发出的通知和决定被退回的，如果能够根据专利申请文档或当事人提交的文件重新确定地址和收件人的，根据更新后的地址和收件人重新发出通知和决定；如果仍无法邮寄或再次被退回的，必要时采用公告方式送达当事人。

3.1.3 需要注意的事项

当事人通过纸件形式申请专利或者办理相关业务的，应当在申请专利或办理业务时提供准确详细的联系地址和收件人信息，确保邮局能够将通知和决定送达给当事人。当事人的联系地址和收件人发生变更的，应当及时办理著录项目变更手续或相关手续，以确保后续通知和决定送达给当事人的最新地址。

如当事人提供的联系地址属于单位收发部门、物业等接收信件的，当事人应当注意及时从单位收发部门、物业等处获取通知和决定。

当事人通过专利业务办理系统以电子形式申请专利或者办理相关业务的，应当注意及时通过专利业务办理系统接收通知和决定。

3.1.4 常见问题的处理

（1）未收到通知和决定

当事人未收到某一通知和决定，可以通过国家知识产权局咨询电话查询该通知和决定的发文信息。当事人获知发文信息后，确定未收到过该通知和决定的，可以提交意见陈述书请求专利局核实该通知和决定的送达情况。

（2）通知和决定中存在形式问题

当事人收到通知和决定后，如果发现通知和决定中存在文字不清、格式错乱、无法查看、缺失发文日等形式问题，可以提交意见陈述书反映问题。

（3）丢失电子形式的通知和决定文件

电子形式发出的通知和决定可多次重复下载。当事人如果丢失电子形式的通知和决定文件，可以通过专利业务办理系统重新下载。如果当事人无法重新下载电子形式的通知和决定，可以提交意见陈述书反映问题。

3.2 专利证书

3.2.1 专利证书的颁发

发明专利申请经实质审查、实用新型和外观设计专利申请经初步审查，没有发现驳回理由的，专利局发出授予专利权通知书和办理登记手续通知书，通知申请人办理登记手续。申请人在规定期限之内办理登记手续的，专利局颁发专利证书。自2023年2月7日（含当日）起，全部专利均颁发电子专利证书，不再颁发纸质专利证书。

3.2.2　专利证书的获取流程

当事人以电子形式申请专利并获得授权的，在授权公告日当天可通过专利业务办理系统下载接收电子专利证书。

当事人以纸件形式申请专利并获得授权的，在授权公告日当天专利局向当事人发出纸质的领取电子专利证书通知书；当事人收到该通知书后，在专利业务办理系统网站的专利证书下载页面，输入专利号和通知书中的提取码下载接收电子专利证书。领取电子专利证书通知书按照本章3.1.2节中的规定送交当事人。

3.2.3　专利证书的验证

任何人均可对已获取的电子专利证书文件进行验证。电子专利证书为PDF格式文件，带有国家知识产权局电子印章，具备可验证性。如果需要对电子专利证书文件进行验证的，可在专利业务办理系统网站的签章文件验签页面，按照页面上的使用说明进行验证。验证时不需要注册电子申请账户。

对电子专利证书进行复制、重命名操作不会破坏电子专利证书的可验证性，但对电子专利证书内容进行修改、改变文件格式等操作将会造成电子专利证书无法通过验证。

3.2.4　更换专利证书

专利证书记载专利权登记时的法律状况，专利授权后因专利权转移、专利权人更名等原因发生的专利权人姓名或名称变更的，不予更换专利证书。当事人可以请求更换专利证书的情况包括以下两种：

① 专利权权属纠纷经地方知识产权管理部门调解或者人民法院调解或者判决后，专利权归还请求人的。在该调解或者判决发生法律效力后，当事人可在办理变更专利权人手续合格后，请求专利局更换专利证书。经审查确实应当更换专利证书的，专利局将发出更换后的电子专利证书。

② 仅颁发过纸质专利证书，且纸质专利证书损坏的。当事人可提交意见陈述书请求更换专利证书，同时交回原纸质专利证书。经审查符合规定的，专利局制作并发出电子专利证书。更换的电子专利证书中的重要著录事项与原纸质专利证书保持一致。已颁发过电子专利证书或专利权已经终止的，专利局不再更换专利证书。

3.2.5 专利证书错误的更正

当事人接收下载电子专利证书后，如果发现专利证书中存在错误需要更正，可以根据不同的情形进行处理。

（1）专利证书中存在实质内容的错误，需要在《专利公报》中进行更正公告的

当事人可以提交更正错误请求书请求更正。经审查确实应当更正的，专利局将发出更正后的电子专利证书，必要时在《专利公报》上对所作更正予以公告。

（2）专利证书中存在文字、版式错误，但该专利的授权公告内容无误的

当事人可提交意见陈述书反映问题。经审查确实存在文字、版式错误的，专利局将重新发出消除错误后的电子专利证书。

专利局发出的原纸质专利证书存在错误需要更正的，专利权

人可以请求更正专利证书。专利局可以重新制作电子专利证书发送给当事人。更正时不再要求退回原专利证书。重发证书不需要缴纳任何费用。

3.2.6 常见问题的处理

（1）专利证书未收到

通过专利业务办理系统办理的电子申请已被授权公告，但在专利业务办理系统无法查询下载电子专利证书的，当事人可先检查电子申请账户和本地系统情况，例如是否已完成电子申请账户的信息补充完善、是否登录了其他经办人账户、专利业务办理系统客户端是否已升级到最新版本等。如检查无误仍无法下载或存在其他无法下载电子专利证书的情况，当事人可以提交意见陈述书，向专利局提出诉求。

收到领取电子专利证书通知书后，在专利业务办理系统网站的专利证书下载页面下载电子专利证书时提示存在问题的，一般情况下当事人更换浏览器即可下载。如果仍无法下载电子专利证书的，当事人可提交意见陈述书，向专利局提出诉求。

（2）丢失电子专利证书

如果当事人丢失电子专利证书文件，对于电子申请，可通过专利业务办理系统重复多次下载电子专利证书。按照原电子专利证书的下载方式，可分别通过专利业务办理系统客户端或在专利业务办理系统网站专利证书下载页面重新下载。如当事人无法重新下载电子专利证书，可提交意见陈述书，向专利局提出诉求。

纸件申请可凭专利证书提取码重复多次下载电子专利证书。

申请人如有需要，也可请求专利局向指定的电子邮箱发送专利证书。

4. 法律手续文件的办理

4.1 专利审批程序中手续的一般要求

申请人（或专利权人）向专利局办理各类法律手续时，应当遵循诚实信用原则，并注意以下事项。

4.1.1 手续的形式

《专利法》及其实施细则规定的各种手续，应当以书面形式或者国务院专利行政部门规定的其他形式办理。

4.1.2 手续的费用和期限

部分手续的办理需要缴纳相应的费用，具体费用种类和金额可参见附件2的相关内容。凡办理的手续应当缴纳费用的，只有申请人（或专利权人）按规定缴纳费用以后，才可办理。申请人缴纳办理手续的相关费用时，应当写明申请号（或专利号）、费用名称（或简称）及分项金额。

部分手续需要在规定的期限内办理。在规定的期限逾期之后提出办理手续请求的，请求不予通过，例如延长期限请求手续。

4.1.3 手续表格填写的基本要求

手续表格应按照填表须知正确填写。一张手续表格只允许办理一件专利申请的一项手续。手续表格第一栏一般均为著录项目信息（即申请号或专利号、发明创造名称、申请人或专利权人），填写时应当与案件当前内容完全一致。

申请人（或专利权人）办理各种手续应当提出明确请求，

不得使用不确定的语言或者与手续本身无关的内容，也不得有对专利局工作人员或其他人的攻击性和诽谤性语言。

4.1.4　签章与电子签名

　　向专利局提交的手续文件，应当按照规定签字或者盖章。根据手续的不同，签章的一般要求为：如果未委托专利代理机构则手续文件应当由申请人（或专利权人）、其他利害关系人或者其代表人签字或者盖章；办理直接涉及共有权利的手续，例如转让专利申请或者专利权、放弃专利权等，应当由全体权利人签字或者盖章；如果委托了专利代理机构，则手续文件一般应当由专利代理机构盖章，必要时还应当由申请人（或专利权人）、其他利害关系人或者其代表人签字或者盖章。

　　如果手续文件通过电子文件形式提交，则电子文件采用的电子签名与纸件文件的签字或者盖章具有相同的法律效力。

4.1.5　证明文件

　　【审查指南第五部分第一章第 6 节】

　　办理的手续如需附具证明文件，则证明文件应当由有关主管部门出具或者由当事人签署。证明文件应当提供原件；证明文件是复印件的，应当经公证或者由主管部门加盖公章予以确认。证明文件还可在专利局进行备案，备案手续的办理可参见本书第10 章第 4 节的相关规定；备案合格的，办理手续时在手续文件中注明已备案的证明文件备案编号即可，无须再提交相应的证明文件。在外国形成的证明文件是复印件的，应当经过公证。

　　申请人（或专利权人）办理专利电子申请的各种手续的，提交证明文件时，可以提交证明文件原件的电子扫描文件。必要时，基于专利局的要求，申请人（或专利权人）应当在指定期限内提交证明文件原件。

4.1.6　手续文件的法律效力

　　申请人（或专利权人）提交的手续文件，经专利局批准后（部分手续还会进行事务公告）即产生法律效力。当事人无正当理由不得要求撤销办理的手续。

4.2　著录项目变更手续

```
┌┄┄┄┄┄┄┄┄┄┄┄┄┄┄┄┄┄┄┄┄┄┄┄┄┄┄┄┐
┆  🗐 法 10、细则 146.2                    ┆
┆    【审查指南第一部分第一章第 6.7 节】     ┆
└┄┄┄┄┄┄┄┄┄┄┄┄┄┄┄┄┄┄┄┄┄┄┄┄┄┄┄┘
```

　　专利申请受理后，请求书中填写的申请人或者专利权人事项、发明人姓名、专利代理事项、联系人事项、代表人等内容需要更改的，申请人（或专利权人）以及专利代理机构可以向专利局请求办理著录项目变更手续。对于已失效的专利申请（或专利），相应的著录项目变更手续，一般不再予以审批。

4.2.1　著录项目变更手续的一般要求

4.2.1.1　著录项目变更申报书

　　（1）申报书填写的基本要求

　　准确填写申请号或专利号、发明创造名称、申请人或专利权人的姓名或名称、变更项目（勾选变更项目名称、填写变更前后的情况）、附件清单（如已备案的证明文件备案号）等。

　　（2）特殊情形的注意事项

　　一件专利申请的多个著录项目同时发生变更的，只需提交一份著录项目变更申报书；一件专利申请同一著录项目发生连续变更的，应当分别提交著录项目变更申报书。专利申请权（或专利

权）连续转移的，不得以连续变更的方式办理，例如申请人
（或专利权人）拟由甲转移到乙，再由乙转移到丙的，应当分别
提交著录项目变更申报书并按照两次著录项目变更请求缴纳著录
事项变更费；多件专利申请的同一著录项目发生变更，且变更的
内容完全相同的，可以提出批量著录项目变更请求，手续办理相
关内容参见本章第 4.2.6 节。

4.2.1.2　证明文件及基本要求

①　涉及发明人、申请人变更的，必要时附具说明变更理由
的证明文件并缴纳规定的费用。

②　涉及专利代理机构变更的，必要时附具说明变更理由的
证明文件。

③　提交的各种证明文件中，应当写明申请号（或专利号）、
发明创造名称和申请人（或专利权人）姓名或者名称。一份证
明文件仅对应一次著录项目变更请求，同一著录项目发生连续变
更的，应当分别提交证明文件。

不同变更的证明文件参见本章第 4.2.2 节至第 4.2.6 节。

4.2.1.3　著录事项变更费

请求变更发明人和/或申请人（或专利权人）的，应当缴纳
著录事项变更费，即著录项目变更手续费。著录事项变更费应当
自提出请求之日起一个月内缴纳，另有规定的除外。

专利局公布的专利收费标准中的著录事项变更费，是指一件
专利申请每次申报著录项目变更的费用。针对一件专利申请（或
专利），申请人同时对同一著录项目提出连续变更的（不包括专
利申请权或专利权连续转移的），按一次变更缴纳费用。

4.2.1.4　办理著录项目变更手续的人

未委托专利代理机构的，著录项目变更手续应当由申请人

（或专利权人）或者其代表人办理；已委托专利代理机构的，应当由专利代理机构办理。因权利转移引起的变更，可以由新的权利人办理；新的权利人已委托代理机构的，应当由其委托的专利代理机构办理。

对于电子申请，如果办理手续的人发生变化的，应当先办理电子申请账户注册信息的变更，再办理著录项目变更手续。

4.2.2 申请人变更

4.2.2.1 申请人（或专利权人）姓名或者名称变更

申请人（或专利权人）请求变更姓名或者名称的，应当提供身份证件号码或者统一社会信用代码。无法提供身份证件号码或者统一社会信用代码，或者经审查所提供的信息不正确的，需提供的证明文件如表9－5所示。

表9－5　申请人（或专利权人）姓名或者名称变更所需证明文件清单

序号	变更类型	证明文件
（1）	个人更改姓名	户籍管理部门出具的证明文件
（2）	个人姓名书写错误	本人签字或者盖章的声明及本人的身份证明文件
（3）	企业法人更名	工商行政管理部门出具的证明文件
（4）	事业单位法人、社会团体法人更名	登记管理部门出具的证明文件
（5）	机关法人更名	上级主管部门签发的证明文件
（6）	其他组织更名	登记管理部门出具的证明文件
（7）	外国人、外国企业或者外国其他组织更名	参照以上（1）至（6）的证明文件要求
（8）	外国人、外国企业或者外国其他组织更改中文译名	申请人（或专利权人）的声明

4.2.2.2 专利申请权（或专利权）转移

专利申请权（或专利权）转让或者因其他事由发生转移的，需要提交的证明文件如表9-6所示。

表9-6 专利申请权（或专利权）转移所需证明文件清单

变更类型	具体情形	所需证明文件
权属纠纷	协商解决的	全体当事人签字或者盖章的权利转移协议书
	地方知识产权局管理部门调解解决的	地方知识产权局管理部门出具的调解书
	人民法院调解或判决确定的	生效的人民法院调解书或者判决书
	仲裁机构调解或裁决确定的	仲裁调解书或者仲裁裁决书
	权利的转让或者赠与	双方签字或者盖章的转让或者赠与合同。必要时还应当提交主体资格证明。该合同是由单位订立的，应当加盖单位公章或者合同专用章。公民订立合同的，由本人签字或者盖章。有多个申请人（或专利权人）的，应当提交全体权利人同意转让或者赠与的证明材料
转让（或赠与）涉及外国人、外国企业或者外国其他组织的	转让方、受让方均是外国人、外国企业或者外国其他组织	双方签字或者盖章的转让合同
	对于发明或者实用新型专利申请（或专利），转让方是中国内地的个人或者单位，受让方是外国人、外国企业或者外国其他组织	国务院商务主管部门颁发的"技术出口许可证"或者"技术出口合同登记证"，或者地方商务主管部门颁发的"技术出口合同登记证"，以及双方签字或者盖章的转让合同

变更类型	具体情形	所需证明文件
转让（或赠与）涉及外国人、外国企业或者外国其他组织的	转让方是外国人、外国企业或者外国其他组织，受让方是中国内地个人或者单位	双方签字或者盖章的转让合同
合并、分立、注销或者改变组织形式	申请人（或专利权人）是单位	登记管理部门出具的证明文件
继承	申请人（或专利权人）是个人	经公证的当事人是唯一合法继承人或者当事人已包括全部法定继承人的证明文件。除另有明文规定外，共同继承人应当共同继承专利申请权（或专利权）
专利申请权（或专利权）拍卖		有法律效力的证明文件
专利权质押期间的专利权转移		提交变更所需的证明文件，以及质押双方当事人同意变更的证明文件

4.2.2.3　申请人（或专利权人）国籍变更

申请人（或专利权人）变更国籍的，应当提交身份证明文件。

4.2.3　发明人或者设计人变更

发明人或者设计人的各种变更类型所需证明文件如表 9-7 所示。

表9-7 发明人或者设计人变更所需证明文件清单

变更类型	证明文件要求
更改姓名	户籍管理部门出具的证明文件
姓名书写错误	本人签字或者盖章的声明及本人身份证明文件
漏填或者错填发明人	自收到受理通知书之日起一个月内提出,提交由全体申请人(或专利权人)和变更前后全体发明人或设计人签字或者盖章的证明文件,其中应注明变更原因,并声明确认变更后的发明人或设计人是对本发明创造的实质性特点作出创造性贡献的全体人员
发明人资格纠纷	参照本章第4.2.2.2节表9-6中涉及权属纠纷的相应内容
更改中文译名	发明人声明
变更国籍	身份证明文件

4.2.4 专利代理机构及代理师变更

专利代理机构及代理师的变更类型及要求如表9-8所示。

表9-8 专利代理机构及代理师变更所需证明文件清单

变更类型	相关要求
专利代理机构更名、迁址	在国家知识产权局主管部门办理备案的注册变更手续,注册变更手续生效后,由专利局统一对其代理的全部有效专利申请及专利进行变更处理
专利代理师的变更	由专利代理机构办理个案或者批量案件的著录项目变更手续
解除委托或者辞去委托	应当事先通知对方当事人。 解除委托:附具全体申请人(或专利权人)签字或者盖章的解聘书,或者仅提交由全体申请人(或专利权人)签字或者盖章的著录项目变更申报书。 辞去委托:附具申请人(或专利权人)或者其代表人签字或者盖章的同意辞去委托声明或者附具由专利代理机构盖章的表明已通知申请人(或专利权人)的声明

变更类型		相关要求
申请人（或专利权人）更换专利代理机构		应当提交由全体申请人（或专利权人）签字或者盖章的对原专利代理机构的解除委托声明以及对新的专利代理机构的委托书
专利申请权（或专利权）转移的	变更后的申请人（或专利权人）委托新专利代理机构	应当提交变更后的全体申请人（或专利权人）签字或者盖章的委托书
	变更后的申请人（或专利权人）委托原专利代理机构	只需提交新增申请人（或专利权人）签字或者盖章的委托书

4.2.5 地址的变更

申请人（或专利权人）为个人，请求变更地址的，需要在著录项目变更申报书中填写变更前和变更后的详细地址信息。

申请人（或专利权人）为非个人，请求变更地址的，需要在著录项目变更申报书中填写变更前和变更后的详细地址信息；涉及跨省份变更地址的，需要提供相应的工商行政管理部门、上级主管部门或者登记管理部门出具的证明文件。

4.2.6 批量著录项目变更

（1）针对的业务类型

可以通过批量著录项目变更的方式办理相关手续的业务类型包括：申请人或专利权人更名、专利申请权或专利权转移、申请人或专利权人地址、邮编等信息的变更、联系人事项、专利代理事项。

（2）提交方式

提交批量著录项目变更请求的，应当登录专利业务办理系统，根据提示填报相关信息并缴纳费用。

通过批量著录项目变更请求进行申请人或专利权人姓名或名称变更，且不涉及权利转移的，按一件变更缴纳著录事项变更费。

（3）提交人

对于批量申请人或专利权人更名，当事人可以选择一次性办理名下所有案件的申请人或专利权人更名，也可以通过导入号单的形式办理指定案件的申请人或专利权人更名。选择一次性变更全部案件信息，且申请人或专利权人有证件号码（含统一社会信用代码、组织机构代码、身份证件号码）的，当事人可以自行办理或委托任一专利代理机构办理；无证件号码的，应当由案件权限人办理。

对于批量专利申请权或专利权转移、批量变更其他信息，由权限人提交。未委托专利代理机构的，代表人是提交权限人；已委托专利代理机构的，专利代理机构是提交权限人。因权利转移引起的变更，可以由新的权利人的代表人办理；新的权利人已委托专利代理机构的，应当由其委托的专利代理机构办理。

（4）证明文件

需要提交证明文件的，证明文件应当先在专利局办理备案，办理手续时注明证明文件备案号。

对于批量专利申请人或专利权人更名，证件号码通过校验的，无须提交证明文件。

4.2.7　著录项目变更的通知和生效

著录项目变更申报手续不符合规定的，专利局发出视为未提出通知书；著录项目变更申报手续符合规定的，专利局发出手续合格通知书。著录项目变更手续自手续合格通知书记载的发文日起生效。

著录项目变更涉及权利转移的，手续合格通知书将发给双方当事人。同一次提出的申请人（或专利权人）涉及多次变更的，手续合格通知书将发给变更前的申请人（或专利权人）和变更后的申请人（或专利权人）。专利申请权（或专利权）的转移自手续合格通知书的发文日起生效。

涉及专利代理机构变更的，手续合格通知书发给变更前和变更后的专利代理机构。

著录项目变更手续生效前，案件中曾发出的通知书以及已进入专利公布或公告准备的有关事项，仍以变更前为准。著录项目变更手续生效后，变更前专利代理机构不再有答复案件相关通知书的权利。

4.3 专利申请审批程序中的手续

4.3.1 请求实质审查的手续

法 35.1，细则 110.1（2）、113
【审查指南第一部分第一章第 6.4 节】

发明专利申请的实质审查程序主要依据申请人的实质审查请求而启动。

（1）办理手续

申请人在提交申请的同时请求实质审查的，应当在请求书"请求实质审查"一栏中进行勾选，参见本书第 3 章第 2.1.10 节。在此之后提出实质审查请求的，申请人应当在规定的期限内，即申请日（有优先权的，指优先权日）起三年内提交《实质审查请求书》（表格编号 110401），并在此期限内缴纳实质审查费，参见附件 2 的相关内容。

对于分案申请，期限从原申请日起算。如果分案申请提出时实质审查请求的期限已经届满或者自分案申请递交日起至实质审查请求的期限届满日不足两个月，则申请人可以自分案申请递交日起两个月内或者自收到受理通知书之日起十五日内补办实质审查请求的手续。

（2）办理结果

实质审查请求符合规定的，在进入实质审查程序时，专利局发出发明专利申请进入实质审查阶段通知书。

申请人已在规定期限内提交实质审查请求书并缴纳了实质审查费，但实质审查请求书的形式仍不符合规定的，专利局发出视为未提出通知书。申请人应针对该通知书中指出的缺陷，按期办理相关手续。

在实质审查请求的提出期限届满前三个月时，申请人尚未提出实质审查请求的，专利局发出期限届满前通知书，申请人应当按照期限届满前通知书的要求，按期办理相关手续。

申请人未在规定的期限内提交实质审查请求书，或者未在规定的期限内缴纳或者缴足实质审查费的，专利局发出视为撤回通知书。

4.3.2　意见陈述及补正相关的手续

对于审查意见通知书或者补正通知书，申请人应当在通知书指定的期限内提交《意见陈述书》（表格编号 100012）或者《补正书》（表格编号 100006）进行答复。申请人的答复可以是意见陈述书或者补正书，还可以包括经修改的申请文件替换页。

对于请求办理的手续，如果没有相应的请求类表格，例如请求不公布发明人姓名、陈述未收到专利证书、针对发明创造提出专利权期限补偿请求、社会公众对专利申请提出第三方意见等，可通过《意见陈述书》（编号100012）提交相关意见，在意见陈述书的"陈述事项"中注明为其他事宜，并在"陈述的意见"栏中填写具体的意见内容。

4.3.3　撤回专利申请声明的手续

> 法32、细则41
> 【审查指南第一部分第一章第6.6节】

（1）请求时机

授予专利权之前，申请人随时可以主动要求撤回其专利申请。

（2）办理手续

申请人撤回专利申请的，应当提交撤回专利申请声明，并附具全体申请人签字或者盖章同意撤回专利申请的证明材料，或者仅提交由全体申请人签字或者盖章的撤回专利申请声明。

委托专利代理机构的，撤回专利申请的手续应当由专利代理机构办理，并附具全体申请人签字或者盖章同意撤回专利申请的证明材料，或者仅提交由专利代理机构和全体申请人签字或者盖章的撤回专利申请声明。

撤回专利申请不得附有任何条件。

（3）注意事项

申请人无正当理由不得要求撤销撤回专利申请的声明，但在申请权非真正拥有人恶意撤回专利申请后，申请权真正拥有人（应当提交生效的法律文书来证明）可要求撤销撤回专利申请的声明。

撤回专利申请的声明是在专利申请做好公布准备后提出的，申请文件照常公布或者公告，但审查程序终止。

4.3.4　撤回优先权声明的手续

┌──────────────────────────────┐
　🖓【审查指南第一部分第一章第6.2.4节】
└──────────────────────────────┘

（1）请求时机

申请人要求优先权之后，可以撤回优先权要求。申请人要求多项优先权之后，可以撤回全部优先权要求，也可以撤回其中某一项或者几项优先权要求。

（2）手续办理

申请人要求撤回优先权要求的，应当提交全体申请人签字或者盖章的《撤回优先权声明》（表格编号100018），准确填写要求撤回的作为优先权基础的在先申请的申请日、申请号和原受理机构名称。

（3）办理结果

优先权要求撤回后，导致该专利申请的最早优先权日变更时，自该优先权日起算的各种期限尚未届满的，该期限应当自变更后的最早优先权日或者申请日起算，撤回优先权的请求是在原最早优先权日起十五个月之后到达专利局的，则在后专利申请的公布期限仍按照原最早优先权日起算。

4.3.5　办理登记手续

┌──────────────────┐
　🖓 细则 60、114
└──────────────────┘

（1）手续办理。申请人应当在收到授予专利权通知书和办理登记手续通知书之日起两个月内，缴纳授予专利权当年的年费，按办理登记手续通知书中写明的费用金额缴纳即可。办理登记手续后，专利局制作专利证书并送达专利权人。

（2）逾期未办理的后果及救济途径。申请人逾期未办理登记手续，专利局发出视为放弃取得专利权通知书。申请人可以在规定的期限内办理恢复权利手续，相关内容参见本章第 2.2 节。

4.4 专利授权后程序中的手续

4.4.1 维持专利权的手续

口< 细则 115
【审查指南第五部分第九章第 4.2 节】

为维持专利权有效，专利权人应在上一年度期满前缴纳下一年度的年费（不包括授予专利权当年的年费），各年度年费按照附件 2 相关内容所示的数额缴纳。

专利权人未按时缴纳年费或者缴纳的数额不足的，可参见本书第 3 章第 10.1 节，及时补缴相关费用；如未及时补缴的，将影响到该专利权的维持，最终导致专利权终止。

4.4.2 放弃专利权的手续

口< 法 44.1（2）
【审查指南第五部分第九章第 4.3 节】

4.4.2.1 主动放弃专利权

（1）请求时机

授予专利权后，专利权人随时可以主动要求放弃专利权。

（2）办理手续

专利权人放弃专利权的，应当提交《放弃专利权声明》（表格编号 100601），并附具全体专利权人签字或者盖章同意放弃专利权的证明材料，或者仅提交由全体专利权人签字或者盖章的放弃专利权声明。委托专利代理机构的，放弃专利权的手续应当由专利代理机构办理，并附具全体专利权人签字或者盖章的同意放弃专利权声明。

（3）办理结果

放弃专利权声明经审查，不符合规定的，专利局发出视为未提出通知书；符合规定的，专利局发出手续合格通知书。有关事项分别在专利登记簿和专利公报上登记和公告。放弃专利权声明的生效日为手续合格通知书的发文日，放弃的专利权自该日起终止。

（4）注意事项

专利权人无正当理由不得要求撤销放弃专利权的声明。除非在专利权非真正拥有人恶意要求放弃专利权后，专利权真正拥有人（应当提供生效的法律文书来证明）可要求撤销放弃专利权声明。

4.4.2.2 同日申请放弃实用新型专利权

① 提出时机。申请人为避免重复授权放弃同日申请中的实用新型专利权的，可以在收到专利局发出的有关避免重复授权的通知书后，提出放弃同日申请的实用新型专利权。

② 办理手续。申请人为避免重复授权放弃同日申请中的实用新型专利权的，应当填写《放弃专利权声明》（表格编号100601），准确填写著录项目信息（实用新型专利号、发明创造名称、专利权人姓名或者名称），并勾选"根据专利法第9条第1款的规定，专利权人声明放弃上述专利权"，同时注明同样的发明创造申请号（即相应的发明专利申请的申请号）。

具体内容的填写，如图9-2所示。

放 弃 专 利 权 声 明

请按照"注意事项"正确填写本表各栏

① 专 利	专　　利　　号　　←——实用新型专利号
	发明创造名称
	专利权人

② 声明内容：

☐ 根据专利法第 44 条第 1 款第 2 项的规定，专利权人声明放弃上述专利权。

■ 根据专利法第 9 条第 1 款的规定，专利权人声明放弃上述专利权。

　　注：同样的发明创造申请号为 ＿＿＿＿＿＿＿＿＿。←——发明专利申请号

☐ 无效宣告程序中，根据专利法第 9 条第 1 款的规定，专利权人声明放弃上述专利权。

　　注：同样的发明创造专利号为 ＿＿＿＿＿＿＿＿＿。

图 9 - 2　放弃同日申请的实用新型的"放弃专利权声明"填写示例

③ 办理结果。在公告授予发明专利权时对放弃实用新型专利权的声明予以登记和公告。在无效宣告程序中声明放弃实用新型专利权的，专利局将及时登记和公告该声明。放弃实用新型专利权声明的生效日为发明专利权的授权公告日，放弃的实用新型专利权自该日起终止。

4.5　其他手续

4.5.1　更正错误请求的手续

细则 64

专利局对专利公告、专利单行本中出现的错误，一经发现，将及时更正，并对所作更正予以公告。

申请人（或专利权人）发现专利公告、专利单行本中出现

错误的，可以提交《更正错误请求书》（表格编号 100015）或《意见陈述书》（表格编号 100012），填写需要更正的具体内容。

4.5.2　改正译文错误的手续

> ⌨ 细则 131
> 【审查指南第三部分第二章第 5.7 节】

申请人发现提交的说明书、权利要求书及其附图中的文字的中文译文存在错误的，可以在下列规定期限内依照原始国际申请文本提出改正：

① 在专利局做好公布发明专利申请或者公告实用新型专利权的准备工作之前；

② 在收到发明专利申请进入实质审查阶段通知书之日起三个月内。

申请人改正译文错误的，除提交译文的改正页外，应当提交《改正译文错误请求书》（表格编号 150105）并同时缴纳规定的译文改正费。不符合规定的，专利局发出视为未提出通知书。

申请人按照专利局发出的改正译文错误通知书的要求改正译文的，应当在通知书指定的期限内办理改正译文错误手续，期满未办理的，该申请被视为撤回。

5. 保密相关事务

> ⌨ 法 4、19、78，细则 7、8、61
> 【审查指南第五部分第五章】

5.1　保密专利申请

保密专利申请是指发明内容涉及国家安全或者重大利益，并已经过保密确定程序，确定按照保密审查程序处理的专利申请。

5.1.1 申请的范围

申请人提交的发明或者实用新型专利申请涉及国防利益需要保密的，由国防知识产权局进行审查。

申请人提交的发明或者实用新型专利申请涉及国防利益以外的国家安全或者重大利益需要保密的，由专利局及时作出按照保密专利申请处理的决定。

5.1.2 保密的确定

5.1.2.1 申请人提出保密请求的保密确定

（1）办理方式

申请人认为其发明或者实用新型专利申请涉及国家安全或者重大利益需要保密的，应当在提出专利申请的同时，在请求书上作出要求保密的表示，其申请文件应当以纸件形式提交。申请人也可以在发明专利申请进入公布准备前，或者实用新型专利申请进入授权公告准备之前，提出保密请求。提出保密请求不需要缴纳费用。

申请人在提出保密请求之前已确定其申请的内容涉及国家安全或者重大利益需要保密的，应当提交有关部门确定密级的相关文件。

（2）保密的确定

专利申请的内容涉及国防利益的，由国防知识产权局进行保密确定。需要保密的，将及时移交国防知识产权局进行审查。

专利申请的内容涉及国防利益以外的国家安全或者重大利益的，由专利局进行保密确定。需要保密的，该专利申请予以保密，按照保密专利申请处理。

5.1.2.2　专利局自行进行的保密确定

申请人未提出保密请求的发明或者实用新型专利申请，在审查过程中也有可能因涉及国家安全或者重大利益被认定为保密申请。

对于已经确定为保密专利申请的电子申请，申请人将收到该专利申请转为纸件形式继续审查的通知，此后申请人应当以纸件形式向专利局或国防知识产权局递交各种文件。

5.1.3　保密专利申请的审批流程及解密程序

5.1.3.1　审批流程

① 专利申请涉及国防利益需要保密的，由国防知识产权局进行审查，经审查没有发现驳回理由的，由专利局根据国防知识产权局的审查意见作出授予国防专利权的决定，由国防知识产权局颁发国防专利证书。该国防专利申请的专利号、申请日和授权公告日在《专利公报》上进行公告。

国防专利申请被国防知识产权局专利复审委员会作出宣告国防专利权无效决定的，该专利申请的专利号、授权公告日、无效宣告决定号和无效宣告决定日将在《专利公报》上进行公告。

② 申请人提交的专利申请涉及国防利益以外的国家安全或者重大利益需要保密的，由专利局进行审查和管理。在对专利申请作出解密决定之前，将进行保密管理。

对于发明专利申请，初步审查合格的保密专利申请不予公布，经实质审查没有发现驳回理由的，作出授予保密发明专利权的决定。对于实用新型专利申请，初步审查没有发现驳回理由的，作出授予保密实用新型专利权的决定。

保密专利申请的授权公告仅公布专利号、申请日和授权公告日。

5.1.3.2 解密程序

（1）解密请求

保密专利申请的申请人或者保密专利的专利权人可以书面提出解密请求。提出保密请求时提交了有关部门确定密级的相关文件的，提出解密请求时应当附具原确定密级的部门同意解密的证明文件。

（2）解密确定

专利局对提出解密请求的保密专利申请（或者专利）进行解密确定，并将结果通知申请人或专利权人。

专利局每两年对保密专利申请（或专利）进行一次复查，经复查认为不需要继续保密的，专利局发出予以解密的通知。

（3）解密后的处理

发明专利申请解密后，尚未被授予专利权的，按照一般发明专利申请进行审查和管理，符合公布条件的，予以公布，并出版发明专利申请单行本；实用新型专利申请解密后，尚未被授予专利权的，按照一般实用新型专利申请进行审查和管理。

发明或者实用新型专利解密后，将进行解密公告、出版发明或实用新型专利单行本，并按照一般专利进行管理。

5.1.4 申请的查询

申请人（或专利权人）可以采用电话咨询的方式查询保密专利的年费缴纳情况，除保密专利的年费缴纳情况的保密专利申请审查状态等事项的查询均需要通过提交纸件形式的意见陈述书的方式进行。

只有保密专利申请的申请人或保密专利的专利权人可以请求对保密专利申请文档进行查阅。

5.2　向外国申请专利的保密审查请求

5.2.1　请求的提出

（1）请求的条件

任何单位或者个人将在中国完成的发明或者实用新型向外国申请专利的，应当事先报经专利局进行保密审查。

（2）不能对外申请的情形

发明或者实用新型的内容涉及国家安全或者重大利益需要保密的，任何单位或者个人不得就该发明或者实用新型的内容向外国申请专利。

（3）请求的提出方式

申请人向外国申请专利保密审查请求的方式有三种：一是不在专利局申请专利而准备直接向外国申请专利的保密审查请求；二是在专利局申请专利的同时或之后提出的向外国申请专利保密审查请求；三是向专利局提交专利国际申请（PCT 国际申请）的，即视为提出了向外国申请专利保密审查请求。

（4）请求办理的方式

申请人可以通过向国家知识产权局业务受理大厅或各地方专利代办处面交、电子提交、邮寄纸件的方式办理向外国申请专利的保密审查请求，但不得直接从外国向专利局邮寄文件。同时，也不得直接从中国香港、澳门或者台湾地区向专利局邮寄文件。

5.2.2　请求文件的种类和要求

5.2.2.1　准备直接向外国申请专利的保密审查

（1）申请材料

直接向专利局提出向外国申请专利保密审查请求的，请求人至少应当提交向外国申请专利保密审查请求书和技术方案说明书。

委托代理机构的，需要提交委托权项包含向外国申请专利保密审查的专利代理委托书。在专利局进行了总委托书备案的，可以提交有备案号的总委托书复印件。

请求书和技术方案说明书应当使用中文撰写，申请人可以同时提交相应的外文文本供专利局参考。技术方案说明书应当与向外国申请专利的内容一致。

（2）审批结论

直接向外国申请专利的保密审查流程如图9-3所示。

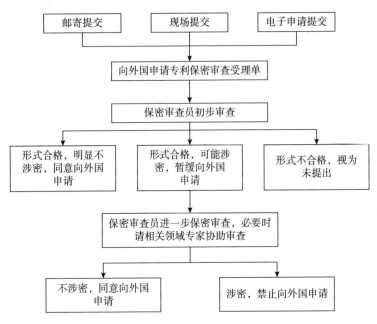

图9-3 直接向外国申请专利的保密审查流程图

申请材料经专利局审查后，在两个月内（情况复杂的，延长至四个月）发出向外国申请专利保密审查意见通知书。申请人收到同意向外国申请专利保密审查意见通知书后，可以就技术方案的内容向外国申请专利或者向有关国外机构提交专利国际申请；申请人收到暂缓向外国申请专利保密审查意见通知书后，还需要等待专利局的进一步审查结论；申请人收到视为未提出向外申请保密审查意见通知书后，可以根据通知书中指出的缺陷，克服缺陷，重新提出向外国申请专利保密审查请求。

对于需要进一步审查的保密审查请求，专利局在四个月内（情况复杂的，延长至六个月）发出向外国申请专利保密审查决定。申请人收到同意向外国申请专利保密审查决定通知书后，可以就技术方案的内容向外国申请专利或者向有关国外机构提交专利国际申请；申请人收到禁止向外国申请专利保密审查决定通知书后，则不得向外国申请专利。

5.2.2.2　提交专利申请同时提出向外国申请专利请求的保密审查

（1）申请材料

申请人在专利局申请专利的同时提出向外国申请专利保密审查请求的，应当提交向外国申请专利保密审查请求书。

（2）审批结论

提交专利申请同时提出向外国申请专利请求的保密审查流程如图9-4及图9-5所示。申请材料经专利局审查后，在两个月内（情况复杂的，延长至四个月）发出向外国申请专利保密审查意见通知书。申请人收到审查结论为同意向外国申请的通知书后，可以向外国申请专利或者向有关国外机构提交专利国际申请；申请人收到审查结论为暂缓向外国申请的通知书后，还需要等待专利局的进一步审查结论。

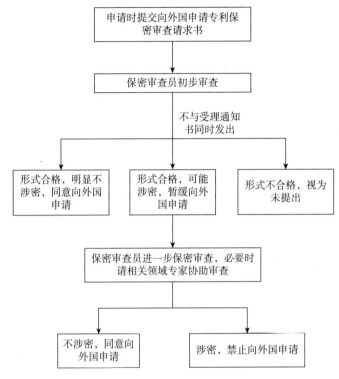

图9-4 提交专利申请同时提出向外国申请专利请求的保密审查流程图（网页版方式）

专利局经进一步审查后，在四个月内（情况复杂的，延长至六个月）发出向外国申请专利保密审查决定。申请人收到同意向外国申请专利保密审查决定通知书后，可以向外国申请专利或者向有关国外机构提交专利国际申请；申请人收到禁止向外国申请专利保密审查决定通知书后，则不得向外国申请专利，该专利申请将转为保密申请。

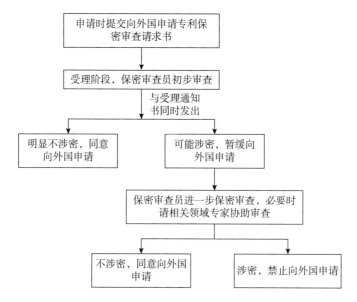

图9-5 提交专利申请同时提出向外国申请专利请求的保密审查流程图（客户端和纸件形式）

5.2.2.3 提交专利申请后提出向外国申请专利请求的保密审查

（1）申请材料

申请人在专利局申请专利后提出向外国申请专利保密审查请求的，应当提交向外国申请专利保密审查请求书。

（2）审批结论

提交专利申请后提出向外国申请专利请求的保密审查流程如图9-6所示。申请人可以在提交专利申请后，再提交向外国申请专利保密审查请求书。申请人可以以纸件或者电子形式提交，但需与专利申请提交方式保持一致。专利局收到向外国申请专利保密审查请求书后进行初步审查，并在两个月内（情况复杂的，延长至四个月）发出向外国申请专利保密审查意见通知书。申请人收到审批结论为同意向外国申请的通知书后，可以向外国申请专利或者向有关国外机构提交专利国际申请；申请人收到审批结论为暂缓向外国申请的通知书后，还需要等待专利局的进一步审查结论；申请人收到视为未提出结论的通知书后，可以根据通知书中指出的缺陷，克服缺陷，重新提出向外国申请专利保密审查请求。

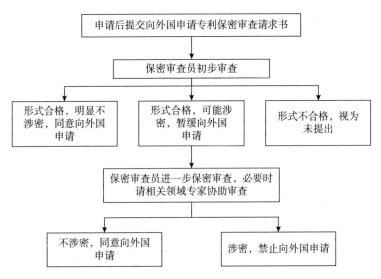

图9-6　提交专利申请后提出向外国申请专利请求的保密审查流程图

专利局经进一步审查后，将在四个月内（情况复杂的，延长至六个月）发出向外国申请专利保密审查决定。申请人收到同意向外国申请专利保密审查决定通知书后，可以向外国申请专利或者向有关国外机构提交专利国际申请；申请人收到禁止向外国申请专利保密审查决定通知书后，则不得向外国申请专利，该专利申请将转为保密申请处理。

5.2.2.4　专利国际申请的保密审查

（1）申请材料

申请人向专利局提交专利国际申请的，即视为提出了向外国申请专利保密审查请求，不需要单独提交向外国申请专利保密审查请求文件。需要注意的是，只有有资格向专利局提出专利国际申请的申请人向专利局提交专利国际申请的，才视为同时提出向外国申请专利保密审查请求。

（2）审批结论

提交国际申请的保密审查流程如图 9 - 7 所示。国际申请文件经专利局审查后，可能涉及国家安全或者重大利益的，专利局将在发出的国际申请号和国际申请日通知书（PCT/RO/105 表）中指出因国家安全或其他原因尚未向国际局传送登记本，通知申请人该申请尚未获得国家安全许可。国际申请号和国际申请日通知书中未指出上述问题的，从该通知书的发文日起，申请人可以就该国际申请的内容向外国申请专利。

对于发明内容可能涉及国家安全或者重大利益的，专利局对国际申请的内容作进一步的保密审查。经审查后认为不涉及国家安全或者重大利益的，专利局将在重新发出的国际申请号和国际申请日通知书中指出向国际局传送登记本的日期，继续国际阶段程序，从该通知书的发文日起，申请人可以就该国际申请的内容向外国申请专利；认为涉及国家安全或者重大利益需要保密的，专利局将在申请日起三个月内发出因国家安全原因不再传送登记本和检索本的通知书（PCT/RO/147 表），通知申请人和国际局该申请将不再作为国际申请处理，终止国际阶段程序，申请人不得就该申请的内容向外国申请专利。

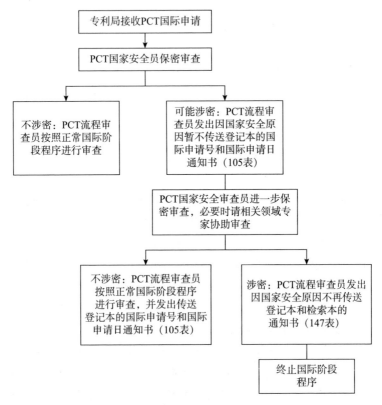

图9-7 专利国际申请的保密审查流程图

5.2.3 擅自向外申请专利的法律后果

对于申请人违反规定擅自向外国申请专利的发明或者实用新型，在中国申请专利的，不授予专利权。同时，对于违反规定擅自向外国申请专利，泄露国家秘密的，由所在单位或者上级主管机关给予行政处分；构成犯罪的，依法追究刑事责任。

第 10 章　专利审查流程服务

1. 概述

1.1　标准表格

请求人可以办理的专利审查流程服务包括出具专利文件副本、出具证明文件、专利申请文档的查阅复制、文件与业务专用章备案、优先权文件电子交换、专利权质押登记、专利实施许可合同备案、专利开放许可、专利申请优先审查业务等。办理时应当提交标准格式的表格。

《批量专利申请或专利法律状态证明业务单》可以在国家知识产权局业务受理大厅和各地方专利代办处的窗口获得。《获取生物材料样品请求书》可以在国家知识产权局业务受理大厅获得。其他大部分表格可以在国家知识产权局网站"表格下载"栏目中获得。

1.2　费用标准

专利申请文件副本、证明文件、专利申请文档复制的费用标准相同，请求人应当按照实际办理数量缴纳"专利文件副本证明费"，费用标准参见附件2的相关内容。

办理有权获得生物材料样品证明、专利申请文档查阅、文件与业务专用章备案、优先权文件电子交换、专利权质押登记、专利实施许可合同备案、专利开放许可和专利申请优先审查业务时，不需要缴纳费用。

缴纳费用时，缴费人名称应当与相应请求书中填写的请求人一致。不一致的，应当在请求书中填写缴费人和收据号码。

1.3 办理业务的方式

请求人可以选择的办理业务的方式包括：

（1）在专利业务办理系统中提交请求。

（2）将纸件文件邮寄到专利局初审及流程管理部专利事务服务处或者各地方专利代办处。

（3）在国家知识产权局业务受理大厅或者各地方专利代办处的窗口面交纸件文件。

请求人选择在专利业务办理系统提交请求，文件送达方式选择电子形式，可以在较短时间内收到电子文件。

1.4 文件的收取

1.4.1 收取的方式

对于需要收取专利局制作文件的情形，请求人应在请求时选择送达文件的方式。送达文件的方式包括：

（1）在专利业务办理系统接收电子文件。

（2）将纸件文件邮寄到请求人指定的地址。

（3）到国家知识产权局业务受理大厅或者各地方专利代办处的窗口面取纸件文件。

只有在专利业务办理系统提交请求时，请求人才可以选择在专利业务办理系统接收电子文件。电子文件加盖电子签章，具有验签和防止篡改的功能。电子文件与纸件文件具有同样的法律效力。

对于获得生物材料样品证明的收取方式只包括以下两种：将纸件文件邮寄到请求人指定的地址，或者到国家知识产权局业务受理大厅面取纸件文件。

1.4.2　问题的反馈

请求人收到的文件有缺陷时，可以通过以下方式请求更换：

（1）拨打咨询电话（010 - 62356655）。

（2）在专利业务办理系统提交意见陈述书。

（3）将缺陷文件和意见陈述书邮寄或者面交到专利局初审及流程管理部专利事务服务处或者各地方专利代办处。

1.5　提交身份文件的要求

办理业务的请求人类型包括申请人（或专利权人）、本案专利代理机构、非本案专利代理机构、当事人、社会公众、经办人。办理业务时，不同类型的请求人应当提交相应的身份证明文件，如表 10 - 1 所示。

表 10 - 1　不同类型请求人提交身份证明文件的要求

请求人类型	电子形式	纸件形式
申请人（或专利权人）	无须提交身份证明文件	身份证明文件
本案专利代理机构	无须提交身份证明文件	身份证明文件
非本案专利代理机构	委托书、委托人的身份证明文件等扫描件	委托书原件、委托人的身份证明文件
当事人	无须提交身份证明文件	身份证明文件
社会公众	无须提交身份证明文件	身份证明文件
经办人	无须提交身份证明文件	身份证明文件

提交身份证明文件的注意事项包括：

（1）中国内地个人提交身份证复印件。香港地区或澳门地区个人提交"港澳居民来往内地通行证"复印件。台湾地区个人提交"台湾居民来往大陆通行证"复印件。

（2）中国内地单位提交营业执照复印件或者法人证书复印件，该复印件应当加盖单位公章。以上文件均无法提供的，提交上级主管单位的证明材料。

香港地区或澳门地区单位提交有关主管机关出具的身份证明材料复印件，该复印件应当加盖公章。

台湾地区单位提交由中国台湾民间公证机构出具的公证书，由公证人证明单位情况属实。该公证书中应附具中国台湾地区出具的证明文件复印件作为辅证。

（3）外国个人提交护照复印件，或者有关主管机关出具的身份证明材料，复印件须经当地公证机构公证。

（4）外国企业或者外国其他组织提交当地的注册证明，注册证明是复印件的，应当经公证机构公证。

2. 专利文件副本及证明文件

专利局依据专利文档和专利审查数据库，提供与专利审查程序信息相关的文件副本和证明文件。

2.1 专利文件副本

专利文件副本有三种，包括专利登记簿副本、在先申请文件副本和专利授权文件副本。

专利登记簿副本依据专利登记簿制作，是一种表明专利即时法律状态的证明。专利局授予专利权时建立专利登记簿。授予专利权时，专利登记簿与专利证书上记载的内容是一致的，在法律上具有同等效力。专利权授予后，专利法律状态的变更仅在专利登记簿上记载。

在先申请文件副本又称优先权文件，要求国内优先权时无须办理该副本。发明专利申请、实用新型专利申请、外观设计专利申请和在中国提交的 PCT 国际申请可以请求制作在先申请文件副本。

专利授权文件副本又称专利说明书，用途包括发明专利或实用新型专利在香港注册标准专利、在澳门办理中国国家知识产权局发明专利延伸等。

2.2　专利证明文件

专利证明文件有六种，包括专利证书证明、申请人名称变更证明、授权程序证明、批量专利法律状态证明、批量专利申请法律状态证明和有权获得生物材料样品证明。

（1）专利证书证明：记载颁发专利证书的时间以及所涉及专利的相关事项，用于证明专利局曾经颁发专利证书的事实。

（2）申请人名称变更证明：证明申请人名称变更信息的证明文件。

（3）授权程序证明：证明专利申请即将获得专利权的证明文件。

（4）批量专利法律状态证明、批量专利申请法律状态证明：为查询较大数量专利法律状态而提供的证明文件。批量专利法律状态证明只包含授权的专利，批量专利申请法律状态证明包含授权的专利和未授权的专利申请。

（5）有权获得生物材料样品证明：证明请求人有权获得发明专利申请人保藏的生物材料样品作为实验目的使用的证明文件。

专利文件副本及专利证明文件的提交要求如表 10-2 所示。

表 10－2 专利文件副本及专利证明文件的提交要求

类别	类型	请求主体	办理时机	手续文件
专利文件副本	专利登记簿副本	任何人	专利授权公告后	《办理文件副本请求书》（表格编号 100031）
	在先申请文件副本	申请人（或专利权人）及其委托的专利代理机构	一般在获得专利申请号半个月之后	《办理文件副本请求书》（表格编号 100031）和相应的身份证明文件
	专利授权文件副本	任何人	发明专利或实用新型专利授权公告之后	《办理文件副本请求书》（表格编号 100031）和相应的身份证明文件
专利证明文件	专利证书证明	专利证书中记载的专利权人及其委托的专利代理机构可以请求办理专利证书证明。颁发专利证书后专利权发生转移的，新专利权人可以办理新专利证书证明，原专利权人不可以办理原专利证书证明	在专利处于有效状态时办理。处于年费滞纳期、办理恢复手续期间、已经终止或者失效的专利，不可以办理专利证书证明	《办理证明文件请求书》（表格编号 100030）和相应的身份证明文件
	申请人名称变更证明	申请人（或专利权人）及其委托的专利代理机构	申请人名称变更生效后	《办理证明文件请求书》（表格编号 100030）和相应的身份证明文件

续表

类别	类型	请求主体	办理时机	手续文件
专利证明文件	授权程序证明	申请人（或专利权人）及其委托的专利代理机构	专利授权公告准备阶段至授权公告日期间	《办理证明文件请求书》（表格编号 100030）和相应的身份证明文件
	批量专利法律状态证明	申请人（或专利权人）及其委托的专利代理机构	专利授权公告之后	《办理证明文件请求书》（表格编号 100030）和相应的身份证明文件，并注意： （1）以电子形式提交请求时，需要提交专利申请号电子清单一份。以纸件方式提交请求时，需要提交纸件申请号专利申请号清单和电子清单各一份。
	批量专利申请法律状态证明	任何人	获得专利申请号半个月之后	（2）以纸件方式提交请求时，需要提交《批量专利申请或专利法律状态证明业务单》。 （3）将专利申请号清单至《办理证明文件请求书》的专利申请号空格中，并注明批量专利的总数量
	有权获得生物材料样品证明	任何人	发明专利申请公布后	《获取生物材料样品请求书》和相应的身份证明文件

387

3. 专利申请文档的查阅和复制

细则 145

专利申请文档的查阅和复制是专利信息公开和政务公开的重要途径。

专利申请文档是在专利申请审查程序中以及专利权有效期内逐步形成的，并作为原始记录保存起来以备查的各种文件的集合。查阅和复制的内容根据专利申请的状态和请求人的身份而定。通过查阅和复制专利申请文档，请求人可以了解专利申请的审批流程相关信息。

请求人应先登录专利业务办理系统，在其中的中国及多国专利审查信息查询页面查询已经公布的发明专利申请和已经授权公告的专利的相关文件，在复审和无效审理部页面查阅无效宣告决定书。对于在中国及多国专利审查信息查询系统中无法获取的专利申请文件信息（比如意见陈述书），可办理专利申请文档的查阅复制。

文档查阅以复印件的形式制作文件，文档复制以证明文件的形式制作文件。

3.1 请求主体

请求主体包括申请人（或专利权人）、复审或无效宣告当事人、社会公众以及受委托的专利代理机构等。对于不同法律状态的专利申请，不同的请求主体可以查阅复制的内容不尽相同，具体如表 10-3 所示。

表 10 - 3　不同的请求主体可以查阅和复制的内容

类型	公布前的发明专利申请、授权公告前的实用新型和外观设计专利申请	已经公布但尚未公告授予专利权的发明专利申请	已经公告授予专利权的专利申请
申请文件	申请人、本案代理机构	任何单位或个人	任何单位或个人
与申请直接有关的手续文件	申请人、本案代理机构	任何单位或个人	任何单位或个人
在初步审查程序中向申请人发出的通知书、决定，以及申请人对通知书的答复意见正文	申请人、本案代理机构	任何单位或个人	任何单位或个人
公布文件	/	任何单位或个人	任何单位或个人
在实质审查程序中向申请人发出的通知书、检索报告和决定书	/	任何单位或个人	任何单位或个人
在实质审查程序中申请人对通知书的答复意见	/	申请人、本案代理机构	任何单位或个人
优先权文件	申请人、本案代理机构	申请人、本案代理机构	任何单位或个人
发明专利申请单行本		任何单位或个人	任何单位或个人

类型	公布前的发明专利申请、授权公告前的实用新型和外观设计专利申请	已经公布但尚未公告授予专利权的发明专利申请	已经公告授予专利权的专利申请
发明专利、实用新型专利和外观设计专利单行本	/	/	任何单位或个人
在已审结的复审和无效宣告程序中向申请人或者有关当事人发出的通知书、检索报告、决定书，以及申请人或者有关当事人对通知书的答复意见	/	/	任何单位或个人
专利权评价报告	/	/	任何单位或个人

3.2 手续文件

办理专利申请文档的查阅时，请求人应当在专利业务办理系统提交《专利文档查询复制请求书》（表格编号 100032）和相应的身份证明文件。

办理专利申请文档的复制时，请求人应当提交《专利文档查询复制请求书》（表格编号 100032）和相应的身份证明文件。

4. 文件与业务专用章备案

文件与业务专用章备案包括三种类型，分别是证明文件备案、总委托书备案和业务专用章备案。

（1）证明文件备案

当事人仅持有一份证明文件原件，而该原件又涉及多份专利申请或专利时，可以将证明文件原件交至专利局办理证明文件备案。专利局对证明文件原件上的印鉴进行审核或者对证明文件进行网络核验后，给出证明文件备案编号，并将证明文件原件存档。当事人在办理相关手续时，提供证明文件备案编号即可，与提交证明文件原件具有相同的法律效力。

（2）总委托书备案

同一申请人（或专利权人）就多件申请或专利与专利代理机构签订总委托书，专利代理机构可以将总委托书交至专利局办理总委托书备案。专利局对专利代理机构提交的总委托书原件进行审核后，给出总委托书备案编号并将总委托书原件存档。专利代理机构在备案成功之后提出专利申请时可以仅在表格中填写总委托书备案编号，与提交原件具有相同的法律效力。

（3）业务专用章备案

专利代理机构或企事业单位在专利文件中加盖业务专用章的，需要提前将所用印章的内容和印模进行备案。加盖未经备案的业务专用章的专利文件，将被认定为签章不合格。

4.1 手续办理

证明文件、总委托书以及业务专用章的备案手续，如表 10 - 4 所示。

表 10 - 4 备案需办理的手续

文件与业务专用章备案	证明文件备案	总委托书备案	业务专用章备案
请求主体	任何单位或个人	委托人和专利代理机构	专利代理机构或企事业单位

文件与业务专用章备案	证明文件备案	总委托书备案	业务专用章备案
手续文件	（1）《文件备案请求书》（表格编号100038）。 （2）备案的证明文件原件。 （3）备案的证明文件涉及的专利申请号或专利号清单	（1）《文件备案请求书》（表格编号100038）。 （2）专利代理机构与委托人签订的总委托书原件，总委托书上应当写明总委托书备案编号	《专利业务专用章备案请求书（代理机构）》（表格编号101431）
办理方式	请见本章第1.3节		

注意事项：

（1）证明文件原件应当是由有关主管部门出具的或者是由当事人签订的正本，证明文件是外文的，应当附具中文译文。使用证明文件复印件作为正本备案的，应当经过公证或者由出具证明文件的主管部门加盖公章。使用在外国形成的证明文件复印件作为正本备案的，应当经过公证，必要时应经过公证和认证。

（2）备案的证明文件涉及的专利申请号或专利号清单需由代理机构或当事人签章予以确认。面交或邮寄办理的，如果证明文件涉及的专利或专利申请大于等于10件时，需要提交电子形式的清单。电子清单可以发送到邮箱 yibu – print@ cnipa. gov. cn，在邮件标题中标明单位名称及办理事项。

4.2 常见问题

（1）证明文件备案后，如何增加新的专利申请号或专利号清单？

需要提交《文件备案请求书》（表格编号100038），并在请求书第①栏中的"已有证明文件存档编号"中注明已有的备案编号。提交新增加专利申请号或专利号清单。

当再次备案的请求人与首次备案的请求人不一致时，再次备案的请求人除提交相关手续文件外，还应当提交首次文件备案请求人同意其使用该证明文件进行再次备案的声明。再次备案的清单应当不包含在已经备案的清单中。

（2）如何更正备案文件的错误？

应当以书面方式办理更正，写明备案文件的错误内容和产生错误的原因，并提交更正后正确的文件。

（3）如何复制备案文件？

备案请求人可以复制备案的文件，应提交《专利文档查询复制请求书》（表格编号 100032）和相应的身份证明文件。

5. 优先权文件电子交换

优先权文件数字接入服务（Digital Access Service，DAS）是由国际局建立和管理、通过专利局间的合作、以电子交换方式获取优先权证明文件的电子服务。专利局于 2012 年 3 月 1 日起开通 DAS 服务。

该服务的主要内容为：申请人向首次申请局（OFF，又称交存局）提出交存电子优先权文件的请求，由首次申请局向 DAS 认可的数字图书馆交存该优先权文件，并向申请人发送接入码。申请人之后或同时向二次申请局（OSF，又称查询局）提出查询电子优先权文件的请求并提供接入码，使得二次申请局可以获得该优先权文件，从而替代传统纸件优先权文件副本的出具及提交方式。

申请人可以利用 DAS 请求专利局制作电子优先权证明文件，并利用 DAS 向已经加入 DAS 的国家和地区的专利受理机构提交优先权证明文件。申请人也可以请求专利局通过 DAS 获取其他局制作的电子优先权证明文件。

5.1　手续办理

5.1.1　请求主体

　　DAS 请求仅适用于电子申请用户。请求人只能是有权限向专利局提交电子申请文件的电子申请用户。对于委托专利代理机构提交的专利申请，DAS 请求人只能是代理机构。对于多个申请人共同提交的专利申请，DAS 请求人只能是负责提交专利申请的电子申请用户。

5.1.2　提交请求的时机

　　对于普通国家申请，请求人可以在提交专利申请的同时提交 DAS 请求，也可以在获知专利申请号之后的任何时期提交 DAS 请求。DAS 请求包括查询请求和交存请求。

　　对于 PCT 国际申请，请求人需要在获知申请号和申请日之后提交交存请求。

5.1.3　办理方式

　　对于普通国家申请，在专利业务办理系统网页版的专利申请及手续办理模块中提交交存请求和查询请求。

　　对于 PCT 国际申请，在专利业务办理系统网页版的专利事务服务模块中提交交存请求。

5.1.4　手续文件

　　请求人在专利业务办理系统网页版中通过电子形式提交《优先权文件数字接入服务（DAS）请求书》。

5.1.5　结果查询

专利局通过电子邮件的方式将 DAS 请求的处理结果通知给请求人。请求人还可以在专利业务办理系统网页版查询 DAS 请求的处理结果及中间过程。

5.2　交换失败的常见情形

（1）在先申请号错误

除请求人错填在先申请号的情况，在先申请号不符合规范的格式也会被认为填写了错误的在先申请号。

（2）在先申请日错误

在先申请日填写不正确，使得在先申请日与首次申请局本地的申请日不匹配，会造成交换失败。

（3）接入码错误

请求人填写的接入码不正确，将造成接入码与首次申请局本地的接入码不匹配。

（4）优先权证明文件无法使用

优先权证明文件无法使用是服务系统或者首次申请局的原因导致优先权证明文件未能成功制作或者无法成功发送至专利局。

上述前三种情形造成优先权期限延误的，请求人在办理针对优先权视为未要求的恢复手续时，应缴纳恢复费，并提交优先权文件副本。第（4）种情形造成优先权期限延误的，请求人在办理针对优先权视为未要求的恢复手续时，无须缴纳恢复费。

6.　专利权质押登记

专利权质押是指为担保债权的实现，由债务人或第三人将其专利权中的财产权设定质权，在债务人不履行债务时，债权人有权依法就该出质专利权中财产权的变价款优先受偿的担保方式。

专利权质押合同可以是单独订立的合同，也可以是主合同中的担保条款。

专利权质押登记是指以专利权出质的，出质人与质权人应当订立书面合同，并向专利局办理专利权质押登记手续。质权自专利权质押登记之日起设立。专利局通过《专利公报》进行公告，并在专利登记簿中予以记载。

根据《中华人民共和国民法典》的规定，以专利权中的财产权出质的，质权自办理出质登记时设立。如果当事人不办理专利权质押登记，则质权人基于担保物权的优先受偿权利得不到法律保障。

6.1 手续办理

6.1.1 请求主体

专利权质押登记请求应当由专利权质押双方当事人，即出质人和质权人共同提出。出质人应当是专利登记簿中记载的专利权人。如果一项专利有多个专利权人，则出质人应当为全体专利权人，当事人另有约定的情形除外。

出质人和质权人是中国内地单位或个人的，可以委托专利代理机构办理，也可以委托其他具有完全民事行为能力的个人办理。

出质人和质权人中涉及在中国没有经常居所或营业所的外国人、外国企业或外国其他组织的，应委托依法设立的专利代理机构办理。

中国香港、澳门和台湾地区的当事人参照涉外当事人的要求办理。

6.1.2 办理时机与办理方式

专利权质押登记在债务到期之前办理。办理专利权质押登记不需要缴纳费用。

办理方式参见本章第 1.3 节。专利权质押双方涉及外国人、外国企业或外国其他组织的，当事人应当到专利局办理质押登记手续。

6.1.3　手续文件

办理专利权质押登记手续时，需要提交以下文件：

（1）《专利权质押登记申请表（附承诺书）》（表格编号101421）。

（2）专利权质押合同原件或者经公证机构公证的合同复印件。

（3）出质人和质权人身份证明文件或办理专利权质押登记承诺书。当事人提交办理专利权质押登记承诺书的，无须提交身份证明文件。

（4）授权委托书原件。委托书无格式要求，需要写明委托事项、委托人及被委托人的姓名或名称和证件号码。当事人委托专利代理机构的，委托书中应当写明代理师姓名。

（5）被委托人的身份证明复印件。

（6）专利权质押登记申请表中注明出质专利有资产评估报告的，应当提交评估报告。

（7）请求办理质押登记的同一申请人的实用新型就同样的发明创造已于同日申请发明专利，或者专利权已被启动无效宣告程序，当事人同意继续办理专利权质押登记的，应当提交质权人签章的同意继续办理专利权质押登记声明。

（8）其他需要提交的材料。

专利局通常自收到质押登记申请文件之日起 5 个工作日内完成审查并决定是否予以登记。通过互联网在线方式提交的，专利局在两个工作日内完成审查并决定是否予以登记。如果当事人提交的质押申请文件存在缺陷，审查时限自当事人克服全部缺陷之日起计算。

6.1.4　质押文件的查阅复制

专利权质押合同双方当事人可以请求查阅复制专利权质押登记手续办理相关文件，按照本章第3.2节要求办理。

6.2　不予登记的常见情形

根据《专利权质押登记办法》，质押登记有下列情形之一的，不予登记：

（1）出质人不是当事人申请质押登记时专利登记簿记载的专利权人的。

（2）专利权已终止或者已被宣告无效的。

（3）专利申请尚未被授予专利权的。

（4）专利权没有按照规定缴纳年费的。

（5）因专利权归属发生纠纷已请求国家知识产权局中止有关程序，或者人民法院裁定对专利权采取保全措施，专利权的质押手续被暂停办理的。

（6）债务人履行债务的期限超过专利权有效期的。

（7）质押合同不符合《专利权质押登记办法》第八条规定的。

（8）以共有专利权出质但未取得全体共有人同意且无特别约定的。

（9）专利权已被申请质押登记且处于质押期间的。

（10）请求办理质押登记的同一申请人的实用新型有同样的发明创造已于同日申请发明专利的，但当事人被告知该情况后仍声明同意继续办理专利权质押登记的除外。

（11）专利权已被启动无效宣告程序的，但当事人被告知该情况后仍声明同意继续办理专利权质押登记的除外。

（12）其他不符合出质条件的情形。

6.3 质押变更手续

在专利权质押期间，如果当事人的姓名或者名称、地址发生更改的，被担保的主债权种类及数额或者质押担保的范围发生变更的，当事人应当向专利局办理专利权质押登记变更手续。

当事人应当提交《专利权质押登记变更申请表（附承诺书）》（表格编号101422）、登记变更协议（变更证明或当事人签署的相关承诺书）、委托书、被委托人身份证复印件。

出质人和质权人增加的，还应当提交新增加当事人的身份证明或当事人签署的相关承诺书。

质押双方权利主体不变，仅姓名或名称发生变化而请求变更当事人名称的，无须提交双方签订的变更协议。质权人名称变更的，应当提交相应主管部门出具的名称变更证明原件。出质人名称变更的，应当首先在专利局办理专利权著录项目变更手续，待收到手续合格通知书后，再办理专利权质押登记变更手续，此时，可以提交出质人名称变更证明的复印件。当事人可以选择以告知承诺方式办理质押双方权利主体姓名或名称的变更手续，提交当事人签署的相关承诺书的，无须提交身份证明、变更证明。

6.4 质押注销手续

在专利权质押期间，如果发生下述情形之一，当事人应当向专利局办理质押登记注销手续：出现债务人按期履行债务或者出质人提前清偿所担保的债务的，质权已经实现的，质权人放弃质权的，因主合同无效、被撤销致使质押合同无效、被撤销的，法律规定质权消灭的其他情形。

当事人应当提交《专利权质押登记注销申请表（附承诺书）》（表格编号101423）、注销证明（或当事人签署的相关承诺书）、委托书、被委托人身份证复印件。

6.5　常见问题

（1）未经质权人同意，专利权人不得许可实施、转让处于质押登记生效状态的专利。出质人经质权人同意转让或者许可他人实施出质的专利权的，出质人所得的转让费、许可费应当向质权人提前清偿债务或提存。

（2）办理专利权质押登记手续时，评估报告不是必须提交的材料。但是，如果为办理专利权质押手续，质押专利经过评估的，当事人办理质押登记手续时需要同时提交资产评估报告。

7. 专利实施许可合同备案

专利实施许可合同备案是专利局对当事人已经缔结并生效的专利实施许可合同进行备案存档，并对外公示的行为。专利局通过《专利公报》进行公告，并在专利登记簿中予以记载。

未授权的专利申请可以办理专利申请实施许可合同备案，但是尚未公开的专利申请除外。尚未公开的专利申请，适用技术秘密许可合同的有关规定。经备案的专利申请被驳回、撤回或者视为撤回的，当事人应当及时办理备案变更或注销手续。

7.1　手续办理

7.1.1　请求主体

专利实施许可合同备案应当由专利实施许可双方当事人，即许可人和被许可人共同提出。专利实施的许可人通常情形须是全体申请人（或专利权人），以下两种情形除外：

（1）许可人经全体专利权人授权而取得许可他人实施专利的权利的。

（2）专利申请权或专利权的共有人，依照《专利法》第十四条规定以普通许可的方式许可他人实施该专利的。

许可人和被许可人是中国内地的单位或个人的，可以委托专利代理机构办理，也可以委托其他具有完全民事行为能力的个人办理。

许可人和被许可人中涉及在中国没有经常居所或营业所的外国人、外国企业或外国其他组织的，应委托依法设立的专利代理机构办理。

中国香港、澳门和台湾地区的当事人参照涉外当事人的要求办理。

7.1.2　办理时机与办理方式

根据《专利法实施细则》及《专利实施许可合同备案办法》，当事人（许可人和被许可人）应当在专利实施许可合同生效之日起 3 个月内办理备案手续。逾期办理的，需要提交双方当事人签署的关于原专利实施许可合同有效性声明，并在该声明中对未在规定时限内办理许可备案手续的情况作出说明，同时承诺将承担因未在三个月内办理备案手续所带来的法律后果。合同的生效日以合同中明确约定的生效日期为准。

办理方式请见本章第 1.3 节。专利许可备案双方涉及外国人、外国企业或外国其他组织的，当事人应当到专利局办理许可备案手续。

办理专利实施许可合同备案不需要缴费。

7.1.3　手续文件

办理专利实施许可合同备案手续时，需要提交以下文件：

（1）《专利实施许可合同备案申请表》（表格编号 101411）。

（2）专利实施许可合同原件或者经公证机构公证的合同复印件。

（3）许可人与被许可人的身份证明。

（4）委托书原件。委托书无格式要求，需要写明委托事项、委托人及被委托人的姓名或名称和证件号码。当事人委托专利代理机构的，委托书中应当写明代理人姓名。

（5）被委托人的身份证复印件。

（6）其他需要提供的材料。例如，中国单位或个人向外许可发明专利或实用新型专利的，办理专利实施许可合同备案手续时需提交国务院商务主管部门颁发的"技术进出口许可证"或者"技术出口合同登记证"，或者地方商务主管部门颁发的"技术出口合同登记证"。

以上文件是外文文本的，应当附中文译本一份，以中文译本为准。当事人提交的中文译本应当由出具翻译文本的单位盖章。

专利局通常在收到符合规定的备案文件之日起 7 个工作日内发出备案证明。如果当事人提交的备案申请文件存在缺陷，审查期限自当事人克服全部缺陷之日起计算。

7.1.4　许可类型、许可范围、许可时间和许可对价的要求

（1）备案并且公示的许可类型包括独占许可、排他许可和普通许可三类。

（2）许可范围主要指许可地域范围。专利实施许可的地域范围限于中国境内。

（3）专利许可时间最长不得超过专利权届满日。

（4）许可对价主要由当事人自行约定。常见的许可对价及其支付方式有固定费用一次支付、固定费用分期支付、入门费用外加提成、纯提成支付、免费等类型等。

7.1.5　备案文件的查阅复制

许可备案当事人可以请求查阅复制专利实施许可合同备案的相关文件，按照本章第 3.2 节要求办理。

7.2　不予备案的常见情形

根据《专利实施许可合同备案办法》，备案申请有下列情形之一的，不予备案：

（1）许可人不是合法专利权人或专利申请人或其他权利人。

（2）共有专利权人违反法律规定或者约定订立专利实施许可合同的。

（3）同一专利实施许可合同重复申请备案的。

（4）与已经备案的专利实施许可合同冲突的。

（5）专利权被质押的，但经质权人同意的除外。

（6）实施许可的期限超过专利权有效期的。

（7）专利权已经终止或者被宣告无效的。

（8）专利权处于年费缴纳滞纳期的。

（9）因专利权的归属发生纠纷或者人民法院裁定对专利权采取保全措施，专利权的有关程序被中止的。

（10）专利实施许可合同不符合《专利实施许可合同备案办法》第九条规定的。

（11）其他不应当予以备案的情形。

7.3　备案变更手续

在专利许可备案期间，如果当事人的姓名或者名称发生更改的，专利号、许可种类或者许可期限发生变更的，当事人应当向专利局办理专利实施许可合同备案变更手续。

当事人应当提交《专利实施许可合同备案变更申请表》（表格编号101412）、合同变更协议、名称变更证明、委托书、被委托人身份证复印件。

许可双方权利主体不变，仅姓名或名称发生变化而请求变更当事人名称的，无须提交双方签订的变更协议，应当提交相应主管部门出具的名称变更证明原件。

许可人名称变更的（许可人不是专利权人的除外），应当首先在专利局办理专利著录项目变更手续，待收到手续合格通知书后，再办理专利实施许可合同备案变更手续。此时，可以提交许可人名称变更证明的复印件。

7.4　备案注销手续

在专利许可备案期间，如果出现实施许可的期限届满或者提前解除专利实施许可合同的情形，或者经备案的专利实施许可合同涉及的专利权被宣告无效或者在期限届满前终止的，或专利申请被驳回、撤回或者视为撤回的当事人应当向专利局办理专利许可备案的注销手续。

当事人应当提交《专利实施许可合同备案注销申请表》（表格编号101413）、注销协议或注销专利实施许可合同备案的相关证明文件、专利实施许可合同备案证明两份原件、委托书原件、被委托人身份证明复印件。

专利实施许可合同备案证明原件遗失的，当事人应当提交情况说明，并附具相应的证明材料。

7.5　常见问题

（1）专利权被宣告部分无效的情况下，当事人办理许可备案手续时，需提交被许可人知情同意的证明材料。

（2）外国专利实施许可合同。一份专利实施许可合同中，同时包括中国专利（中国专利申请）和其他国家或地区专利（专利申请）的，专利局仅对其中的中国专利（中国专利申请）出具备案证明。

8. 专利权评价报告

专利侵权纠纷涉及实用新型专利或者外观设计专利的，人民法院或者管理专利工作的部门可以要求专利权人或者利害关系人出具由专利局作出的专利权评价报告；专利权人、利害关系人或者被控侵权人也可以主动出具专利权评价报告。

专利权评价报告是对相关实用新型专利或者外观设计专利进行检索，并就该专利是否符合《专利法》及其实施细则规定的授权条件进行分析和评价后作出的报告。

专利权评价报告是人民法院或者管理专利工作的部门审理、处理专利侵权纠纷的证据。专利权评价报告不是行政决定，因此请求人不能就此提起行政复议和行政诉讼。

8.1　请求主体和时机

专利权人、利害关系人、被控侵权人可以请求国务院专利行政部门作出专利权评价报告。申请人可以在办理专利权登记手续时请求国务院专利行政部门作出专利权评价报告。

实用新型或者外观设计专利权属于多个专利权人共有的，请求人可以是部分专利权人。

8.2　专利权评价报告的客体

请求人可以对已经授权公告的实用新型专利或者外观设计专利，包括已经终止或者放弃的实用新型专利或者外观设计专利提出专利权评价报告请求。不可以对以下情形的案件提出专利权评价报告请求：

（1）未授权公告的实用新型专利申请或者外观设计专利申请，申请人在办理登记手续时提交专利权评价报告请求的除外；

（2）已被宣告全部无效的实用新型专利或者外观设计专利；

（3）已作出专利权评价报告的实用新型专利或者外观设计专利。

8.3　专利权评价报告的费用

请求人应当自提出专利权评价报告请求之日起一个月内缴纳专利权评价报告请求费。相关费用标准参见附件 2 的附表 2 - 2 及附表 2 - 3。

8.4　专利权评价报告的申请材料及办理流程

8.4.1　专利权评价报告的申请材料

专利权人、利害关系人或者被控侵权人办理专利权评价报告手续的，可参见表 10 - 5 中要求，提交相关证明材料。

表 10 - 5　办理专利权评价报告的手续

请求人类型	办理方式		
	自行办理	委托原案代理机构办理	另行委托代理机构办理
专利权人	专利权评价报告请求书	专利权评价报告请求书	专利权评价报告请求书 专利代理委托书

续表

请求人类型		办理方式		
		自行办理	委托原案 代理机构办理	另行委托 代理机构办理
利害 关系人	专利实施独 占许可合同 的被许可人	专利权评价报 告请求书 专利实施许可 合同的原件或 复印件	/	专利权评价报告 请求书 专利代理委托书 专利实施许可合同 的原件或复印件
	专利实施普 通许可合同 的被许可人	专利权评价报 告请求书 专利实施许可 合同的原件或 复印件 专利权人授予 被许可人起诉 权的证明文件	/	专利权评价报告 请求书 专利代理委托书 专利实施许可合同 的原件或复印件 专利权人授予被 许可人起诉权的 证明文件
	被控侵权人	专利权评价报 告请求书 人民法院出具 的立案类通知 书或其复印件 或专利行政执 法部门出具的 立案类通知书 或其复印件 或调解仲裁机 构出具的立案 类文件或其复 印件 或专利权人发 出的律师函或 其复印件 或电商平台投 诉通知书或其 复印件	/	专利权评价报告 请求书 专利代理委托书 人民法院出具的 立案类通知书或 其复印件 或专利行政执法 部门出具的立案 类通知书或其复 印件 或调解仲裁机构 出具的立案类文 件或其复印件 或专利权人发出 的律师函或其复 印件 或电商平台投诉通 知书或其复印件

407

8.4.2　专利权评价报告的办理流程

请求人提交专利权评价报告请求书，缴纳专利权评价报告请求费，经审查合格的，一般情形下，将在两个月内收到专利权评价报告。对于请求人不是专利权人的，专利局还会同时将专利权评价报告的出具情况告知专利权人。

请求人提出的请求存在形式缺陷的，如证明文件有误、签章有误、专利代理委托书有误等，将收到办理手续补正通知书，待请求人提交合格的文件并审查合格后，将收到专利权评价报告；请求人未按期补正或补正不合格的，将收到视为未提出通知书。

请求人提出的请求属于不能办理专利权评价报告的情形的，例如未在期限内缴纳专利权评价报告请求费、案件尚未授权公告（请求人非专利权人时）、未在期限内答复办理手续补正通知书等，将收到视为未提出通知书。请求人可以待案件具备办理专利权评价报告的条件时，重新办理专利权评价报告手续。

8.5　专利权评价报告的查阅与复制

任何单位和个人可以查阅或者复制专利权评价报告。请求人提出书面请求，按照本章第 3 节的要求进行查阅或复制，如需要复制则应同时缴纳规定费用。中国及多国专利查询系统中可以查询专利权评价报告。

8.6　专利权评价报告的更正

请求人认为专利权评价报告存在需要更正的错误的，可以在收到专利权评价报告后两个月内提出更正请求；请求人不是专利权人的，专利权人可以在上述期限内提出更正请求。提出更正请求的，应当以意见陈述书的形式书面提出，写明需要更正的内容及更正的理由，但不得修改专利文件。

更正后的专利权评价报告将及时发送给请求人，请求人应当注意查收。

9. 专利开放许可

> 法 50、51，细则 85、86、87、88

专利权人自愿以书面方式向国务院专利行政部门声明愿意许可任何单位或者个人实施其专利，并明确许可使用费支付方式、标准的，由国务院专利行政部门予以公告，实行开放许可。

专利权人不得通过提供虚假材料、隐瞒事实等手段，作出开放许可声明或者在开放许可实施期间获得专利年费减免。

9.1　手续办理

9.1.1　请求主体

专利权人及其委托的专利代理机构可以提交专利实行开放许可声明。共有人就共有专利权提出开放许可声明的，应当取得全体共有人的书面同意。

9.1.2　办理时机

在专利授权公告之后可以办理专利开放许可。

9.1.3　手续文件

专利权人办理专利开放许可，提交的材料内容应当真实、准确、清楚，符合国家法律规定和社会公德、公共利益的要求，不得出现商业性宣传用语。需要提交的文件包括：

（1）《专利开放许可声明》（表格编号 101401）。

（2）共有专利权人同意开放许可的书面声明。

（3）全体专利权人的身份证明。

（4）对许可使用费计算依据和方式的简要说明。

（5）委托代理机构办理的，注明相应权限的授权委托书。

（6）其他需要提供的材料。

实用新型、外观设计专利提出开放许可声明的，还应当提供专利局出具的专利权评价报告。

专利开放许可声明内容应当写明以下事项：

（1）专利号。

（2）专利权人的姓名或者名称。

（3）专利许可使用费支付方式、标准。

（4）专利许可期限。

（5）专利权人的联系方式。

（6）专利权人对符合开放许可声明条件的承诺。

（7）其他需要明确的事项。

专利权人应一并提交对许可使用费计算依据和方式的简要说明，一般不超过 2000 字。专利许可使用费应当以该简要说明为依据，以固定费用标准支付的，一般不高于 2000 万元。高于 2000 万元的，专利权人可以利用《专利法》第五十条规定的开放许可以外的其他方式进行许可。以提成费支付的，净销售额提成一般不高于20%，利润额提成一般不高于40%。

9.2　不予开放许可的常见情形

专利开放许可声明有下列情形之一的，专利权人不得对其实行开放许可：

（1）专利权处于独占或者排他许可有效期限内的。

（2）因专利权的归属发生纠纷或者人民法院裁定对专利权采取保全措施，已经中止有关程序的。

（3）没有按照规定缴纳年费的。

（4）专利权被质押，未经质权人同意的。

（5）专利权已经终止的。

（6）专利权已经被宣告全部无效的。

（7）实用新型或者外观设计专利未提交专利权评价报告的。

（8）专利权评价报告结论认为实用新型或者外观设计专利权不符合授予专利权条件的。

（9）其他妨碍专利权有效实施的情形。

已经实行开放许可的专利权有上述情形的，专利权人应当及时撤回开放许可声明，同时通知被许可人。

9.3　撤回手续

办理撤回专利开放许可时，需要提交的文件包括：

（1）《撤回专利开放许可声明》（表格编号 101402）。

（2）全体专利权人同意撤回开放许可的书面声明。

（3）依据《专利法实施细则》第八十六条规定之外其他正当理由撤回开放许可声明的，应当提交支撑所述正当理由的佐证材料。

（4）全体专利权人的身份证明材料。

（5）委托代理机构办理的，注明相应权限的授权委托书。

（6）其他需要提供的材料。

撤回专利开放许可声明不得附有任何条件。

9.4　专利开放许可实施合同备案

专利权人或者被许可人中的任何一方及其委托的专利代理机构可以在开放许可实施合同生效后，凭能够证明达成开放许可的书面文件向专利局办理备案手续。

办理专利开放许可实施合同备案的，应当提交下列文件：

（1）《专利实施许可合同备案申请表》（表格编号 101411）。

（2）被许可人以书面方式向专利权人发出的通知。

（3）被许可人向专利权人支付许可使用费的凭证（或专利权人收到许可使用费的凭证）。

（4）请求人身份证明。

（5）委托代理机构办理的，注明相应权限的授权委托书。

（6）经办人身份证明。

（7）其他需要提供的材料。

专利开放许可实施合同备案手续的办理参照《专利实施许可合同备案办法》执行。

10. 专利申请优先审查

【审查指南第五部分第七章第8.2节】

依据《专利优先审查管理办法》，对符合规定的发明、实用新型、外观设计专利申请提供优先审查服务。以下六个方面的专利申请可以请求优先审查：

（1）涉及节能环保、新一代信息技术、生物、高端装备制造、新能源、新材料、新能源汽车、智能制造等国家重点发展产业；

（2）涉及各省级和设区的市级人民政府重点鼓励的产业；

（3）涉及互联网、大数据、云计算等领域且技术或者产品更新速度快；

（4）专利申请人或者复审请求人已经做好实施准备或者已经开始实施，或者有证据证明他人正在实施其发明创造；

（5）就相同主题首次在中国提出专利申请又向其他国家或者地区提出申请的该中国首次申请；

（6）其他对国家利益或者公共利益具有重大意义需要优先审查。

10.1　手续办理

10.1.1　请求主体

专利申请人可以对专利申请提出优先审查请求，当申请人为多个时，应当经全体申请人同意。

10.1.2　办理时机

对于发明专利申请人请求优先审查的，应当在发明专利申请提出实质审查请求、缴纳相应费用后具备开始实质审查的条件时提出。

对于实用新型、外观设计专利申请人请求优先审查的，应当在上述专利申请足额缴纳专利申请费且已完成分类后提出。

10.1.3　办理条件

① 请求优先审查的专利申请应当是电子申请。如果专利申请是纸件申请，应提前将纸件申请转成电子申请。建议申请人采用 XML 格式文件的电子申请，该格式文件的电子申请有利于规范化管理，并能充分保证专利申请在整个流程的快速、准确；而对于 PDF 格式或 Word 格式文件，系统需要时间转换为审查用的 XML 格式文件，将影响整个审查周期。

② 同一申请人同日（仅指申请日）对同样的发明创造既申请实用新型又申请发明的，对于其中的发明专利申请一般不予优先审查。

10.1.4　手续文件

办理专利申请优先审查时，需要提交下列文件：

（1）《专利申请优先审查请求书》

除《专利优先审查管理办法》第三条第一款第五项"就相

同主题首次在中国提出专利申请又向其他国家或者地区提出申请的该中国首次申请",专利申请优先审查请求书应当由国务院相关部门或者省级知识产权局签署推荐意见。

对于在中国没有经常居所或者营业所的外国人、外国企业或外国其他组织,应由本案专利代理机构提出专利申请优先审查请求,并在《专利申请优先审查请求书》第七栏盖章。

《专利申请优先审查请求书》第二栏"优先审查请求人",应当填写全体申请人的姓名或名称、国籍或者注册的国家或者地区。

(2)现有技术或者现有设计信息材料

现有技术是指(发明或者实用新型专利)申请日以前在国内外为公众所知的技术。申请人应重点提交与发明或者实用新型专利申请最接近的现有技术文件。

现有设计是指(外观设计专利)申请日以前在国内外为公众所知的设计。申请人应重点提交与外观设计专利最接近的现有设计信息。

对于相关专利文献,请求人可以只提供专利文献首页。对于相关非专利文献,例如期刊或者书籍等,请求人需提供非专利文献首页、相关页。

(3)相关证明文件

相关证明文件主要指证明该专利申请案件是符合《专利优先审查管理办法》所列优先审查情形的必要的证明文件。

(4)同意优先审查的声明文件

全体申请人同意优先审查的声明文件,表明全体申请人同意对专利申请提出优先审查请求的文件,并承诺提交的全部优先审查请求文件真实有效。此声明文件,可与前述的相关证明文件合并撰写。

10.1.5 办理方式

专利申请优先审查请求的办理方式,包括线上、当面、邮寄提交。

（1）线上提交

对于通过省级知识产权局推荐的，以及符合《专利优先审查管理办法》第三条第一款第五项的专利申请优先审查请求，申请人应当通过专利业务办理系统的专利事务服务优先审查模块线上电子提交。

（2）当面提交

对于通过国务院相关部门推荐的专利申请优先审查请求，或者外国申请人提出的优先审查请求，申请人在国家知识产权局业务受理大厅的服务窗口当面提交纸件申请文件。

对于符合香港、澳门地区申请人在内地发明专利优先审查申请试点项目提出的专利申请优先审查请求，申请人在专利局广州代办处或深圳代办处当面提交纸件申请文件。

（3）邮寄提交

对于通过国务院相关部门推荐的专利申请优先审查请求，申请人可通过邮寄方式向专利局提交纸件请求文件。邮寄信息如下：

邮寄地址：北京市海淀区蓟门桥西土城路 6 号，专利局初审及流程管理部专利事务服务处（或专利局初审流程部事务服务处），邮政编码：100088。

对于符合香港、澳门地区申请人在内地发明专利优先审查申请试点项目提出的专利申请优先审查请求，申请人可通过邮寄方式向专利局广州代办处或深圳代办处提交纸件请求文件。邮寄地址请联系广州代办处或深圳代办处获取。

10.2　期限要求

10.2.1　审查期限

专利局同意进行优先审查的专利申请，应当自优先审查同意

415

之日起，在以下期限内结案：

① 发明专利申请在四十五日内发出第一次审查意见通知书，并在一年内结案；

② 实用新型和外观设计专利申请在两个月内结案。

10.2.2　答复期限

对于优先审查的专利申请，申请人应当尽快作出答复或者补正：

① 申请人答复发明专利审查意见通知书的期限为通知书发文日起两个月；

② 申请人答复实用新型和外观设计专利审查意见通知书的期限为通知书发文日起十五日。

10.3　停止优先审查的情形

对于优先审查的专利申请，有下列情形之一的，专利局可以停止优先审查程序，按普通程序处理：

（1）优先审查请求获得同意后，申请人根据《专利法实施细则》第五十七条第一、二款对申请文件提出修改；

（2）申请人答复期限超过本章第 10.2.2 节规定的期限；

（3）申请人提交虚假材料；

（4）在审查过程中发现为非正常专利申请。

11.　通过专利审查高速路（PPH）加快审查

11.1　概述

专利审查高速路（PPH），是两个或多个国家或地区的专利审查机构通过协议构建的一种加快审查制度。当在先审查局提交的专利申请（本节后续称"对应申请"）中所包含的至少一项权利要求被认定为可授权或者具有可专利性时，在一定条件下，可以向后续审查局对相应的申请（本节后续称"本申请"）提出加快审查请求，从而通过专利审查机构间的合作减少重复性劳动，节约审查资源，缩短审查周期。

11.2　向国家知识产权局提交 PPH 请求的相关要求

一般情况下，向专利局提出 PPH 请求的时间应当在本申请进入实质审查阶段以后（含当日）至开始实质审查以前（含当日）。此外，申请人还可以在提出实质审查请求的同时提出 PPH 请求。

向专利局提交 PPH 请求时，申请人需要在专利业务办理系统网页版或客户端中填写并提交《参与专利审查高速路（PPH）项目试点请求表》，根据提示填写本申请与对应申请的对应关系、两件申请的权利要求的对应性，以及在先审查局工作结果副本名称和引用文件副本名称等。同时，还需要提交对应申请的相关文件（必要附件），主要包括对应申请中最新的可授权的权利要求副本及其译文、对应申请的所有工作结果副本及其译文、关于对应申请的工作结果中所有引用文件的副本。对于所有必要附件，申请人必须在提交 PPH 请求表的同时一并提交。

请求符合 PPH 项目流程要求的，专利局作出 PPH 请求予以批准的决定，并发出《PPH 请求审批决定通知书》。请求不符合 PPH 项目流程要求的，专利局作出 PPH 请求不予批准的决定，并发出《PPH 请求审批决定通知书》。申请人可以至多再提交一次 PPH 请求。再次提交的请求仍不符合要求的，专利局作出 PPH 请求不予批准的决定，并发出《PPH 请求审批决定通知书》。

申请人也可以根据专利局发出的《PPH 请求补正通知书》，在指定的期限内通过补正方式对通知书中指出的缺陷进行答复。《PPH 请求补正通知书》中指定的期限不可延长，当申请人未在指定期限内进行答复而导致本申请不能参与 PPH 项目时，无法通过恢复程序进行救济。

专利局作出的与 PPH 请求的审批相关的通知或决定均通过专利业务办理系统送达当事人。

参与 PPH 试点项目的请求获得批准后，申请人在收到有关实质审查的审查意见通知书之前对权利要求进行修改的，任何修改或新增的权利要求均需要与对应申请中被认定为可授权或者具有可专利性的权利要求充分对应。未能充分对应的，专利局将撤回之前所作出的 PPH 请求予以批准的审查结论，重新作出 PPH 请求不予批准的决定。申请人为克服实审审查员提出的审查意见对权利要求进行修改的，任何修改或新增的权利要求不需要与对应申请中被认定为具有可专利性或者可授权的权利要求充分对应。任何超出权利要求对应性的修改或变更由实审审查员裁量决定。

12. 延迟审查

申请人可以对专利申请提出延迟审查请求，请求延迟审查不收取任何费用。

发明专利申请延迟审查请求，应当在提出实质审查请求的同时提出。申请人需在发明专利申请《实质审查请求书》（表格编号 110401）中勾选"请求延迟审查"的相应选项，以选择延迟期限为 1 年、2 年还是 3 年。发明专利申请延迟审查请求自实质审查请求生效之日起生效。

实用新型/外观设计专利申请延迟审查请求，应当在提交实用新型/外观设计专利申请的同时提出。申请人需在《实用新型专利请求书》（表格编号 120101）/《外观设计专利请求书》（表格编号 130101）中勾选"延迟审查"选项，对于外观设计专利申请，还需要填写具体希望延迟的期限。

延迟期限届满前，申请人可以请求撤回延迟审查请求，符合规定的，延迟期限终止，专利申请将按顺序待审。

附件 1　常用表格

表格类型	表格编号	表格名称
通用类	100001	权利要求书
	100002	说明书
	100003	说明书附图
	100004	说明书摘要
	100006	补正书
	100007	专利代理委托书
	100008	费用减缴请求书
	100009	延长期限请求书
	100010	恢复权利请求书
	100011	意见陈述书（关于费用）
	100012	意见陈述书
	100013	撤回专利申请声明
	100014	附页
	100015	更正错误请求书
	100016	著录项目变更申报书
	100017	中止程序请求书
	100018	撤回优先权声明
	100019	强制许可请求书
	100020	强制许可使用费数额裁决请求书
	100021	专利代理委托书（中英文）
	100022	总委托书
	100023	遗传资源来源披露登记表

表格类型	表格编号	表格名称
通用类	100045	生物材料样品保藏及存活证明中文题录
	100047	在先申请文件副本中文题录
	100048	优先权转让证明中文题录
	100049	专利权评价报告证明
	100051	恢复优先权请求书
	100052	增加或改正优先权要求请求书
	100054	在先申请文件副本中文译文
	100055	确认援引加入声明
	100601	放弃专利权声明
	100701	专利权评价报告请求书
	100703	专利权期限及药品专利期限补偿请求书
	110101	发明专利请求书
	110301	发明专利请求提前公布声明
	110401	实质审查请求书
	110402	参与专利审查高速路（PPH）项目请求表
	110403	PPH 请求补正书
	120101	实用新型专利请求书
	120701	实用新型专利检索报告请求书
	130001	外观设计图片或照片
	130002	外观设计简要说明
	130101	外观设计专利请求书
	101501	意见陈述书（关于非正常申请）
	200106	窗口递交文件回执
优先审查类	100043	专利申请优先审查请求书
	100908	复审、无效宣告程序优先审查请求书

续表

表格类型	表格编号	表格名称
向外国申请专利保密审查专用类	100026	技术方案说明书
	100027	向外国申请专利保密审查请求书
服务类	100030	办理证明文件请求书
	100031	办理文件副本请求书
	100032	专利文档查询复制请求书
	100038	文件备案请求书
	101431	专利业务专用章备案请求书（代理机构）
复审和无效类	100901	复审请求书
	100902	复审、无效宣告程序意见陈述书
	100903	复审请求口头审理通知书回执
	100904	复审、无效宣告程序补正书
	100905	复审程序恢复权利请求书
	100906	复审程序延长期限请求书
	100907	复审程序授权委托书
	101001	专利权无效宣告请求书
	101002	无效宣告请求口头审理通知书回执
	101003	专利权无效宣告程序授权委托书
	101006	因权属纠纷事由参加无效宣告程序请求书
行政复议类	101101	行政复议申请书
	101103	意见陈述书（关于行政复议）
PCT 进入中国国家阶段类	150101	国际申请进入中国国家阶段声明（发明）
	150102	国际申请进入中国国家阶段声明（实用新型）
	150103	补交修改文件的译文或修改文件
	150104	改正优先权要求请求书

表格类型	表格编号	表格名称
PCT 进入中国国家阶段类	150105	改正译文错误请求书
	150106	关于微生物保藏的说明
	150111	申请权转让证明中文题录
外观设计国际申请类	132002	外观设计国际申请图片或照片
	132005	外观设计国际申请中文信息表
	132006	外观设计国际注册权利转让证明文件题录信息表
与专利实施许可合同相关	101411	专利实施许可合同备案申请表
	101412	专利实施许可合同备案变更申请表
	101413	专利实施许可合同备案注销申请表
	101401	专利开放许可声明
	101402	撤回专利开放许可声明
与专利权质押相关	101421	专利权质押登记申请表（附承诺书）
	101422	专利权质押登记变更申请表（附承诺书）
	101423	专利权质押登记注销申请表（附承诺书）

附件2 费用标准

附表2-1 发明专利收费一览表

费用种类		费用标准（人民币/元）	缴纳期限	未在规定的期限内缴纳或缴足费用的后果
（一）申请费		900	申请日起两个月内，或者自收到受理通知书之日起十五日内	申请视为撤回
（二）申请附加费	1. 权利要求附加费从第11项起每项加收	150	申请日起两个月内，或者自收到受理通知书之日起十五日内	申请视为撤回
	2. 说明书附加费从第31页起每页加收	50		
	3. 说明书附加费从第301页起每页加收	100		
（三）公布印刷费		50	申请日起两个月内，或者自收到受理通知书之日起十五日内	申请视为撤回
（四）优先权要求费（每项）		80	申请日起两个月内，或者自收到受理通知书之日起十五日内	视为未要求优先权

续表

费用种类		费用标准（人民币/元）	缴纳期限	未在规定的期限内缴纳或缴足费用的后果
（五）发明专利申请实质审查费		2500	申请日（有优先权要求的，自最早的优先权日）起三年内	申请视为撤回
（六）复审费		1000	自收到专利局作出的驳回决定之日起三个月内	复审请求视为未提出
（七）年费	1~3年（每年）	900	授予专利权当年的年费自收到专利局办理登记手续通知书之日起两个月内缴纳。以后的年费应当在上一年度期满前缴纳	授予专利权当年的年费期满未缴纳或未缴足的，视为放弃取得专利权。以后的年费期限内未缴纳或者未缴足的，应自应当缴纳年费期满之日起六个月内补缴，同时缴纳年费滞纳金；期满未缴纳的，专利权自应当缴纳年费期满之日起终止
	4~6年（每年）	1200		
	7~9年（每年）	2000		
	10~12年（每年）	4000		
	13~15年（每年）	6000		
	16~20年（每年）	8000		
（八）滞纳金		按照每超过规定缴费时间1个月，加收当年全额年费的5%计算		
（九）恢复权利请求费		1000	收到专利局发出的权利丧失通知之日起两个月内	权利不予恢复

续表

费用种类		费用标准（人民币/元）	缴纳期限	未在规定的期限内缴纳或缴足费用的后果
（十）延长期限请求费	1. 第一次延长（每月）	300	请求延长的期限届满前	不同意延长
	2. 再次延长（每月）	2000		
（十一）著录事项变更费		200	自提出著录事项变更请求之日起一个月内	著录事项变更请求视为未提出
（十二）无效宣告请求费		3000	自提出无效宣告请求之日起一个月内	无效宣告请求视为未提出
（十三）专利文件副本证明费（每份）		30	办理专利文件副本和证明文件前应缴纳专利文件副本证明费	不出具副本或证明文件
（十四）专利权期限补偿请求费		200		
（十五）专利权补偿期年费（每年）		8000（一次性缴纳，不设滞纳期，不享受费用减缴）		

附表 2 - 2　实用新型专利收费一览表

费用种类	费用标准（人民币/元）	缴纳期限	未在规定的期限内缴纳或缴足费用的后果
（一）申请费	500	申请日起两个月内，或者自收到受理通知书之日起十五日内	申请视为撤回

续表

费用种类		费用标准（人民币/元）	缴纳期限	未在规定的期限内缴纳或缴足费用的后果
（二）申请附加费	1. 权利要求附加费从第 11 项起每项加收	150	申请日起两个月内，或者自收到受理通知书之日起十五日内	申请视为撤回
	2. 说明书附加费从第 31 页起每页加收	50		
	3. 说明书附加费从第 301 页起每页加收	100		
（三）优先权要求费（每项）		80	申请日起两个月内，或者自收到受理通知书之日起十五日内	视为未要求优先权
（四）复审费		300	自收到专利局作出的驳回决定之日起三个月内	复审请求视为未提出
（五）年费	1～3 年（每年）	600	授予专利权当年的年费自收到专利局办理登记手续通知书之日起两个月内缴纳。以后的年费应当在上一年度期满前缴纳	授予专利权当年的年费期满未缴纳或未缴足的，视为放弃取得专利权。以后的年费期限内未缴纳或者未缴足的，应自应当缴纳年费期满之日起六个月内补缴，同时缴纳年费滞纳金；期满未缴纳的，专利权自应当缴纳年费期满之日起终止
	4～5 年（每年）	900		
	6～8 年（每年）	1200		
	9～10 年（每年）	2000		

续表

费用种类		费用标准 （人民币/ 元）	缴纳期限	未在规定的 期限内缴纳或 缴足费用的后果
（六）滞纳金		按照每超过规定的缴费时间 1 个月，加收当年全额年费的 5%计算		
（七）恢复权利请求费		1000	收到专利局发出的权利丧失通知之日起两个月内	权利不予恢复
（八）延长 期限 请求费	1. 第 一 次 延 长（每月）	300	请求延长的期限届满前	不同意延长
	2. 再次延长（每月）	2000		
（九）著录事项变更费		200	自提出著录事项变更请求之日起一个月内	著录事项变更请求视为未提出
（十）无效宣告请求费		1500	自提出无效宣告请求之日起一个月内	无效宣告请求视为未提出
（十一）专利文件副本证明费（每份）		30	办理专利文件副本和证明文件前应缴纳专利文件副本证明费	不出具副本或证明文件
（十二）专利权评价报告请求费		2400	自提出专利权评价报告请求之日起一个月内	专利权评价报告请求视为未提出

附表2－3 外观设计专利收费一览表

费用种类		费用标准（人民币/元）	缴纳期限	未在规定的期限内缴纳或缴足费用的后果
（一）申请费		500	申请日起两个月内，或者自收到受理通知书之日起十五日内	申请被视为撤回
（二）优先权要求费（每项）		80	申请日起两个月内，或者自收到受理通知书之日起十五日内	视为未要求优先权
（三）复审费		300	自收到专利局作出的驳回决定之日起三个月内	复审请求视为未提出
（四）年费	1~3年（每年）	600	授予专利权当年的年费自收到专利局办理登记手续通知书之日起两个月内缴纳。以后的年费应当在上一年度期满前缴纳	授予专利权当年的年费期满未缴纳或未缴足的，视为放弃取得专利权。以后的年费期限内未缴纳或者未缴足的，自应当缴纳年费期满之日起六个月内补缴，同时缴纳年费滞纳金；期满未缴纳的，专利权自应当缴纳年费期满之日起终止
	4~5年（每年）	900		
	6~8年（每年）	1200		
	9~10年（每年）	2000		
	11~15年（每年）	3000		

续表

费用种类		费用标准（人民币/元）	缴纳期限	未在规定的期限内缴纳或缴足费用的后果
（五）滞纳金		按照每超过规定的缴费时间 1 个月，加收当年全额年费的 5% 计算。		
（六）恢复权利请求费		1000	收到专利局发出的权利丧失通知之日起两个月内	权利不予恢复
（七）延长期限请求费	1. 第一次延长（每月）	300	请求延长的期限届满前	不同意延长
	2. 再次延长（每月）	2000		
（八）著录事项变更费		200	自提出著录事项变更请求之日起一个月内	著录事项变更请求视为未提出
（九）无效宣告请求费		1500	自提出无效宣告请求之日起一个月内	无效宣告请求视为未提出
（十）专利文件副本证明费（每份）		30	办理专利文件副本和证明文件前应缴纳专利文件副本证明费	不出具副本或证明文件
（十一）专利权评价报告请求费		2400	自提出专利权评价报告请求之日起一个月内	专利权评价报告请求视为未提出

附表 2－4　PCT 申请国际阶段收费一览表

费用种类	费用标准 （人民币/元）	缴纳期限	未在规定的 期限内缴纳或 缴足费用的后果
必缴费用			
（一）检索费	2100	自国际申请收到之 日起一个月内	PCT 申请视为 撤回
（二）国际申请费 （代国际局收取）	费用标准可在国家 知识产权局网站专 利合作条约（PCT） 专栏中查询		
适用情况下缴纳的费用			
（三）国际申请 附加费（代国际 局收取）从第 31 页起每页	费用标准可在国家 知识产权局网站专 利合作条约（PCT） 专栏中查询	自国际申请收到之 日起一个月内	PCT 申请视为 撤回
（四）优先权文 件费	150	自优先权日起十六 个月内	不制作优先权 文件副本
（五）单一性异 议费	200	自相关通知书发文 日起一个月内。	不启动异议
（六）副本复制 费（每页）	2	指定期限	不制作副本
（七）初步审查费	1500	自提交初步审查要 求书之日起一个月 内或自优先权日起 二十二个月内，以 后到期为准	国际初步审查要 求视为未提出
（八）手续费（代 国际局收取）	费用标准可在国家 知识产权局网站专 利合作条约（PCT） 专栏中查询		

续表

费用种类	费用标准 （人民币/元）	缴纳期限	未在规定的 期限内缴纳或 缴足费用的后果
（九）附加检索费	2100	自相关通知书发文日起一个月内	仅针对主要发明部分进行检索
（十）初步审查附加费	1500		仅针对第一组发明主题进行国际初步审查
（十一）恢复权利请求费	1000	自优先权日起十四个月内	拒绝恢复优先权
（十二）后提交费	200	指定期限	不考虑后提交文件
（十三）滞纳金	按未缴纳费用的50%计收，若高于国际申请费（不含申请附加费）的50%，按国际申请费的50%计收	自相关通知书发文日起一个月内	PCT申请视为撤回

431

附表 2−5 PCT 申请进入中国国家阶段收费一览表

费用种类	费用标准（人民币/元）	缴纳期限及要求	未在期限内足额缴费的后果
（一）申请费		应当自优先权日起三十个月内办理进入中国国家阶段的手续，未在该期限内办理的，在缴纳宽限费后，可以自优先权日起三十二个月内办理该手续，即提交规定的文件、缴纳规定的申请费、申请附加费、公布印刷费、宽限费（适用时）、优先权要求费（适用时）	国际申请在中国的效力终止
1. 发明专利	900		
2. 实用新型专利	500		申请视为撤回
（二）申请附加费			
1. 权利要求附加费从第 11 项起每项	150		
2. 说明书附加费从第 31 页起每页	50		
从第 301 页起每页	100		
（三）公布印刷费	50		
（四）宽限费	1000		国际申请在中国的效力终止
（五）优先权要求费（每项）	80		视为未要求优先权
（六）发明专利申请实质审查费	2500	自优先权日起三年内	申请视为撤回
（七）译文改正费 初审阶段	300	自发文日起两个月内	译文改正视为未提出
实审阶段	1200		
（八）单一性恢复费	900	指定期限	缺乏单一性的发明内容视为撤回
（九）优先权恢复费	1000	自当事人收到权利丧失通知之日起两个月内	优先权不予恢复
注：进入国家阶段其他收费按照国内发明专利或实用新型专利标准执行			

附表 2－6　外观设计国际注册申请费用一览表

费用种类		费用标准	缴纳期限	未在期限内足额缴费的后果
国际程序费用（国际申请）				
（一）基本费	一项外观设计	397 瑞士法郎	提交国际注册申请时缴纳	国际申请视为放弃
	每附加一项外观设计	19 瑞士法郎		
（二）公布费	每幅图片或照片	17 瑞士法郎	提交国际注册申请时缴纳。请求延迟公布的，在延迟期届满之前三周缴纳	
	图片或照片超过 1 页的，每页（纸件方式提交的）	150 瑞士法郎		
（三）附加费简要说明超 100 字的，每单词		2 瑞士法郎	提交国际注册申请时缴纳	国际注册申请视为放弃
（四）标准指定费/单独指定费		适用指定国家确定的标准	提交国际注册申请时缴纳	国际注册申请视为放弃
（五）指定中国的单独指定费第一期		4100 元人民币	提交国际注册申请时缴纳	国际注册申请视为放弃
国际程序费用（国际注册续展）				
（六）基本费	一项外观设计	200 瑞士法郎	国际注册申请应当续展之日前缴纳	国际注册效力终止
	每附加一项外观设计	17 瑞士法郎		
（七）标准指定费/单独指定费		适用指定国家确定的标准	国际注册申请应当续展之日前缴纳	指定国的国际注册效力终止

续表

费用种类		费用标准	缴纳期限	未在期限内足额缴费的后果
（八）指定中国的单独指定费	第二期	7600 元人民币	国际注册申请应当续展之日前缴纳	指定中国的国际注册效力终止
	第三期	15000 元人民币		

国际程序的标准指定费和其他费用及金额、相关费用减缴规定参见《〈海牙协定〉1999 年文本和 1960 年文本共同实施细则》所附费用表，以及国际局公布的相关缔约方的单独指定费金额。世界知识产权组织官方网站中公布最新费用标准（见 https：//www.wipo.int/finance/en/hague.html）。

外观设计国际注册续展时，申请人应当按照需要续展的指定缔约方的规定，缴纳第二或第三期标准指定费或单独指定费，以及续展基本费。当申请人指定多个缔约方时，缴纳的指定费应当为分别续展时指定的多个缔约方的当期标准指定费或单独指定费的费用之和

国家程序费用			
（一）专利权评价报告请求费	2400 元人民币	自提出专利权评价报告请求之日起一个月内	专利权评价报告请求视为未提出
（二）复审费	300 元人民币	自收到专利局作出的驳回决定之日起三个月内	复审请求视为未提出
（三）恢复权利请求费	1000 元人民币	收到专利局发出的权利丧失通知之日起两个月内	权利不予恢复
（四）专利文件副本证明费（每件）	30 元人民币	办理专利文件副本和证明文件前应缴纳专利文件副本证明费	不出具副本或证明文件

续表

费用种类		费用标准	缴纳期限	未在期限内足额缴费的后果
（五）无效宣告请求费		1500 元人民币	自提出无效宣告请求之日起一个月内	无效宣告请求视为未提出
（六）延长期限请求费	1. 第一次延长（每月）	300 元人民币	请求延长的期限届满前	不同意延长
	2. 第二次延长（每月）	2000 元人民币		

附件3 缴费及地址

1. 缴费

1.1 缴费方式及缴费日

附表3-1 不同缴费方式及缴费日的确定

缴费方式	缴费信息提交	支付方式	缴费日的确定
网上缴费	登录专利业务办理系统，进入专利缴费服务模块网上缴费页面缴纳费用。可以在线填写或者批量导入缴费信息生成缴费订单	微信、支付宝、银行卡或者对公账户支付方式	以网上缴费系统收到支付平台反馈的实际支付时间所对应的日期确定缴费日
	登录专利业务办理APP，进入缴费服务下的网上缴费模块，进行在线填写，生成缴费订单	微信、支付宝	
面交	缴款前登录专利业务办理系统提交电子缴费清单。缴费人可根据属地，就近前往专利代办处或国家知识产权局业务受理大厅的收费窗口缴纳专利费用	现金、支票、刷卡、微信、支付宝、云闪付等快捷支付方式	以缴费当天的日期为缴费日

缴费方式	缴费信息提交	支付方式	缴费日的确定
银行汇款	汇款时在汇款单附言栏中注明申请号（或专利号）及费用名称（或简称）等必要缴费信息；汇款时未注明上述必要信息的，在汇款当日最迟不超过汇款次日补充缴费信息，补充缴费信息需通过专利业务办理系统或专利业务办理APP提交电子缴费清单	可按属地就近汇至全国各专利代办处银行或邮局账户。对于各代办处银行或邮局账户信息，可登录国家知识产权局网站代办处页面进行查询	银行汇付的，以银行实际汇出日为缴费日；邮局汇付的，以邮局取款通知单上的汇出日为缴费日；费用通过银行或邮局汇付时，如果未在汇款单附言栏中写明正确的申请号/专利号及费用名称等必要信息，需要补充缴费信息的，以补充完整缴费信息日为缴费日
邮局汇款			

1.2　缴费须知

（1）银行、邮局汇款时因汇款时缺少必要缴费信息、逾期补充缴费信息或补充信息不符合规定的，造成汇款被退回或因款项无法退回而暂时存入专利局收费账户的，该款项视为未缴纳。通过邮局汇付因汇款人取回汇款造成款项无法兑付的，该款项视为未缴纳。

（2）PCT国际阶段费用的缴费方式为网上缴费、银行汇款至专利局银行账户和专利局面交三种方式。

（3）缴纳的各种费用以人民币结算。缴费人使用外币支付费用的，按照银行将该费用结汇至专利局账户之日的汇率结算，并以结算之日确定为缴费日。

（4）电子票据的效力与纸质票据的效力相同。

（5）对于暂存款业务，可以登录专利业务办理系统或专利业务办理 APP 在"专利缴费服务"模块下进行暂存款入号或退款的实时办理。

（6）对缴费日的确定有异议，可以进入"专利缴费服务"模块，在"其他业务"栏目下进行缴费日问题反馈。

1.3　专利缴费票据领取方式

（1）专利业务办理系统

登录专利业务办理系统或专利业务办理 APP，在"专利缴费服务"的"票据服务"栏目下，在票据服务中通过取票码查询、下载电子票据；也可通过缴款方式查询、下载电子票据。

网上缴费的缴费人可在网上缴费订单管理中查询、下载电子票据；提交电子缴费清单补充缴费信息的缴费人可在缴费清单管理中查询、下载电子票据。

（2）电子票夹小程序

缴费人可在支付宝和微信的电子票夹小程序中使用取票码查询、下载电子票据；以缴费时填写的手机号码为账号登录支付宝、微信电子票夹小程序，可在"我的票夹"中直接获取相关电子票据。

2.　复审、无效宣告程序中纸件形式文件的提交地址

对于复审、无效宣告程序中纸件形式的文件，可采用邮寄和面交两种方式提交。

邮寄地址：北京市海淀区蓟门桥西土城路 6 号，国家知识产权局专利局复审和无效审理部，邮编100088。

面交地址：北京市海淀区蓟门桥西土城路 6 号，国家知识产权局业务受理大厅复审和无效业务窗口。

3. 行政复议程序中纸件形式文件的提交地址

对于行政复议程序中纸件形式的行政复议申请文件，也可以采用邮寄或者面交两种方式提交。

邮寄地址：北京市海淀区西土城路 6 号国家知识产权局专利局审查业务管理部法律事务一处，邮编：100088。

面交地址：北京市海淀区西土城路 6 号国家知识产权局业务受理大厅行政复议业务窗口。